21世纪高等学校规划教材｜计算机应用

U0146499

Visual FoxPro数据库基础

丁革媛 主编

刘　彤　郑宏云　李翠玉　周　勇　编著

清华大学出版社

北京

内 容 简 介

本书以关系型数据库管理系统 Visual FoxPro 6.0 中文版为平台,详细介绍了关系型数据库基本概念、数据模型、关系代数、Visual FoxPro 的开发环境、Visual FoxPro 程序设计基础、数据库与表、Visual FoxPro 的可视化编程、查询与视图、关系数据库标准语言 SQL、报表和标签、菜单设计与应用、数据库应用系统开发和数据安全与共享等内容。内容讲解细致、图文并茂、重点突出,并通过大量的实例,将理论知识学习和实践技能培养紧密地结合在一起。

本书既可作为高等院校非计算机专业本、专科学生"数据库基础"课程的教学用书,也可以作为计算机爱好者以及数据库维护与应用能力培训的教学和参考用书。

图书在版编目(CIP)数据

Visual FoxPro 数据库基础/丁革媛主编. —北京:清华大学出版社,2011.8
(21 世纪高等学校规划教材·计算机应用)
ISBN 978-7-302-25034-0

Ⅰ. ①V… Ⅱ. ①丁… Ⅲ. ①关系数据库-数据库管理系统,Visual FoxPro-高等学校
-教材 Ⅳ. ①TP311.138

中国版本图书馆 CIP 数据核字(2011)第 045432 号

责任编辑:梁　颖　顾　冰
责任校对:时翠兰
责任印制:王秀菊

出版发行:清华大学出版社　　　　　　　　地　　　址:北京清华大学学研大厦 A 座
　　　　　http://www.tup.com.cn　　　　邮　　　编:100084
　　　　　社　总　机:010-62770175　　邮　　　购:010-62786544
　　　　　投稿与读者服务:010-62795954,jsjjc@tup.tsinghua.edu.cn
　　　　　质　量　反　馈:010-62772015,zhiliang@tup.tsinghua.edu.cn

印 装 者:清华大学印刷厂
经　　销:全国新华书店
开　　本:185×260　印　张:22.75　字　数:556 千字
版　　次:2011 年 8 月第 1 版　　印　次:2011 年 8 月第 1 次印刷
印　　数:1~3000
定　　价:35.00 元

产品编号:038290-01

编审委员会成员

浙江大学	吴朝晖	教授
	李善平	教授
扬州大学	李　云	教授
南京大学	骆　斌	教授
	黄　强	副教授
南京航空航天大学	黄志球	教授
	秦小麟	教授
南京理工大学	张功萱	教授
南京邮电学院	朱秀昌	教授
苏州大学	王宜怀	教授
	陈建明	副教授
江苏大学	鲍可进	教授
中国矿业大学	张　艳	教授
武汉大学	何炎祥	教授
华中科技大学	刘乐善	教授
中南财经政法大学	刘腾红	教授
华中师范大学	叶俊民	教授
	郑世珏	教授
	陈　利	教授
江汉大学	颜　彬	教授
国防科技大学	赵克佳	教授
	邹北骥	教授
中南大学	刘卫国	教授
湖南大学	林亚平	教授
西安交通大学	沈钧毅	教授
	齐　勇	教授
长安大学	巨永锋	教授
哈尔滨工业大学	郭茂祖	教授
吉林大学	徐一平	教授
	毕　强	教授
山东大学	孟祥旭	教授
	郝兴伟	教授
中山大学	潘小轰	教授
厦门大学	冯少荣	教授
仰恩大学	张思民	教授
云南大学	刘惟一	教授
电子科技大学	刘乃琦	教授
	罗　蕾	教授
成都理工大学	蔡　淮	教授
	于　春	讲师
西南交通大学	曾华燊	教授

出 版 说 明

随着我国改革开放的进一步深化,高等教育也得到了快速发展,各地高校紧密结合地方经济建设发展需要,科学运用市场调节机制,加大了使用信息科学等现代科学技术提升、改造传统学科专业的投入力度,通过教育改革合理调整和配置了教育资源,优化了传统学科专业,积极为地方经济建设输送人才,为我国经济社会的快速、健康和可持续发展以及高等教育自身的改革发展做出了巨大贡献。但是,高等教育质量还需要进一步提高以适应经济社会发展的需要,不少高校的专业设置和结构不尽合理,教师队伍整体素质亟待提高,人才培养模式、教学内容和方法需要进一步转变,学生的实践能力和创新精神亟待加强。

教育部一直十分重视高等教育质量工作。2007年1月,教育部下发了《关于实施高等学校本科教学质量与教学改革工程的意见》,计划实施"高等学校本科教学质量与教学改革工程"(简称"质量工程"),通过专业结构调整、课程教材建设、实践教学改革、教学团队建设等多项内容,进一步深化高等学校教学改革,提高人才培养的能力和水平,更好地满足经济社会发展对高素质人才的需要。在贯彻和落实教育部"质量工程"的过程中,各地高校发挥师资力量强、办学经验丰富、教学资源充裕等优势,对其特色专业及特色课程(群)加以规划、整理和总结,更新教学内容、改革课程体系,建设了一大批内容新、体系新、方法新、手段新的特色课程。在此基础上,经教育部相关教学指导委员会专家的指导和建议,清华大学出版社在多个领域精选各高校的特色课程,分别规划出版系列教材,以配合"质量工程"的实施,满足各高校教学质量和教学改革的需要。

为了深入贯彻落实教育部《关于加强高等学校本科教学工作,提高教学质量的若干意见》精神,紧密配合教育部已经启动的"高等学校教学质量与教学改革工程精品课程建设工作",在有关专家、教授的倡议和有关部门的大力支持下,我们组织并成立了"清华大学出版社教材编审委员会"(以下简称"编委会"),旨在配合教育部制定精品课程教材的出版规划,讨论并实施精品课程教材的编写与出版工作。"编委会"成员皆来自全国各类高等学校教学与科研第一线的骨干教师,其中许多教师为各校相关院、系主管教学的院长或系主任。

按照教育部的要求,"编委会"一致认为,精品课程的建设工作从开始就要坚持高标准、严要求,处于一个比较高的起点上。精品课程教材应该能够反映各高校教学改革与课程建设的需要,要有特色风格、有创新性(新体系、新内容、新手段、新思路,教材的内容体系有较高的科学创新、技术创新和理念创新的含量)、先进性(对原有的学科体系有实质性的改革和发展,顺应并符合21世纪教学发展的规律,代表并引领课程发展的趋势和方向)、示范性(教材所体现的课程体系具有较广泛的辐射性和示范性)和一定的前瞻性。教材由个人申报或各校推荐(通过所在高校的"编委会"成员推荐),经"编委会"认真评审,最后由清华大学出版社审定出版。

目前，针对计算机类和电子信息类相关专业成立了两个"编委会"，即"清华大学出版社计算机教材编审委员会"和"清华大学出版社电子信息教材编审委员会"。推出的特色精品教材包括：

(1) 21 世纪高等学校规划教材·计算机应用——高等学校各类专业，特别是非计算机专业的计算机应用类教材。

(2) 21 世纪高等学校规划教材·计算机科学与技术——高等学校计算机相关专业的教材。

(3) 21 世纪高等学校规划教材·电子信息——高等学校电子信息相关专业的教材。

(4) 21 世纪高等学校规划教材·软件工程——高等学校软件工程相关专业的教材。

(5) 21 世纪高等学校规划教材·信息管理与信息系统。

(6) 21 世纪高等学校规划教材·财经管理与应用。

(7) 21 世纪高等学校规划教材·电子商务。

(8) 21 世纪高等学校规划教材·物联网。

清华大学出版社经过二十多年的努力，在教材尤其是计算机和电子信息类专业教材出版方面树立了权威品牌，为我国的高等教育事业做出了重要贡献。清华版教材形成了技术准确、内容严谨的独特风格，这种风格将延续并反映在特色精品教材的建设中。

清华大学出版社教材编审委员会

联系人：魏江江

E-mail：weijj@tup. tsinghua. edu. cn

前 言

　　本书是根据教育部非计算机专业计算机基础课程教学指导委员会提出的《关于进一步加强高校计算机基础教学的几点意见》，以作者主持的辽宁省教育厅教育教学改革项目《探索基于网络的计算机基础课程的教学改革》为依托，结合学生的实际情况和全国计算机等级考试（二级 Visual FoxPro）的需求编写而成。

　　"Visual FoxPro 程序设计"是高等学校非计算机专业学生必修的计算机基础课程之一，课程的教学目标是根据教育部颁布的指导性教学大纲基本要求，实现教学与实际应用的有效结合。通过该课程的学习，可以使学生掌握关系型数据库管理系统 Visual FoxPro 的相关理论知识，掌握面向对象程序设计的方法和技巧，了解数据库应用系统的开发方法。通过 Visual FoxPro 开发环境、项目管理器、程序设计基础、数据库与表的建立和维护，Visual FoxPro 的可视化编程、菜单和报表等知识的系统学习，可以使学生理解和掌握关系型数据库管理系统 Visual FoxPro 的基础理论以及数据库的建立和编辑方法，从而培养学生的数据库管理、应用和维护能力。

　　为了编写此书，我们充分吸收了其他兄弟院校在 Visual FoxPro 数据库基础教育方面宝贵的教学经验和教学改革成果，并融进了工作在教学第一线教师有关此课程的授课心得和体会，在内容选择、结构安排和实践能力培养等方面都进行了精心的设计。全书注重结构体系的完整性、内容的科学性和编写理念的先进性，力求使读者掌握关系数据库管理系统基本理论，注重实际应用，强化数据库管理和维护技能的培养。全书共分 10 章，各章主要内容如下。

　　第 1 章　数据库概述。主要包括数据库基本概念、数据管理的发展历史、数据库系统的体系结构、数据模型、关系代数、数据库设计、Visual FoxPro 数据库概述和项目管理器等内容。

　　第 2 章　Visual FoxPro 程序设计基础。主要包括数据类型、常量与变量、数组、运算符和表达式、常用函数、程序设计基础以及过程和自定义函数等内容。

　　第 3 章　数据库和表。主要包括数据库及表的建立和编辑、表的基本操作、索引的建立方法、工作区的使用、表之间关系的建立和数据完整性等内容。

　　第 4 章　Visual FoxPro 的可视化编程。主要包括对象、类等基本概念，面向对象程序设计方法，对象的属性、事件和方法，表单的创建、属性和方法、常用基本型控件以及多重表单等内容。

　　第 5 章　查询和视图。主要包括查询和视图的定义、作用以及查询与视图的创建和使用方法等内容。

　　第 6 章　关系数据库标准语言 SQL。主要包括 SQL 概述、SQL 的数据定义、数据查询和数据修改等内容。

　　第 7 章　报表和标签。主要包括报表和标签的作用、分类、创建和编辑方法等内容。

第8章　菜单设计与应用。主要包括系统菜单、下拉式菜单设计、快捷菜单设计和利用程序设计菜单等内容。

第9章　数据库应用系统开发。主要包括数据库应用系统开发的基本步骤和"银行账户管理系统"开发实例两部分内容。其中开发的基本步骤从需求分析、系统设计、系统实现、软件测试和系统维护这五个方面详细论述数据库应用系统开发的具体过程。

第10章　数据安全与共享。主要包括计算机安全性概论、数据库安全性控制、并发控制和数据库恢复技术等内容。

本书内容讲解细致、图文并茂、重点突出，注重反映数据库技术的发展和应用，具有先进性和创新性。书中内容注重叙述的逻辑性、条理性和清晰性，力求通俗易懂。为便于读者学习和使用，每章都配备了大量的实例和课后习题，其中课后习题完全模拟全国计算机等级考试的形式，不但有助于读者更好地理解和掌握 Visual FoxPro 数据库系统的理论知识以及管理和维护方法，而且有助于读者顺利通过全国计算机等级考试。

本书的第1章和第9章由丁革媛编写，第2章和第7章由刘彤编写，第3章和第10章由周勇编写，第4章和第5章由郑宏云编写，第6章和第8章由李翠玉编写。此外，刘彤还参与了第3章和第10章部分内容的编写与校对工作，由丁革媛负责全书的统稿与审校工作。

为方便读者更好地理解和掌握书中重点内容，提高学习效率，检验学习效果，同时也为了使高校教师能更好地进行教学改革，我们还同步开发了与此教材配套的标准化上机考试软件，可以实现在线考试、自动阅卷、自动评分、成绩报表及打印等功能，欢迎广大读者使用。

本书的出版得到了沈阳工业大学辽阳校区和工程学院领导、计算机系全体教师以及清华大学出版社的大力支持和帮助，在此表示衷心的感谢！

本书既可作为高等院校非计算机专业本、专科学生"数据库基础"课程的教学用书，也可作为计算机爱好者以及企事业单位数据库维护与应用培训的指导和参考用书。

由于数据库相关知识和技术的不断发展，加之作者水平所限，书中难免有不妥或错误之处，恳请读者批评指正，我们将尽最大努力，为读者奉献高质量的教学和参考用书。

编　者

2011 年 6 月于沈阳工业大学

目　录

第1章

数据库概述

随着计算机科学的飞速发展,计算机已被广泛地应用于社会的各个领域,使人类社会进入信息时代。在信息时代,人们需要利用计算机对大量相关的信息进行加工和处理。据统计,计算机应用领域约有80%以上应用在事物处理工作中,其中很多用于在相关的数据中提取信息。为了提高数据处理的效率,就必须采用先进而科学的方法,对数据进行组织、存储、使用和维护。在数据处理的过程中,必然要用到数据库技术。

数据库技术是计算机科学与技术的重要分支,广泛应用于各种类型的数据处理系统中。数据库系统产生于20世纪70年代初,它的出现既促进了计算机技术的飞速发展,又形成了专门的信息处理理论和数据库管理系统。因此,数据库管理系统是计算机技术和信息时代相结合的产物,是信息和数据处理的核心,是研究数据共享的一门科学,是现代计算机系统软件的重要组成部分。

1.1 数据库基本概念

1. 数据

数据(data)是描述现实世界中各种具体事物或抽象概念的可存储并具有明确意义的信息。

在实际应用中,数据大多数都属于非数值型,即业务系统中的管理数据。具体事物是指有形的、看得见的实体,如学生、教师等,而抽象概念则是指无形的、看不见的虚拟事物,如课程。对具体事物或抽象概念进行计算机化的管理,是指将其中具有明确管理意义的信息抽取出来,形成结构化数据,存放到计算机中,提供管理或访问。

2. 数据库

数据库(database,DB)是长期存储在计算机内有组织、统一管理的大量共享数据的集合。

数据库中的数据按一定的模型进行组织、存储和管理,可以供各种用户共享,并具有较小的冗余度和较高的数据独立性。数据库具有以下两个特点。

(1) 集成性。数据库具有把某种特定应用环境中的各种相关数据及数据之间的联系,按照一定的结构形式进行集中存储的性能。

(2) 共享性。数据库中的数据可以为多个不同的用户所共享,多个不同的用户可以使用多种不同的语言,同时存取数据库,甚至同时存取同一数据。

3．数据库管理系统

数据库管理系统(database management system,DBMS)是介于用户和操作系统之间的数据管理软件,由一组程序构成,负责数据库的建立、查询、更新以及各种安全控制和故障恢复等。

流行的小型数据库管理系统有 FoxPro、Access 等,大型数据库管理系统有 SQL Server、DB2 和 Oracle 等。

数据库管理系统主要具有下面几项功能。

(1) 数据库定义功能。

(2) 数据存取的物理构建功能。

(3) 数据操纵功能。

(4) 数据的完整性、安全性定义与检查功能。

(5) 数据库的并发控制与故障恢复功能。

(6) 数据服务功能,如数据备份、数据恢复等。

数据库管理系统提供的数据语言有三种,分别是数据定义语言(DDL)、数据操纵语言(DML)和数据控制语言(DCL),分别负责数据模式的定义、数据的操纵和数据完整性等的定义与检查操作。

4．数据库管理员

数据库管理员(database administrator,DBA)用来对数据库的规划、设计和维护等工作进行管理。其主要职责是进行数据库设计、数据库维护及监视数据库运行状态,使系统保持最佳状态与最高效率。

5．数据库系统

数据库系统(DBS)是以数据库为核心的完整的运行实体,由数据库、数据库管理系统、数据库管理员、硬件和软件组成。其中硬件主要包括计算机和网络两部分;软件主要包括操作系统、数据库系统开发工具和接口软件等。

6．数据库应用系统

数据库应用系统(database application system,DBAS)有时简称应用系统,主要是指实现某个业务逻辑的应用程序。该系统要为用户提供一个友好和人性化的数据操作的图形用户界面,通过数据库管理系统(DBMS)或相应的数据访问接口,存取数据库中的数据。

通常,一个数据库应用系统由数据库、数据库管理系统、数据库管理员、硬件平台、软件平台和应用界面等组成。

1.2　数据管理的发展历史

数据管理技术的发展经历了三个阶段。

1．人工管理阶段

在 20 世纪 50 年代中期以前,数据处于人工管理阶段。该阶段的数据主要用于科学计算,而不是数据处理。此时的数据管理系统有如下特点。

(1) 数据不保存在计算机内。计算机主要用于计算,一般不保存数据。

(2) 没有专用的软件对数据进行管理。每个应用程序包括存储结构、存取方法、输入输出方式等内容,因而数据和程序不具有独立性。

(3) 只有程序(program)的概念,没有文件(file)的概念。

(4) 数据面向程序,即一组数据对应一个程序。

2. 文件系统阶段

20 世纪 50 年代后期到 60 年代中期,数据管理处于文件系统阶段。在这一阶段,计算机开始大量地用于事务管理中的数据处理工作,但它无法提供完整的数据管理和共享能力。该阶段数据管理系统有如下主要特点。

(1) 数据需要长期保留。由于计算机大量应用于数据处理领域,数据需要长期保留在外存储器中。

(2) 文件类型已经多样化,即出现了索引文件、链接文件、直接存取文件等形式。

3. 数据库系统阶段

20 世纪 60 年代之后,计算机用于管理的规模更加庞大,应用越来越广泛。为解决数据的独立性问题,实现数据的统一管理,达到数据共享的目的,出现了以数据库技术为主的数据管理方式,即数据库系统阶段。该阶段的数据管理有以下特点。

(1) 采用数据模型表示复杂的数据结构。数据模型不仅描述数据本身的特征,还要描述数据之间的联系,数据冗余明显减少,实现了数据共享。

(2) 有较高的数据独立性。用户以简单的逻辑结构操作数据而无须考虑数据的物理结构。这样,即使物理结构发生变化,只要逻辑结构不变,应用程序就不需要改变,因此数据库实现了数据的逻辑独立性。

(3) 数据库系统为用户提供了方便的接口。用户可以使用查询语言或终端命令操作数据库,也可以用程序方式操作数据库。

(4) 数据库系统能提供各种数据控制功能。如数据库的并发控制和恢复等。

1.3　数据库系统的体系结构

从数据库管理系统的角度看,数据库系统通常采用"三级模式和两级映射"结构,即数据库系统内部的体系结构,如图 1.1 所示。

1. 模式的概念

模式是数据库中所有数据的逻辑结构和特征的描述,它仅涉及数据类型的描述,不涉及具体的值。模式的一个具体值称为模式的一个实例。同一个模式可以有很多的实例。模式是相对稳定的,而实例是不断变化的,因为数据库中的数据是不断更新的。

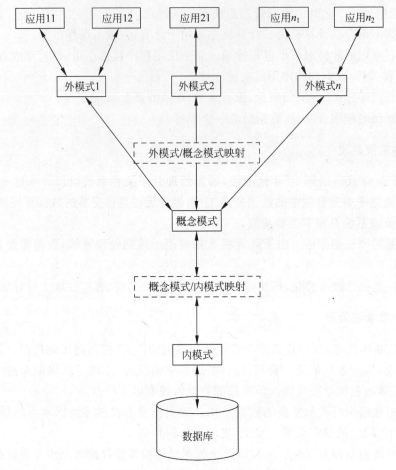

图 1.1　三级模式和两级映射结构

2. 三级模式结构

数据库管理系统将数据库从逻辑上分为三级,即外模式、概念模式和内模式,它们分别反映了看待数据库的三个角度。对用户而言可以对应地称为一般用户级模式、概念级模式和物理级模式。

(1) 外模式

外模式是三级结构中的最外层,又称为子模式或用户模式,它是用户看到并允许使用的数据的逻辑结构。外模式是概念模式的子集,一个数据库可以有多个外模式,数据库管理系统提供外模式描述语言来定义外模式。

(2) 概念模式

概念模式简称模式,处于三级结构的中间层,是整个数据库实际存储的抽象表示。概念模式既不涉及数据的物理存储细节和硬件环境,也不涉及具体的应用程序和开发工具。一个数据库只有一个概念模式,数据库管理系统提供概念模式描述语言来定义概念模式。

(3) 内模式

内模式又称为存储模式,是三级结构中的最内层,它是对数据库存储结构的描述,是数据在数据库内部的表示方式。一个数据库只有一个内模式,数据库管理系统提供内模式描述语言来定义内模式。

数据描述语言(data description language,DDL)是在建立数据库时用来描述数据库结构的语言,有些文献称其为数据定义语言(data definition language)。

3. 数据库系统的二级映射

数据库系统的三级模式是对数据的三个抽象级别,它使用户能逻辑地处理数据,而不必关心数据在计算机内部的存储方式。为了实现这三个抽象层次的联系和转换,数据库管理系统(DBMS)在三级模式之间提供了二级映射:外模式到概念模式的映射和概念模式到内模式的映射,正是这两级映射保证了数据库系统中的数据具有较高的逻辑独立性和物理独立性。

(1)外模式到概念模式的映射

概念模式描述的是数据库的全局逻辑结构,外模式描述的是数据库的局部逻辑结构。数据库中的同一个逻辑模式可以有任意多个外模式,对于每一个外模式都存在一个外模式到概念模式的映射,这个映射确定了数据的局部逻辑结构与全局逻辑结构之间的对应关系。

(2)概念模式到内模式的映射

数据库中的概念模式和内模式都只有一个,所以概念模式到内模式的映射是唯一的。通过概念模式到内模式的映射功能保证数据存储结构的变化不影响数据的全局逻辑结构的改变,从而不必要修改应用程序,这称为数据的物理独立性。

1.4 数据模型

简单地说,数据模型是对现实世界的抽象,它用来描述数据库的结构和语义。目前广泛使用的数据模型有两种,如图1.2所示。

一种是独立于计算机系统的数据模型,完全不涉及信息在计算机中的表示,只是用来描述信息,这类模型称为"概念数据模型"或概念模型。概念模型是按用户的观点对数据建模,它是对现实世界的第一层抽象,这一类模型中最著名的是"实体联系模型"。

另一种数据模型是直接面向数据库的逻辑结构,它是对现实世界的第二层抽象。此类模型直接与DBMS有关,称为"逻辑数据模型"或数据模型,例如层次模型、关系模型和网状模型等。

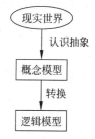

图1.2 抽象的层次

1. 概念模型中数据描述的相关术语

(1)实体:指客观存在且又能相互区别的事物。

(2)属性:指实体的特征。一个实体通常有若干个属性。

(3)实体集:指同类实体的集合。

(4)值域:指每个属性的取值范围。

(5)联系:指现实世界中事物之间的关联。

2. 实体间的联系

在数据库系统中,数据是面向系统的,它要以最优的方式去适应多个应用程序的要求。

它不仅要反映记录内部的联系,还要反映记录外部即文件之间的联系。这种联系在信息世界中是以实体集之间的联系来描述的。

实体集之间的联系归纳起来有三类:一对一联系、一对多联系和多对多联系。

(1) 一对一联系(1∶1)

设有两个实体集 E1 和 E2,如果 E1 和 E2 中的每一个实体最多与另一个实体集中的一个实体有联系,则称实体集 E1 和 E2 的联系是一对一联系,通常表示为"1∶1"。

(2) 一对多联系(1∶n)

设有两个实体集 E1 和 E2,如果 E2 中的每一个实体与 E1 中的任意个实体有联系,而 E1 中的每一个实体只与 E2 中的一个实体有联系,则称这样的联系为"从 E2 到 E1 的一对多的联系",通常表示为"1∶n"。

(3) 多对多联系(m∶n)

设有两个实体集 E1 和 E2,其中的每一个实体都与另一个实体集中的任意个实体有联系,则称这两个实体集之间的联系是"多对多的联系",通常表示为"m∶n"。

3. 机器世界中数据描述的相关术语

(1) 字段

把标识实体属性的符号集合称为字段或数据项。它是可以命名的最小数据单位。

(2) 记录

字段的有序集合称为记录,也称为元组。一般用一个记录描述一个实体。

(3) 文件

相同类型记录的集合称为文件。文件是描述实体集的,所以它又可以定义为描述一个实体集的所有符号的集合。

(4) 关键字

能唯一标识文件中每个记录的字段或字段集称为关键字。

4. 常用数据模型

(1) 实体联系模型

实体联系模型简记为 E-R 模型,该模型直接从现实世界中抽象出实体类型及实体间的联系,然后用实体联系图(E-R 图)来表示数据模型。

E-R 图是表示概念模型的有力工具,在 E-R 图中有下面四个基本成分。

① 矩形框:表示实体。

② 菱形框:表示实体之间的联系。

③ 椭圆形框:表示实体和联系的属性。

④ 直线:实体与属性之间、联系与属性之间以及联系与实体之间均用直线连接。

如图 1.3 所示为一个教学实体联系模型。

在教学实体联系模型中有三个实体:学生、课程和教师,实体在图中用矩形框表示,在框内标注了它们的名称。学生实体的属性有学号、姓名、性别、年龄等;课程实体的属性有课程号、课程名、学时和学分等;教师实体的属性有工号、姓名、年龄、职称等;在 E-R 图中用椭圆形框表示属性。"学习情况"是学生实体和课程实体之间的联系,具有学号、课程号和

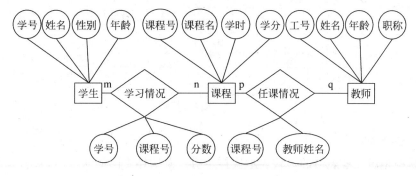

图 1.3　教学实体联系模型

分数三个属性,这些属性称为联系的属性,也用椭圆形框表示。"任课情况"是教师和课程之间的联系,具有联系属性课程号、教师姓名等,也用椭圆形框表示。在图中用菱形框来表示实体间的联系。学生实体和课程实体之间、课程实体与教师实体之间都是多对多的联系。

（2）层次模型

层次模型是用树型结构来表示实体之间的联系,它把现实世界中实体集间的联系抽象为一个严格的自上而下的层次关系。树的结点是记录型,结点之间只有简单的层次联系,它们满足下述两个基本条件。

① 有且只有一个结点无双亲,这个结点就是树的根。

② 其他结点有且只有一个双亲。

也就是说,上一层记录型和下一层记录型的联系是 1：n 联系（包括 1：1 联系）,一个父结点可对应一个或多个子结点,而一个子结点只能对应一个父结点。如图 1.4 所示为一个学校行政机构层次模型。

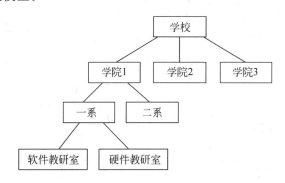

图 1.4　学校行政机构层次模型

（3）网状模型

网状模型是用结点之间的网状结构来表示实体之间联系的模型,该模型主要有下面两个特点。

① 允许有一个以上的结点无双亲。

② 一个结点允许有多个双亲。

如图 1.5 所示为一个企业生产情况的网状模型。

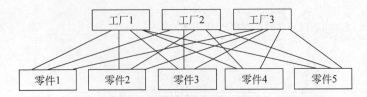

图 1.5　网状模型

（4）关系模型

关系模型是用二维表格的形式表示实体本身以及实体之间的联系，如表 1.1 所示。

表 1.1　学生信息表

学号	姓名	班级	性别	出生年月
0401001	李明	电气 0401	男	1986 年 6 月
0401002	胡威	电气 0401	男	1986 年 3 月
0401040	陈伟	电气 0402	男	1986 年 9 月
0401044	刘芳	电气 0402	女	1986 年 11 月

在关系模型中，一个二维表就对应一个关系。表中的一列称为一个属性，相当于记录中的一个数据项，对属性的命名称为属性名。表中的一行称为一个元组，与一特定的实体相对应，相当于一个记录。对关系的描述是用关系模式来表示，表示形式为：

关系名（属性名 1，属性名 2，…，属性名 n）

例如图 1.3 中的"教师"关系模式可以表示为下面形式：

教师（工号，姓名，年龄，职称）

严格地说，关系是一种规范化了的二维表格，具有如下性质。

① 元组不能重复。

② 没有行序，即行的次序可以任意交换。

③ 没有列序，即列的次序可以任意交换。

④ 同列同域，即同一列中的数据类型一致。

⑤ 不同属性必须具有不同的名字。

⑥ 属性是原子的，不可以再分。

5. 关系模型的形式化定义

关系模型由三个部分组成，即数据结构、数据操作和完整性约束。

（1）数据结构

数据库中全部数据及其相互关系都被组织成关系（即二维表格）的形式，关系模型基本的数据结构是关系。

（2）数据操作

关系模型提供一组完备的高级关系运算，以支持对数据库的各种操作。关系模型中常用的关系操作包括选择、投影、连接、除、并、交、差和查询操作，以及增、删、改等更新操作两部分。

（3）完整性约束

数据库的完整性是指数据库中数据的正确性和相容性。数据库中数据是否具有完整性关系到数据库系统能否真实地反映现实世界,因此数据库的数据完整性是非常重要的。数据完整性由完整性规则来定义,完整性规则是对关系的某种约束条件。关系模型提供三种完整性约束:实体完整性、参照完整性、用户定义完整性。其中实体完整性和参照完整性是关系模型必须满足的完整性约束条件,应该由关系系统自动支持;而用户定义的完整性是应用领域需要遵循的约束条件,体现了具体应用领域的语义约束。

① 实体完整性约束。指关系中元组的主键值不能为空。实体完整性约束规定关系的所有主属性都不能取空值,而不仅是主键整体不能取空值。

② 参照完整性约束。在关系数据库中,两个关系之间的联系是通过公共属性实现的。这个公共属性是一个表的主键和另一个表的外键。外键必须是另一个表的主键的有效值,或者是一个空值。如两个关系:学生(学号,姓名,性别,班号等)和班级(班号,班级名);它们之间的联系是通过属性"班号"实现的,"班号"既是关系"班级"的主键,又是关系"学生"的外键。在"学生"表中"班号"字段的值必须是"班级"表中"班号"字段的有效值,或者是空值,否则就是非法数据。

③ 用户定义完整性约束。这是针对某一具体数据的约束条件,由应用环境决定。它反映的是某一具体应用所涉及的数据必须满足的语义要求。如某个属性必须取唯一值,如学号、身份证号和工号等;某个属性的取值范围在0～100之间等。用户定义的完整性通常是定义除主键和外键属性之外的其他属性取值的约束,即对除主键和外键属性之外其他属性的值域的约束。

1.5 关系代数

关系代数是一种抽象的查询语言,是关系型数据库中数据操纵语言的一种传统表达方式,它是用关系的运算来表达查询的。关系代数的运算对象是关系,运算结果也是关系。关系代数用到的运算符包括四类:集合运算符、专门的关系运算符、比较运算符和逻辑运算符。其中比较运算符和逻辑运算符是用来辅助专门的关系运算符进行操作的。关系运算符如表1.2所示。

表 1.2 关系代数运算符

运 算 符		含 义	运 算 符		含 义
集合运算符	∪	并	比较运算符	>	大于
	−	差		≥	大于等于
	∩	交		<	小于
	×	广义笛卡儿积		≤	小于等于
关系运算符	δ	选择		=	等于
	π	投影		≠	不等于
	⋈	连接	逻辑运算符	ㄱ	非
	÷	除		∧	与
				∨	或

关系代数的运算按运算符的不同可以分为集合运算和关系运算两类。其中集合运算将关系看成是元组的运算,其运算是从关系的水平方向,即行的角度来进行;而关系运算不仅涉及行也涉及列。

1. 集合运算

集合运算是二目运算,包括并、差、交和笛卡儿积四种运算。

(1) 并运算(union)

假设有 n 元关系 R 和 n 元关系 S,它们相应的属性值取自同一个域,则它们的并运算仍然是一个 n 元关系,它由属于关系 R 或属于关系 S 的元组组成,并记为 $R \cup S$。

并运算满足交换律,即 $R \cup S$ 与 $S \cup R$ 是相等的。R 和 S 如表 1.3 和表 1.4 所示,R 和 S 的并运算如表 1.5 所示。

<table>
<tr><td colspan="3">表 1.3　关系 R</td><td colspan="3">表 1.4　关系 S</td></tr>
<tr><th>学号</th><th>姓名</th><th>性别</th><th>学号</th><th>姓名</th><th>性别</th></tr>
<tr><td>0401001</td><td>周华平</td><td>男</td><td>0401005</td><td>李明</td><td>男</td></tr>
<tr><td>0401005</td><td>李明</td><td>男</td><td>0402078</td><td>刘芳</td><td>女</td></tr>
<tr><td>0401033</td><td>胡威</td><td>女</td><td>0402096</td><td>陈建平</td><td>男</td></tr>
</table>

(2) 差运算(difference)

假设有 n 元关系 R 和 n 元关系 S,它们相应的属性值取自同一个域,则 n 元关系 R 和 n 元关系 S 的差运算仍然是一个 n 元关系,它由属于关系 R 而不属于关系 S 的元组组成,并记为 $R-S$。

差运算不满足交换律,即 $R-S$ 与 $S-R$ 是不相等的。R 和 S 的差运算如表 1.6 所示。

<table>
<tr><td colspan="3">表 1.5　R 与 S 的并运算(R∪S)</td><td colspan="3">表 1.6　R 与 S 的差运算(R−S)</td></tr>
<tr><th>学号</th><th>姓名</th><th>性别</th><th>学号</th><th>姓名</th><th>性别</th></tr>
<tr><td>0401001</td><td>周华平</td><td>男</td><td>0401001</td><td>周华平</td><td>男</td></tr>
<tr><td>0401005</td><td>李明</td><td>男</td><td>0401033</td><td>胡威</td><td>女</td></tr>
<tr><td>0401033</td><td>胡威</td><td>女</td><td></td><td></td><td></td></tr>
<tr><td>0402078</td><td>刘芳</td><td>女</td><td></td><td></td><td></td></tr>
<tr><td>0402096</td><td>陈建平</td><td>男</td><td></td><td></td><td></td></tr>
</table>

(3) 交运算(intersection)

假设有 n 元关系 R 和 n 元关系 S,它们相应的属性值取自同一个域,则它们的交运算仍然是一个 n 元关系,它由属于关系 R 且又属于关系 S 的元组组成,并记为 $R \cap S$。

交运算满足交换律,即 $R \cap S$ 与 $S \cap R$ 是相等的。R 和 S 的交运算如表 1.7 所示。

(4) 笛卡儿积(Cartesian product)

设有 m 元关系 S 和 n 元关系 T(见表 1.8),它们分别有 p 和 q 个元组,则 S 与 T 的笛卡儿积记为 $S \times T$,它是一个 $m+n$ 元关系,元组个数是 $p \times q$。其中每个元组的前 m 个分量是 S 的一个元组,后 n 个分量是 T 的一个元组。

学号	姓名	性别
0401005	李明	男

表 1.7　R 与 S 的交运算($R \cap S$)

课程号	课程名	学分数
C1	数据结构	4
C2	高等数学	6

表 1.8　关系 T

在实际进行组合时,从 S 的第一个元组开始到最后一个元组,依次与 T 的所有元组组合,最后得到 $S \times T$ 的全部元组,如表 1.9 所示。

表 1.9　笛卡儿积运算

学号	姓名	性别	课程号	课程名	学分数
0401005	李明	男	C1	数据结构	4
0401005	李明	男	C2	高等数学	6
0402078	刘芳	女	C1	数据结构	4
0402078	刘芳	女	C2	高等数学	6
0402096	陈建平	男	C1	数据结构	4
0402096	陈建平	男	C2	高等数学	6

2. 关系运算

关系运算包括选择、投影、连接和除运算等,下面分别详细介绍这些运算。

(1) 选择运算(selection)

选择运算是在指定的关系中选取所有满足给定条件的记录,构成一个新的关系,而这个新的关系是原关系的一个子集。选择运算用公式表示为:

$$R[g] = \{r \mid r \in R \text{ 且 } g(r) \text{ 为真}\}$$

或

$$\sigma(R) = \{r \mid r \in R \text{ 且 } g(r) \text{ 为真}\}$$

公式中的 R 是关系名;g 为一个逻辑表达式,取值为真或假。g 由逻辑运算符 $\wedge$ 或 and (与)、$\vee$ 或 or(或)、$\neg$ 或 not(非)连接各算术比较表达式组成;算术比较符有 $=$、$\neq$、$>$、$\geqslant$、$<$、$\leqslant$,其运算对象为常量,或者是属性名,或者是简单函数。在后一种表示中,σ 为选择运算符。

例 1.1　给定关系 R 如表 1.10 所示,对 R 进行选择运算,选择条件为:性别="男",结果得到新关系如表 1.11 所示。

表 1.10　关系 R

学号	姓名	班级	性别	出生年月
0401001	李明	电气 0401	男	1986 年 6 月
0401002	胡威	电气 0401	男	1986 年 3 月
0401040	陈伟	电气 0402	男	1986 年 9 月
0401044	刘芳	电气 0402	女	1986 年 11 月

表 1.11　关系 *R* 的选择运算

学号	姓名	班级	性别	出生年月
0401001	李明	电气 0401	男	1986 年 6 月
0401002	胡威	电气 0401	男	1986 年 3 月
0401040	陈伟	电气 0402	男	1986 年 9 月

可以看出,选择运算是从行的角度进行运算,即从水平方向抽取记录,经过选择运算得到的结果可以形成新的关系,其关系模式不变。

(2) 投影运算(projection)

投影运算是从一个关系中选择若干个属性组成一个新的关系。

给定关系 *R* 在其属性 SN 和 C 上的投影,用公式表示为:$R[SN,C]$或 $\pi_{SN,C\,(R)}$。

例 1.2　给定关系 *R* 如表 1.7 所示,对关系 *R* 作投影运算,条件是选择"学号、姓名和班级"三个属性,结果如表 1.12 所示。

表 1.12　关系 *R* 的投影运算

学号	姓名	班级	学号	姓名	班级
0401001	李明	电气 0401	0401040	陈伟	电气 0402
0401002	胡威	电气 0401	0401044	刘芳	电气 0402

可以看出,投影运算是从列的角度进行的运算,相当于对关系进行垂直分解。经过投影运算可以得到一个新关系,该关系所包含的属性个数往往比原来关系少,或者属性的排列顺序不同。

(3) 连接运算(join)

连接运算是从两个关系的笛卡儿积中选出满足给定属性间一定条件的那些元组而形成新关系的运算。

设有 *m* 元关系 *R* 和 *n* 元关系 *S*,则 *R* 和 *S* 的连接运算用公式表示为:

$$R \bowtie S$$
$$[i]\theta[j]$$

它的运算结果为 $m+n$ 元关系。其中符号 $\bowtie$ 是连接运算符;θ 为算术比较符;$[i]$与$[j]$分别表示关系 *R* 中第 *i* 个属性的属性名和关系 *S* 中第 *j* 个属性的属性名,它们之间应具有可比性。

此公式可以描述为:在关系 *R* 和关系 *S* 的笛卡儿积中,找出关系 *R* 的第 *i* 个属性和关系 *S* 的第 *j* 个属性之间满足 θ 关系的所有元组。

比较符 θ 有以下三种情况:

当 θ 为"="时,称为等值连接;

当 θ 为"<"时,称为小于连接;

当 θ 为">"时,称为大于连接。

例 1.3　给定关系 SC 和 CL 如表 1.13 和表 1.14 所示。要求对关系 SC 和 CL 作连接运算,条件是 SC 的第 2 列与 CL 的第 1 列相等且 SC 的第 3 列的值大于 CL 的第 2 列的值,结果如表 1.15 所示。

表 1.13 关系 SC

SNO	CNO	GRADE
S3	C3	87
S1	C2	88
S4	C3	79
S1	C3	76
S5	C2	91
S6	C1	78

表 1.14 关系 CL

CNO	G	LEVEL
C2	85	A
C3	85	A

表 1.15 关系 SC 和 CL 的连接运算 $\left(\text{SC} \underset{2=1 \wedge 3>2}{\bowtie} \text{CL}\right)$

SNO	SC. CNO	GRADE	CL. CNO	G	LEVEL
S3	C3	87	C3	85	A
S1	C2	88	C2	85	A
S5	C2	91	C2	85	A

可以看出,连接运算是关系的横向结合。连接运算是将两个关系模式合成一个关系模式,生成的新关系中包含满足连接条件的所有记录。连接的过程是通过连接条件来控制的,在连接条件中将出现两个表中的公共属性名,或者具有语义相同的属性。连接的结果是满足条件的所有记录,相当于 Visual FoxPro 中的内部连接(inner join)。

选择和投影运算的操作对象只是一个表,相当于对一个二维表进行切割。而连接运算需要以两个表作为操作对象。如果需要连接两个以上的表,则应当两两进行连接。

1.6 数据库设计

数据库设计是指对于一个实际的软硬件应用环境,针对实际问题,设计最优的数据库模式,建立数据库以及围绕数据库展开的相关操作。

数据库设计的工作量通常比较大而且过程比较复杂,相当于一个软件工程。因此软件工程的某些方法和工具同样适用于数据库设计。数据库设计方法中比较著名的有新奥尔良(New Orleans)方法,它将数据库设计过程分为四个阶段:需求分析、概念设计、逻辑设计和物理设计。

1. 需求分析

(1) 需求分析的任务

需求分析是对现实世界要处理的对象进行详细调查和分析,逐步明确用户对系统的需求,包括数据需求和业务处理过程,然后在此基础上确定系统的功能。

(2) 需求分析的方法

目前,需求分析主要采用结构化分析方法(SA)和面向对象的分析方法。其中结构化分析方法是一种简单实用的方法。SA 方法从最上层的系统组织机构入手,采用自顶向下、逐层分解的方式分析系统。其主要任务包括以下几个方面。

① 画出用户单位的组织机构图、业务关系图和相关数据流图(data flow diagram, DFD)。DFD 可以采用自顶向下逐层分解的方式进行细化,将系统处理功能分解为若干子功能,每个子功能还可以继续分解,直到把系统工作过程表示清楚为止。

② 编制数据字典(data dictionary,DD)。数据字典是系统中各类数据描述的集合,在数据库设计中占有很重要的地位。数据字典通常包括数据项、数据结构、数据流、数据存储和处理过程五种成分的描述。对于每个数据项,应列出其名称、类型、长度、取值范围等特性;数据流应描述其数据项的组成、来源和流向;数据存储应描述其数据项的构成和存储位置;数据处理描述对数据流进行处理的逻辑和结果。

③ 编制系统需求说明书。系统需求说明书主要包括数据流图、数据字典的雏形、各类数据的统计表格、系统功能结构图,并加以必要的说明编辑而成。系统需求说明书将作为数据库设计全过程的重要依据文件。

2. 概念设计

概念设计指在需求分析的基础上,分析数据之间的内在联系,从而形成数据的概念模型。它具有独立于 DBMS 且容易理解等特点,下面介绍其设计方法和步骤。

(1) 概念设计的方法

概念设计的方法很多,目前应用最广泛的是 E-R 方法。

E-R 方法对概念模型的描述具有结构严谨、形式直观的特点,用这种方法设计得到的概念模型就是实体联系模型,简称 E-R 模型。E-R 模型通常用图形来表示,即 E-R 图。

E-R 方法设计概念模型一般有两种方法。

① 集中模式设计法

首先将各部分需求说明综合成一个统一的需求说明,然后在此基础上设计一个全局的概念模型。该方法适用于小型数据库设计。

② 视图集成法

以各部分需求说明为基础,分别设计各部分的局部模式,建立各部分视图,然后再把这些视图综合起来,形成一个全局模式。该方法适用于大型数据库设计。

(2) 概念设计的步骤

按照视图集成法设计概念模型包括以下几个步骤。

① 进行数据抽象,设计局部概念模式。数据抽象包括两个内容:一是系统状态的抽象,即抽象对象;另一个是系统转换的抽象,即抽象运算。

② 将局部概念模式综合成全局概念模式。局部概念模式只反映了部分用户的数据观点,因此需要从全局数据观点出发,将上面得到的多个局部概念模式进行合并,把它们共同的特性统一起来,找出并消除它们之间的差别,进而得到数据的概念模型,这个过程就是一个集成过程。

③ 评审。评审分为用户评审与 DBA 及应用开发人员评审两部分。用户评审的重点放在确认全局概念模式是否准确完整地反映了用户的信息需求和现实世界事物的属性之间的固有联系;DBA 及应用开发人员评审则侧重于确认全局结构是否完整,各种成分划分是否合理,是否存在不一致性,以及各种文档是否齐全等。

3．逻辑设计

逻辑设计是在概念设计的基础上，依据选用的DBMS，进行数据模型设计。逻辑结构设计包括初步设计和优化设计两个步骤。所谓初步设计就是按照 E-R 图向数据模型转换的规则，将已经建立的概念模型转换为 DBMS 所支持的数据模型；优化设计是对初步设计所得到的逻辑模型做进一步的调整和改进。

由于目前所使用的数据库管理系统基本上是关系数据库，因此我们只介绍关系数据库的逻辑设计，其设计过程如图1.6所示。

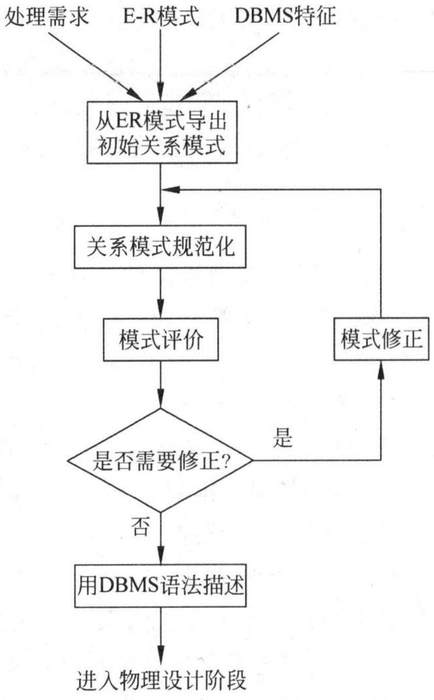

下面重点介绍 E-R 图向关系数据模型转换的原则和方法。

将 E-R 图转换为关系模型，总的原则是：将 E-R 图中的实体和联系转换成关系，属性转换成关系的属性。具体规则如下。

（1）实体到关系的转换

实体的名称就是关系的名称，实体的属性就是关系的属性，实体的主键就是关系的主键。

（2）联系到关系的转换

实体之间的联系有1：1、1：n 和 m：n 三种类型，它们在向关系模型转换时，采取的策略是不一样的，具体方法如下。

① 1：1 联系的转换

如果实体之间的联系是1：1，那么可以在两个实体类型转换成两个关系模式中的任意一个关系模式的属性中加入另一个关系模式的键和联系自身的属性。

图1.6 关系数据库的逻辑设计过程

② 1：n 联系的转换

若实体之间的联系是1：n，则在"n端"实体类型转换成的关系模式中加入"1端"实体类型转换成的关系模式的键和联系自身的属性。

③ m：n 联系的转换

若实体之间的联系是 m：n，则将联系也转换成一个关系模式，其属性为两端实体类型的键加上联系自身的属性，而键为两端实体键的组合。

例1.4 某大学管理中的实体院长（院长名，年龄，性别，职称）和实体学院（学院编号，学院名，地址，电话）之间存在1：1的联系，联系属性为"任职年月"。在将其转换为关系模型时，院长和学院各为一个模式。如果用户经常要在查询学院信息时查询其院长的信息，那么可在学院模式中加入"院长名"和"任职年月"，其关系模式如下：

院长（<u>院长名</u>，年龄，性别，职称）

学院（<u>学院编号</u>，学院名，地址，电话，院长名，任职年月）

说明：加下划线的属性为主键。

例1.5 某大学管理中的实体系（系编号，系名，电话，系主任）和实体教师（教师编号，

姓名,性别,职称)之间存在 1∶n 的联系,联系的属性为"任职年月"。则将其转换为关系模型如下:

　　　　　　系(系编号,系名,电话,系主任)

　　　　　　教师(教师编号,姓名,性别,职称,系编号,任职年月)

　　例 1.6　某大学管理中有实体学生(学号,系名,年龄,性别,家庭住址,系别,班号)和实体课程(课程编号,课程名,课程性质,学分数,开课学期,开课系编号),它们之间存在 m∶n 的选课联系,联系的属性为"成绩"。则将其转换为关系模型如下:

　　　　　　学生(学号,系名,年龄,性别,家庭住址,系别,班号)

　　　　　　课程(课程编号,课程名,课程性质,学分数,开课学期,开课系编号)

　　　　　　选课(学号,课程编号,成绩)

4. 物理设计

　　物理设计指在逻辑设计的基础上,选择适当的存储结构、存取路径和存取方法,进行存储结构和存取方法等设计。物理设计与计算机硬件、软件和 DBMS 等密切相关,主要包括存储结构设计、建立数据簇集和存取方法设计三个步骤。

　　(1) 存储结构设计

　　确定数据库物理结构主要指确定数据的存放位置和存储结构,包括确定关系、索引、日志、备份等的存储安排和存储结构。设计时要综合考虑存取时间、存储空间利用率和维护代价三个方面的因素,根据实际需要,选择适当的方案。

　　(2) 建立数据簇集

　　数据簇集的含义是把有关的一些数据集中存放在一个物理块内或物理上相邻的区域内,以提高对这些数据的访问速度。如有一个关系"学生",经常需要按属性"年龄"进行查询操作,在其上以属性"年龄"为关键字建立了索引。如果某个年龄值对应的元组分散在多个物理块,这时要查询该年龄值对应的元组,就必须对多个物理块进行 I/O 操作。反之,如果将该年龄值对应的元组放在一个物理块内或相邻物理块内,则当获得多个满足查询条件的元组时,会大大减少 I/O 操作的次数。这里的属性"年龄"也称簇集键。

　　(3) 存取方法设计

　　存取方法设计用来为存储在物理设备上的数据提供数据访问的路径。数据库系统是一个多用户共享的系统,对于同一个关系,要建立多条存取路径才能满足多用户的多种应用要求。

　　索引是数据库中一种非常重要的数据存取方法,在该种存取方法中,首先要确定建立哪一种索引,然后确定在哪些表和属性上建立索引。通常情况下,要对数据量大,又经常进行查询操作的表建立索引,并且选择将索引建立在经常用作查询条件的属性或属性组以及经常用作连接属性的属性或属性组上。

1.7　Visual FoxPro 数据库概述

　　20 世纪 70 年代末期,美国 Ashton-Tate 公司研制的 DBASE 是当时最流行的关系型数据库管理系统。

1984 年,美国 Fox 软件公司推出了它的第一个数据库产品 FoxBASE,它功能更强大,运行速度更快,很快成为 20 世纪 80 年代中期主导的微机数据库管理系统。

1989 年,美国 Fox 软件公司开发了 FoxBASE 的后继产品——FoxPro 1.0 版,并且在 1991 年推出 FoxPro 2.0 版。

1992 年,Microsoft 公司兼并了 Fox 软件公司,从此在 FoxPro 的前面加上了 Microsoft 公司的标识。

1993 年,Microsoft 公司推出了 FoxPro 2.5。它是一个跨平台产品,能够运行在 DOS、Windows 等多种操作系统下。用该产品开发的应用程序具有很好的移植性,并且比以前的版本具有更快的运行速度、更友好的用户界面和更稳定的性能等。

1995 年,Microsoft 公司推出了面向对象的关系型数据库管理系统 Visual FoxPro 3.0,该产品是一个可以运行在 Windows 95、Windows 98 和 Windows NT 环境中的 32 位数据库开发系统。在该产品中引进了面向对象的编程技术和数据库设计技术,采用了可视化的概念,明确提出了客户/服务器体系结构。另外,首次引进逻辑数据库概念,使得零散的表得到全面管理。

1997 年,Microsoft 公司接着又推出了 Visual FoxPro 5.0 新版本,该版本引进了 Internet 和 Intranet 支持,首次在 FoxPro 中实现了 ActiveX 技术。

1998 年,Microsoft 公司推出了 Visual FoxPro 6.0,该版本全面支持 Internet 和 Intranet 应用,并且增强了和其他产品之间的协作能力。Visual FoxPro 6.0 将面向对象的程序设计技术与关系型数据库系统有机地结合在一起,是一个功能强大并具有可视化程序设计功能的关系型数据库系统。

目前,Microsoft 公司已经推出了最高版本 Visual FoxPro 9.0,用户普遍使用的是 Visual FoxPro 6.0 中文版(简称 Visual FoxPro 6.0)。

1.7.1 安装 Visual FoxPro 6.0

1. Visual FoxPro 的运行环境

(1) 处理器:486DX/66MHz 或更高处理器。

(2) 内存:16MB 以上。

(3) 硬盘空间:典型安装需要 85MB,最大安装需要 90MB。

(4) 显示器:VGA 或更高分辨率的显示器。

(5) 操作系统:Windows 98/Windows 2000/Windows NT 4.0 或更高的版本。

2. Visual FoxPro 的安装

将 Visual FoxPro 6.0 的光盘放入光驱中,安装向导会自动启动。

如果光盘没有自动启动,则需要用户手动安装。操作方法如下。

(1) 打开"我的电脑"或"资源管理器",双击光盘上的安装文件 Setup.exe。显示界面如图 1.7 所示。

(2) 单击"下一步"按钮,则弹出用户许可协议选择界面,如图 1.8 所示。

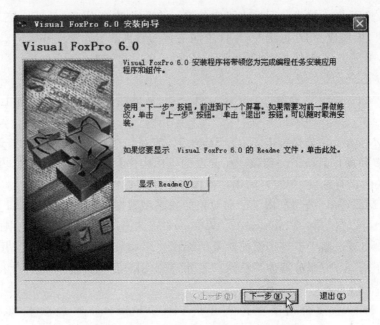

图 1.7　Visual FoxPro 安装向导第一步

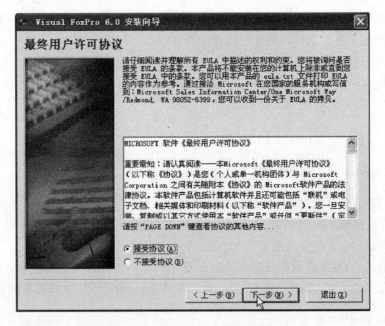

图 1.8　Visual FoxPro 安装向导第二步

（3）选择"接受协议"单选按钮，单击"下一步"按钮，则弹出产品序列号和用户信息输入界面，如图 1.9 所示。

（4）输入产品的 ID 号和用户信息，单击"下一步"按钮。若产品 ID 号输入正确，则弹出安装路径选择界面，如图 1.10 所示。

如此继续，按照安装向导的指引，进入安装界面如图 1.11 所示。

图 1.9　Visual FoxPro 安装向导第三步

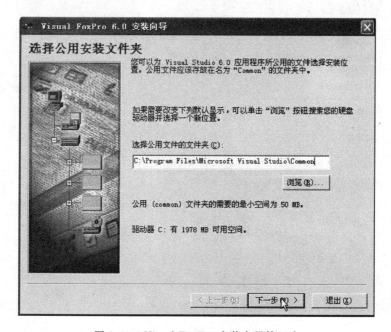

图 1.10　Visual FoxPro 安装向导第四步

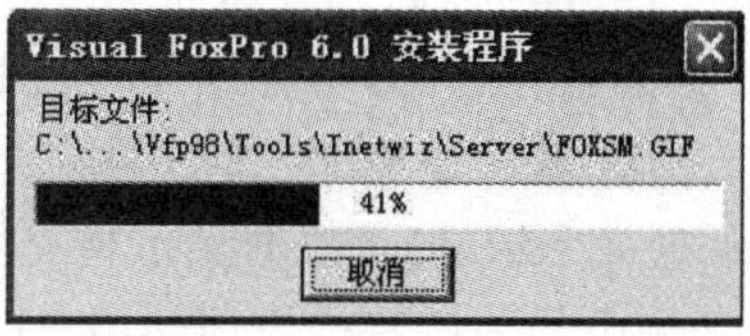

图 1.11　Visual FoxPro 安装界面

1.7.2　Visual FoxPro 的启动与退出

1. Visual FoxPro 的启动

安装 Visual FoxPro 后,系统创建了一个名为 Microsoft Visual FoxPro 6.0 的程序组,并将它放在"开始"菜单中。通常,也会在桌面上创建它的快捷方式图标。用户可以用以下三种方法来启动它。

(1) 双击桌面上 Microsoft Visual FoxPro 6.0 的快捷方式图标。

(2) 单击"开始"→"程序"命令,在弹出的子菜单中选择 Microsoft Visual FoxPro 6.0。

(3) 从"资源管理器"启动。打开"资源管理器",浏览 C:\program files 文件夹。在该文件夹中,选中 Microsoft Visual studio 文件夹,打开其中的文件夹 Vfp98,选择应用程序 VFP6。

无论用哪一种方式启动,都会弹出 Visual FoxPro 界面,如图 1.12 所示。

图 1.12　Visual FoxPro 初始界面

在该界面中有 5 个单选框和 1 个复选框,其功能如下。

- 打开组件管理库。打开新的组件管理库,管理 Visual FoxPro 组件。
- 查找示例程序。打开示例应用程序窗口。示例应用程序用来帮助用户学习使用 Visual FoxPro。通过研究每个示例,可以看到示例是如何运行的,了解如何用代码来实现这些示例,并把示例中的一些特性应用到用户的应用程序中。
- 创建新的应用程序。打开"程序"窗口,创建新的应用程序。

- 打开一个已存在的项目。显示"打开"项目对话框。
- 关闭此屏。关闭此对话框,回到 Visual FoxPro 的主界面窗口。

如果选中"以后不再显示此屏"复选框,则以后启动 Visual FoxPro 后将直接进入 Visual FoxPro 主界面窗口,如图 1.13 所示。

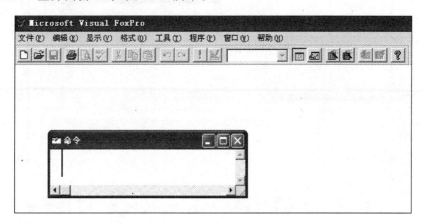

图 1.13　Visual FoxPro 主界面

2. Visual FoxPro 的退出

退出 Visual FoxPro,可以使用 Windows 应用程序的各种退出方法,还可以使用 Visual FoxPro 提供的方法,主要有以下 5 种。

(1) 在 Visual FoxPro 主窗口的标题栏中单击 FoxPro 图标 ,弹出控制菜单,选择"关闭"命令。

(2) 在 Visual FoxPro 主窗口中,单击右上角的"关闭"按钮。

(3) 单击 Visual FoxPro 主窗口中的"文件"菜单,选择"退出"命令。

(4) 在 Visual FoxPro 的命令窗口中,输入命令 QUIT 并按 Enter 键。

(5) 同时按 Alt 和 F4 键。

1.7.3　Visual FoxPro 的用户界面

在正常启动 Visual FoxPro 系统后,首先进入的是 Visual FoxPro 系统的主界面窗口,如图 1.14 所示。

从图 1.14 中可以看出,Visual FoxPro 的主界面由标题栏、菜单栏、工具栏、工作区、状态栏和命令窗口组成,下面分别介绍各部分的功能。

1. 标题栏

(1) 系统程序图标

单击系统程序图标 ,可以打开窗口控制菜单,使用该菜单可以移动、最大化或最小化窗口和关闭系统。双击系统程序图标也可关闭系统。

(2) 主窗口标题

主窗口标题是系统定义的该窗口的名称,显示为 Microsoft Visual FoxPro。

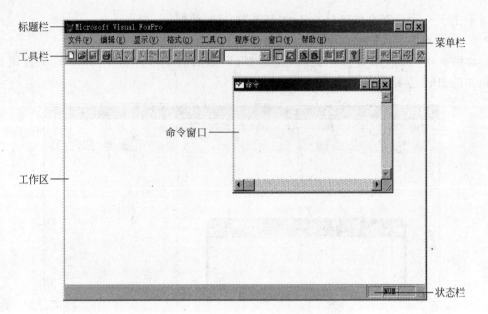

图 1.14   Visual FoxPro 主界面的功能说明

（3）最小化按钮

单击"最小化"按钮，可将 Visual FoxPro 系统屏幕缩成图标，并存放在 Windows 桌面底部的任务栏中。若想再一次打开这一窗口，单击任务栏上的 Microsoft Visual FoxPro 图标即可。

（4）最大化按钮

单击"最大化"按钮，可以将 Visual FoxPro 系统的窗口最大化。

（5）关闭按钮

单击关闭按钮，可以关闭 Visual FoxPro 系统。

2. 菜单栏

菜单栏位于主界面窗口的第二行，它包含"文件"、"编辑"、"显示"、"格式"、"工具"、"程序"、"窗口"和"帮助"8 个菜单选项。当单击其中一个菜单选项时，就可以打开一个对应的下拉式菜单，在下拉式菜单中，一般还包括若干个子菜单，单击菜单中的某个命令，就可以执行一个操作。

（1）"文件"菜单

"文件"菜单包含各种与文件有关的命令，其主要内容及功能见表 1.16 所示。

表 1.16   "文件"菜单选项及功能

菜 单 选 项	功 能
新建	打开"新建"对话框，在对话框中选择新建项目、数据库、表格、查询、连接、视图、表单、程序、类、文本文件和菜单等
打开	使用"打开"对话框打开"新建"列表中所列的任何文件
关闭	关闭活动窗口

菜 单 选 项	功　　能
保存	用于保存当前活动窗口中的文件,对没有文件名的新文件,要求用户输入新文件名
另存为	提示用户在存储文件前输入一个新文件名,以将文件保存为另外一个文件
还原	在编辑会话期间取消对当前文件所做的修改
导入	引入一个 Visual FoxPro 文件或其他应用程序文件
导出	将 Visual FoxPro 文件以另一个应用程序的文件格式输出
发送	用于发送 E-mail
退出	退出 Visual FoxPro,与在命令窗口中输入 QUIT 效果相同

(2)"编辑"菜单

"编辑"菜单主要提供撤销、重做、剪切、复制、粘贴、选择性粘贴、清除、全部选定等编辑功能,还提供查找、再次查找、替换、定位行及插入对象、对象、链接、属性等功能,其功能与Word 的编辑功能类似。

(3)"显示"菜单

"显示"菜单中子菜单选项的内容是由当前操作环境决定的,当用户尚未打开要显示的文件时,显示菜单选项中的子菜单只有一项"工具栏",当打开表、数据库、表单或报表等文件时,"显示"菜单中将增加一些新的选项,其内容及功能见表 1.17 所示。

表 1.17 "显示"菜单选项及功能

菜 单 选 项	功　　能
浏览	改变、查看和修改记录的浏览布局风格
编辑	改变、查看和修改记录的编辑布局风格
追加方式	在表格末尾添加一条空白记录并将记录指针移到第一个字段
TAB 键次序	允许用户在表单中设置 TAB 顺序
数据环境	设置用于表单、表单集或报表中的表格和关系
属性	显示表单及控件的属性对话框
代码	打开代码窗口
表单控件工具栏	在使用表单设计器时,打开表单控件工具栏
报表控件工具栏	显示报表控件工具栏,用于向报表中加入控件
布局工具栏	帮助用户对齐控件
调色板工具栏	帮助用户为控件选择前景色和背景色
数据库设计器	用于维护数据库中存储的表格、视图和关系
表单设计器	打开表单设计器
网格线	是否显示网格线
工具栏	显示 Visual FoxPro 所有工具栏列表的对话框

(4)"格式"菜单

打开不同的文件时,"格式"菜单中所显示的内容也不相同,例如在输入和修改程序时,该选项的内容和功能见表 1.18 所示。

表 1.18   "格式"菜单选项及功能

菜单选项	功能
字体	选择字体及显示风格
放大字体	放大当前窗口中使用的字体
缩小字体	缩小当前窗口中使用的字体
1 倍行距	当前窗口中的文字按单行分隔
1.5 倍行距	当前窗口中的文字每两行间空 1.5 行
两倍行距	当前窗口中的文字每两行间空 2 行
缩进	缩进当前窗口中的当前行或所选行
撤销缩进	取消当前窗口中的当前行或所选行的缩进
注释	注释所选行
撤销注释	取消所选行的注释

(5) "工具"菜单

"工具"菜单包含向导菜单选项、编程工具、程序调试器、系统环境设置等。具体选项内容及功能见表 1.19 所示。

表 1.19   "工具"菜单选项及功能

菜单选项	功能
向导	Visual FoxPro 所提供的各种向导列表
拼写检查	主要用于文本字段和备注字段的拼写检查
宏	定义并维护键盘宏
类浏览器	检查类的内容并查看其内容和方法
修饰	加入缩进的大写字符以及对程序文件重新格式化
调试器	进行程序的调试
选项	提供 Visual FoxPro 配置的各种选项

(6) "程序"菜单

"程序"菜单包括与程序编译、运行有关的选项,其内容及功能见表 1.20 所示。

表 1.20   "程序"菜单选项及功能

菜单选项	功能
运行	运行从对话框中选定的程序
取消	取消当前的程序
继续执行	恢复处于挂起状态的当前程序的执行
挂起	挂起当前程序的执行,但不将其从内存中删除
编译	将源文件编译成目标代码
执行	执行当前程序文件

(7) "窗口"菜单

"窗口"菜单包含对已打开的窗口进行管理的各个选项,其内容及功能见表 1.21 所示。

表 1.21 "窗口"菜单选项及功能

菜 单 选 项	功　　能
全部重排	以互相不重叠的方式排列所有的打开窗口
隐藏	将活动窗口隐藏,但不从内存中删除
消除	从应用程序的工作空间或当前输出窗口中清除文本
循环	被打开的窗口循环成为当前窗口
命令窗口	打开命令窗口,并将其显示在最前面
数据工作期	打开并激活数据工作期窗口

(8)"帮助"菜单

在"帮助"菜单中,系统提供了如何获得 Visual FoxPro 的帮助信息和技术支持等。

3.工具栏

打开 Visual FoxPro 时,工具栏位于菜单栏下面,默认的工具栏为"常用"工具栏。对于经常使用的功能,利用各种工具栏调用比通过菜单调用要方便、快捷。

(1)"常用"工具栏

Visual FoxPro 系统提供了不同环境下的 11 种"常用"工具栏,它们分别是"报表控件"工具栏、"报表设计器"工具栏、"表单控件"工具栏、"表单设计器"工具栏、"布局"工具栏、"查询设计器"工具栏、"常用"工具栏、"打印预览"工具栏、"调色板"工具栏、"视图设计器"工具栏及"数据库设计器"工具栏。激活其中一个工具栏,即在菜单栏下面显示出一行工具栏按钮,所有工具栏中的按钮都设定了文本提示功能,当光标停留在某个图标按钮上时,系统用文字的形式显示其功能。用户还可以将它们拖放到主窗口的任意位置。

(2)隐藏工具栏

工具栏会随着某一类型的文件打开而自动打开。如当新建或打开一个视图文件时,将自动显示"视图设计器"工具栏,当关闭了视图文件后该工具栏也将自动关闭。要想随时打开或隐藏工具栏,可选择"显示"→"工具栏"命令,弹出"工具栏"对话框,如图 1.15 所示。单击选择或清除相应的工具栏复选框,再单击"确定"按钮,便可显示或隐藏工具栏。也可右击工具栏的空白处,打开快捷菜单,如图 1.16 所示,从中选择或关闭工具栏。

图 1.15　"工具栏"对话框

图 1.16　工具栏快捷菜单

在"工具栏"对话框下面有三个复选框。选中"彩色按钮"复选框表示所有被激活的工具按钮均为彩色按钮,否则为黑白的;选中"大按钮"复选框表示工具栏中的图标按钮放大一倍,否则为小按钮;选中"工具提示"复选框表示所有工具栏按钮都有文本提示功能,否则不显示提示,系统默认为选中。

(3) 定制工具栏

图 1.17 "新工具栏"对话框

除系统提供的工具栏以外,为方便操作,用户可以改变现有的工具栏,或根据需要组建自己的工具栏,这被称为定制工具栏。例如,在开发学生管理系统过程中,可以把常用的工具组合在一起,建立一个"学生管理"工具栏。具体方法是:在"工具栏"对话框中,单击"新建"按钮,打开"新工具栏"对话框,如图 1.17 所示。

在图中的文本框中输入工具栏的名称,例如"学生管理",然后单击"确定"按钮,则弹出"定制工具栏"对话框,如图 1.18 所示。然后在主窗口上同时出现一个空的"学生管理"工具栏。

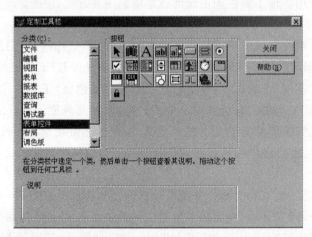

图 1.18 "定制工具栏"对话框

单击"定制工具栏"左侧"分类"列表框中的任何一类,右侧将显示该类中的所有按钮。再根据需要,选择自己需要的按钮,并将这些按钮拖放到"学生管理"工具栏上即可,如图 1.19 所示。最后单击"关闭"按钮。从而在工具栏中加入了"学生管理"工具栏。

图 1.19 "学生管理"工具栏

(4) 修改现有工具栏

要修改现有的工具栏,应按照下面步骤操作。

① 选择"显示"→"工具栏"命令,弹出"工具栏"对话框,如图 1.15 所示。

② 单击"定制"按钮,弹出"定制工具栏"对话框,如图 1.18 所示。

③ 向要修改的工具栏上拖放新的图标按钮可以增加新的工具按钮。

④ 从工具栏上用鼠标直接将按钮拖放到工具栏之外可以删除该工具按钮。

⑤ 修改完毕,单击"定制工具栏"对话框中的"关闭"按钮即可。

（5）重置和删除工具栏

在"工具栏"对话框中，当选中系统定义的工具栏时，右侧对应有"重置"按钮，单击该按钮可以将用户定制的工具栏恢复成系统默认的状态。

在"工具栏"对话框中，当选中用户创建的工具栏时，右侧会出现"删除"按钮，单击该按钮并确认，则可以删除用户创建的工具栏。

4．命令窗口

命令窗口位于菜单栏和状态栏之间的工作区内，用来执行或编辑 Visual FoxPro 系统的命令。在命令窗口中，可以通过输入命令实现对数据库的操作管理，也可以用各种编辑工具对操作命令进行修改、插入、剪切、删除、复制、粘贴等操作，还可以在此窗口建立命令文件并运行命令文件。在"窗口"菜单中，选择"隐藏"选项，可以关闭命令窗口；选择"命令窗口"选项，可以打开命令窗口。

在选择菜单命令时，对应的命令行将在命令窗口中显示出来。进入 Visual FoxPro 系统后，用户从菜单或命令窗口输入的命令到退出系统之前都是有效的，用户只需要将光标移到某个命令行上，然后按 Enter 键，则该行对应的命令将再次执行。另外，用户也可以在命令窗口中将本次进入 Visual FoxPro 系统后的任何一条已执行的命令加以修改，然后再次执行。

在 Visual FoxPro 中，系统可以识别命令与函数的前 4 个字母，即命令和函数可以只输入前 4 个字母，系统也认为是正确的，但可能会与其他命令或函数名混淆，则必须输入完整。另外，为操作方便，当不用命令窗口时，可以将命令窗口隐藏起来，通过选择"窗口"→"隐藏"命令来实现（快捷键为 Ctrl＋F4）；如果还想让命令窗口重新显示，则通过选择"窗口"→"命令窗口"命令来实现（快捷键为 Ctrl＋F2）。

5．状态栏

状态栏位于主窗口的最底部，用于显示某一时刻数据管理的工作状态。状态栏可以通过命令 SET STATUS ON/OFF 进行设置，如果是 ON 状态，则屏幕上显示状态栏；如果是 OFF 状态，则屏幕上不显示状态栏。系统默认为 OFF 状态。

在当前工作区中，如果没有表文件打开，状态栏的内容是空白的；如果有表文件打开，状态栏则显示表名、表所在的数据库名、表中当前记录的记录号、表中所包含的记录总数、表中当前记录的共享状态等信息。

1.7.4　Visual FoxPro 的工作方式

Visual FoxPro 的工作方式分为交互方式和程序方式两种。

1．交互方式

交互方式指通过人机对话来执行各项操作。在 Visual FoxPro 中，交互方式有以下两种。

（1）可视化操作方式

可视化操作方式指利用 Visual FoxPro 集成环境提供的各种工具如菜单、工具栏、设计器、生成器和向导等，来完成各项操作，这种操作方法非常直观，简单易学。

（2）命令方式

命令方式指通过在命令窗口中输入合法的 Visual FoxPro 命令来完成各种操作。例

如,在命令窗口中输入下面命令:

```
DIR
```

按 Enter 键后,系统将在 Visual FoxPro 主窗口中显示当前目录下所有数据表文件
(.DBF 文件)的文件名、记录数量和更新时间等信息。

2. 程序方式

Visual FoxPro 最强大的功能需要通过编写程序来实现。通过把 Visual FoxPro 的相
关命令进行组织,编写成命令文件(程序),或者利用 Visual FoxPro 提供的各种程序生成工
具如表单设计器、菜单设计器和报表设计器等来设计程序,通过程序的执行,可以完成用户
需要的特定功能。

1.7.5　Visual FoxPro 命令概述

1. Visual FoxPro 命令的基本格式

在 Visual FoxPro 中,一条命令通常由命令动词和若干个短语组成。命令动词用来表
示该命令的功能(执行什么操作),短语用于表示命令的操作对象、条件或范围等,短语又被
称为子句。

Visual FoxPro 命令的基本格式为:

＜命令动词＞[FIELDS＜表达式表＞][＜范围＞][FOR＜条件＞][WHILE＜条
件＞][TO FILE＜文件名＞|TO PRINTER|TO＜内存变量＞]

注意:关于命令中相关符号的约定如下。

(1)＜ ＞为必选项约定符,表示其中的内容由用户输入,必须选择。

(2)[ ]为可选项约定符,表示其中的内容可选可不选。

(3)|为选择项约定符,表示在多个项目中选择一项。

2. Visual FoxPro 命令的书写规则

Visual FoxPro 命令的书写规则主要有以下几个。

(1)每个命令必须以一个命令动词开头,而命令中的各个子句可以按任意次序排列。
例如,下列两条命令的执行结果是相同的:

```
LIST 姓名,学号 FOR YEAR(出生日期) = 1986
LIST FOR YEAR(出生日期) = 1986 姓名,学号
```

(2)命令行中各动词或短语之间应以一个或多个空格隔开,如果两者之间嵌有双引号、
单引号、括号或逗号等分界符,则空格可以省略。但应注意,逻辑值".T."或".F."中的两个
小圆点不能省略,并且与字母之间不能有空格。

(3)一个命令行的最大长度是 254 个字符。当一行写不下,可以使用续行符";",然后
按 Enter 键,在下一行继续书写。

(4)命令行的内容可以用英文字母的大写形式、小写形式或大小写混合形式。

(5)命令动词和子句中的短语可以用其前 4 个字母缩写表示。

（6）不可以用 A～J 之间的单个字母作为数据库文件名，因为它们已被保留用作数据库工作区的名称。另外，也不可以用操作系统所规定的输出设备名称做文件名。

（7）不要用命令动词、短语等 Visual FoxPro 的保留字做文件名、字段名或变量名等，以免发生混乱。

（8）在一行中只能写一条命令，每条命令的结束标志是按 Enter 键。

1.7.6 Visual FoxPro 中最简单的操作命令

1. 问号显示命令

问号显示命令包括单问号显示命令、双问号显示命令和三问号显示命令三种，它们的用法各不相同。

（1）单问号显示命令

格式：? ＜表达式＞

功能：该命令用来从下一行的首列开始显示表达式的内容。

例 1.7 在命令窗口中输入下面命令：

? 5＋5

则在主窗口中显示 10。

（2）双问号显示命令

格式：?? ＜表达式＞

功能：该命令用来从光标的当前位置起显示表达式的内容。

例 1.8 在命令窗口中输入以下两条命令：

? 5＋5
?? 5＋5

则在主窗口中显示 1010。

（3）三问号显示命令

格式：??? ＜"字符表达式"＞

功能：该命令将字符表达式的内容发送到打印机。

例 1.9 在命令窗口中输入下面命令：

??? "5＋5"

则在打印机上打印出：5＋5。

2. 反斜杠显示命令

反斜杠显示命令包括单反斜杠显示命令和双反斜杠显示命令两种，只能用来显示文本的内容。它们的用法与问号显示命令相似，单反斜杠显示命令用来在下一行显示，双反斜杠显示命令则从当前行的光标位置开始显示，命令格式如下。

（1）\ ＜文本表达式＞：从下一行的首列开始显示文本表达式的内容。

（2）\\ ＜文本表达式＞：从光标的当前位置起显示文本表达式的内容。

说明：命令中的"文本表达式"不需要用引号括起来，可以直接书写。

例 1.10　在命令窗口中输入以下命令：

\5 + 5
\\5 + 5

则在主窗口中显示：5+55+5。

3. 清屏命令

清屏命令用来清除 Visual FoxPro 主窗口中的所有内容，格式为：
CLEAR

1.7.7　Visual FoxPro 的配置

Visual FoxPro 的配置用来设置其外观和操作环境。当安装 Visual FoxPro 后，系统自动用一些默认值来设置环境，为了使 Visual FoxPro 系统能满足个性化的要求，也可以定制自己的系统环境，例如根据需要，定制自己的工具栏环境等。环境设置包括主窗口标题、默认目录、项目、编辑器、调试器及表单工具选项、临时文件存储、拖放字段对应的控件和其他选项等内容。例如，可以设置 Visual FoxPro 所用文件的默认位置，指定如何在编辑窗口中显示源代码及日期与时间的格式等。

在 Visual FoxPro 中，通常使用"选项"对话框进行设置。下面介绍其设置方法。

1. 使用"选项"对话框

选择"工具"→"选项"命令，打开"选项"对话框。"选项"对话框包括有一系列代表不同类别环境选项的 12 个选项卡，即显示、常规、数据、远程数据、文件位置、表单、项目、控件、区域、调试、语法着色、字段映象，如图 1.20 所示。各选项卡的设置功能见表 1.22 所示。

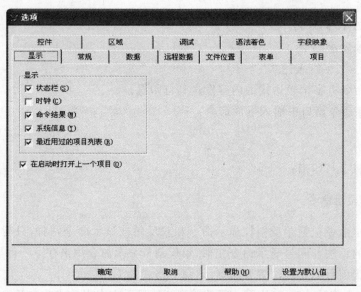

图 1.20　"选项"对话框

表 1.22 "选项"对话框中的各选项卡及功能

选项卡	设置功能
显示	显示界面选项,可设置是否显示状态栏、时钟、命令结果或系统信息等
常规	数据输入与编程选项,可设置警告声音,是否记录编译错误等编程功能,数据输入功能,文件替换时是否加以确认,2000 年兼容性等
数据	用于字符串比较、锁定和缓冲设定。作为表选项,决定是否以独占方式打开,是否使用 Rushmore 优化,是否忽略已删除记录以及备注块大小、排序序列等
远程数据	设置远程视图默认值和连接默认值。如连接超时限定值、每次取的记录数以及如何使用 SQL 更新
文件位置	用于设置 Visual FoxPro 文件默认的存储位置
表单	表单设计器选项,如网格设定,Tab 键次序,度量单位及使用何种模板类
项目	项目管理器选项,如项目双击操作的设定,是否使用向导提示,源代码管理选项
控件	用于设置可视类库和 ActiveX 控件
区域	用于日期、时间、货币及数字格式的设定
调试	调试器显示及指定窗口选项,设置字体与颜色
语法着色	用于区分程序元素所用的字体及颜色,如注释与关键字
字段映象	用于从数据环境设计器、数据库设计器或项目管理器向表单中拖放表或字段时创建各种控件

2. 设置默认目录

为便于对文件的管理,用户通常需要建立自己的工作目录,这样在存取文件时,系统就会自动选择该目录。操作方法是在"选项"对话框中切换到"文件位置"选项卡,如图 1.21 所示。

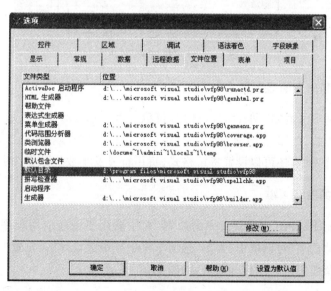

图 1.21 "文件位置"选项卡

在"文件类型"列表中选中"默认目录"选项,单击"修改"按钮,或直接双击"默认目录"选项,则弹出如图 1.22 所示的"更改文件位置"对话框。选中"使用默认目录"复选框,激活"定位默认目录"文本框,然后直接输入用户需要的工作目录,如:"d:\学生成绩",或者单击文

本框右侧的 ⬚⬚ 按钮,打开如图1.23所示的"选择目录"对话框,在其中选择确定的文件夹后单击"选定"按钮,则返回到"更改文件位置"对话框,单击"确定"按钮,则将选定的文件目录设置为默认目录。此后,在Visual FoxPro中存取文件时,系统会自动选择该默认文件夹。

图1.22　"更改文件位置"对话框

图1.23　"选择目录"对话框

3. 设置日期和时间的显示格式

通过"区域"选项卡的"日期和时间"选项,可以设置日期和时间的显示方式,其中日期和时间有多种显示方式,如图1.24所示。同时还可以设置日期分隔符,选择显示年份等选项。在"货币和数字"选项中,还可以设置货币格式、货币符号及小数位数等选项。

4. 更改表单的默认大小

表单是Visual FoxPro中非常重要的内容,它主要用于创建应用程序的界面。在创建表单时,可以利用"选项"对话框中"表单"选项卡来选择最大设计区、设置网格线、对齐格线、所用度量单位以及使用何种模板等项目,如图1.25所示。

5. 保存设置

对于Visual FoxPro配置所做的更改既可以是临时的,也可以是永久的。临时设置保存在内存中,并在退出Visual FoxPro时释放。永久设置将保存在Windows注册表中,作为以后再启动Visual FoxPro时的默认设置值,也就是说,可以将在"选项"对话框中所做设

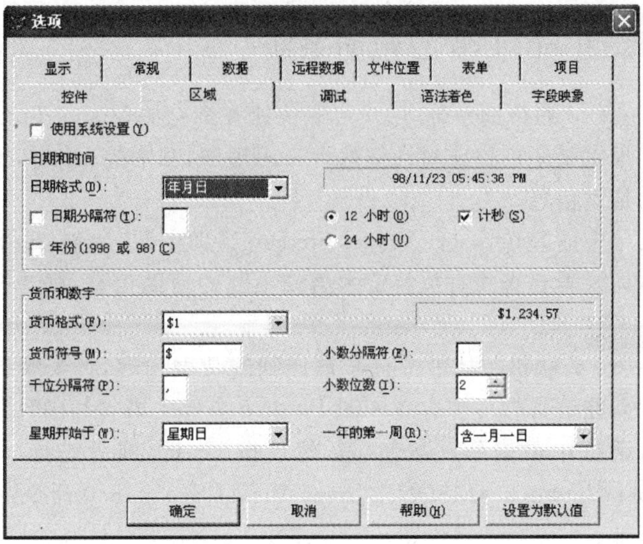

图 1.24 "区域"选项卡

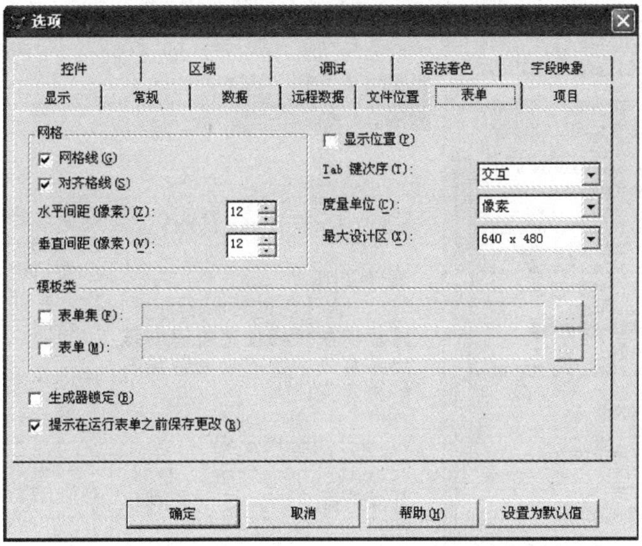

图 1.25 "表单"选项卡

置保存为在本次系统运行期间有效,或者保存为 Visual FoxPro 的默认设置,即永久设置。

(1) 将设置保存为仅在本次系统运行期间有效

在"选项"对话框中完成各项设置后,单击"确定"按钮,关闭"选项"对话框,所改变的设置仅在本次系统运行期间有效,它们一直起作用直到退出 Visual FoxPro 或再次更改选项。退出系统后,所做的修改将丢失。

(2) 保存为默认设置

要永久保存对系统环境所做的更改,应把它们保存为默认设置。在"选项"对话框中完成各项设置后,单击"设置为默认值"按钮,然后单击"确定"按钮,将把所有设置信息存储在 Windows 注册表中,以后每次启动 Visual FoxPro 时所做的更改仍然有效。

1.7.8　Visual FoxPro 的帮助系统

使用 Visual FoxPro 的帮助系统,用户可以快速查询有关 Visual FoxPro 设计工具和程序语言的信息。如果对某个窗口或对话框的含义不理解,只需按 F1 键,就能够显示出关于该窗口或对话框的帮助信息。

单击"帮助"菜单中的"Microsoft Visual FoxPro 帮助主题"命令,即得到 Visual FoxPro 联机帮助的内容概述。若要查找有关特定术语或主题的帮助信息,则选择"帮助"菜单中的"索引"命令。

在 Visual FoxPro 的联机文档中带有非常详细的帮助内容,如安装指南、用户指南、开发指南、语言参考等,在语言参考中有 Visual FoxPro 全部的语句和函数。

在任何一个对话框中单击帮助按钮 ,然后按 F1 键,或者选择"开始"→"程序"→Microsoft Developer Network→MSDN Library Visual Studio 6.0 命令,都可打开联机帮助系统,如图 1.26 所示。

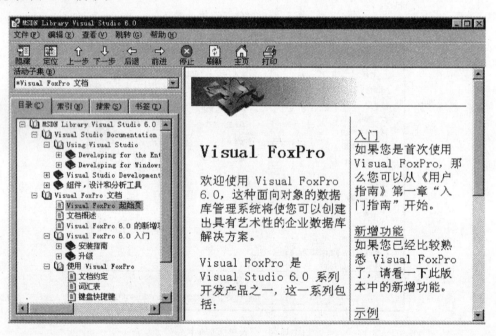

图 1.26　Visual FoxPro 的联机帮助系统

MSDN 即微软开发者网络,是一种订阅形式的一年四期的光盘资料库,每个季度更新一次。MSDN 为开发人员提供了最先进的技术资料和产品,并提供相互帮助的机会,安装 MSDN 至少需要 57MB 的硬盘空间。

MSDN Library 是一个分为 3 个窗格的帮助窗口。顶端的窗格包含工具栏,左侧的窗格包含各种定位方法,右侧的窗格则显示主题内容,此窗格拥有完整的浏览器功能。

定位窗格包含"目录"、"索引"、"搜索"及"书签"四个选项卡。单击"目录"、"索引"或"书签"选项卡中的主题,即可在右窗格中浏览 Library 中的各种信息。"搜索"选项卡可用于查找出现在任何主题中的所有单词或短语。单击主题中带有下划线的词,即可查阅与该主题有关的其他内容。查阅方法如下。

（1）单击带有下划线的彩色文字，可以链接到另一个主题、网页、其他主题的列表或是某个应用程序。

（2）选中某个词或短语使其高亮显示，然后按 F1 键，可以查看"索引"中是否有包含该词或短语的主题。

1.7.9 Visual FoxPro 的向导、设计器和生成器简介

Visual FoxPro 能够提供面向对象的设计工具，使用它的有关向导、设计器和生成器可以使应用程序的开发更加简便和灵活。

1．Visual FoxPro 的向导

向导是一种交互式程序。用户通过系统提供的向导设计器，在回答一系列问题或选择相关内容后，向导会根据用户的回答或选择，自动地生成文件或执行任务，使用户不用编程就可以创建良好的应用程序界面并完成许多对数据库的操作。

Visual FoxPro 系统提供了 20 多种向导，主要包括表向导、查询向导、表单向导、报表向导、标签向导、邮件合并向导、数据透视表向导、导入向导、文档向导、安装向导、升迁向导等，除此以外，Visual FoxPro 6.0 还新增了应用程序向导、连接向导、数据库向导、Web 发布向导、示例向导等。

2．Visual FoxPro 的设计器

Visual FoxPro 的设计器是创建和修改应用系统各种组件的可视化工具。利用它们使得创建表单、数据库、表、查询和报表等工作变得非常容易，为初学者提供了方便。Visual FoxPro 系统提供的设计器及功能见表 1.23 所示。

表 1.23　Visual FoxPro 设计器及功能

设计器名称	功　　能
表设计器	创建并修改数据库表、自由表、字段和索引，并可实现一些高级功能
数据库设计器	管理数据库中包含的全部表、视图和关系。该窗口被激活时，显示"数据库"菜单和"数据库设计器"工具栏
报表设计器	创建和修改打印数据的报表。该窗口被激活时，显示"报表"菜单和"报表控件"工具栏
查询设计器	创建和修改在本地表中运行的查询。该窗口被激活时，显示"查询"菜单和"查询设计器"工具栏
视图设计器	在远程数据源上运行查询，创建视图。当该设计器窗口被激活时，显示"视图设计器"工具栏
表单设计器	创建并修改表单和表单集。该窗口被激活时，显示"表单"菜单、"表单控件"工具栏、"表单设计器"工具栏和"属性"窗口
菜单设计器	创建菜单栏或弹出子菜单
数据环境设计器	帮助用户可视地创建和修改表单、表单集和报表的数据环境
连接设计器	为远程视图创建并修改连接

3. Visual FoxPro 的生成器

Visual FoxPro 系统所提供的生成器能够简化创建和修改用户界面程序的设计过程。每一个生成器都由一系列选项卡组成,用户可以通过选择相关对象并设置其属性,并且可以将生成器生成的界面直接转换为程序代码,从而把自己从逐条编写程序、反复调试程序的工作中解脱出来。

Visual FoxPro 提供的生成器及功能见表 1.24 所示。

表 1.24　Visual FoxPro 生成器及功能

生成器名称	功　　能
表单生成器	用于建立表单,方便向表中添加字段
表格生成器	为表格控件设置属性
编辑框生成器	用于建立编辑框,方便为编辑框控件设置属性
列表框生成器	用于建立列表框,方便为列表框控件设置属性
文本框生成器	用于建立文本框,方便为文本框控件设置属性
组合框生成器	用于建立组合框,方便为组合框控件设置属性
命令按钮组生成器	用于建立命令按钮组,方便为命令按钮组控件设置属性
选项按钮组生成器	用于建立选项按钮组,方便为选项按钮组控件设置属性
自动格式生成器	对选中的相同类型的控件应用一组样式
参照完整性生成器	用于建立参照完整性规则,用来控制如何在相关表中插入、更新或删除记录,确保参照完整性
表达式生成器	创建并编辑表达式

1.8　项目管理器

当用 Visual FoxPro 解决一个实际的应用问题时,通常需要建立很多文件。例如开发一个数据库应用系统,需要建立数据库文件、表文件、查询文件、表单文件、报表文件、命令文件和菜单文件等多种不同的文件。如何管理这些文件呢?最好的方法就是利用项目管理器。

在 Visual FoxPro 中,把解决一个实际的应用问题称为一个项目,需要利用项目管理器对项目中涉及的文件进行组织和管理。项目管理器用类似大纲的形式,可视化地组织一个项目中涉及的文件及其对象的操作,对于数据库应用系统的开发,极大地提高了其工作效率。不仅如此,一个项目经过编译后,能够形成可以独立运行的.app 或.exe 文件。

1.8.1　项目管理器简介

1. 创建新项目

利用"文件"→"新建"命令可以随时创建新项目。具体操作步骤如下。

(1) 选择"文件"→"新建"命令,或者单击"常用"工具栏中的"新建"按钮,则打开如图 1.27 所示的"新建"对话框。

(2) 在"文件类型"选项组中选择"项目"单选按钮,单击"新建文件"按钮,则弹出"创建"

对话框,如图1.28所示。

图1.27 "新建"对话框

图1.28 "创建"对话框

(3) 在"项目文件"后面的文本框中输入新项目的名称,例如输入"图书管理",单击"保存"按钮,系统就在指定目录位置建立一个名为"图书管理.pjx"的项目文件和一个名为"图书管理.pjt"的项目备注文件,随即项目管理器被打开,如图1.29所示。

若用命令方式创建新项目,需要在命令窗口中输入下面命令:

```
CREATE  PROJECT    [<项目文件名>|?]
```

注意:该命令指在默认目录下创建项目。如果要在指定的目录下创建一个新项目,则应在文件名前面加上路径。

当系统建立了"图书管理"项目后,此后若想使用该项目,只需打开文件"图书管理.pjx"即可。在打开一个项目文件时,需要在"打开"对话框中选择"文件类型"为"项目",然后找到项目文件所在的目录,指定项目文件。

如果要关闭项目,只需单击项目管理器右上角的"关闭"按钮。当关闭一个空项目时,系统打开对话框,询问是否保存该项目,如图1.30所示。如果单击"删除"按钮,系统将从磁盘上删除该空项目文件;如果单击"保持"按钮,系统将保存该空项目文件。

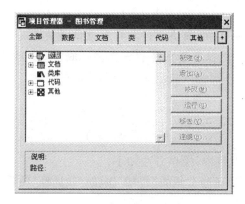

图1.29 "图书管理"项目管理器

图1.30 删除或保存空项目文件对话框

2．选项卡介绍

项目管理器包括 6 个选项卡,分别为"全部"、"数据"、"文档"、"类"、"代码"和"其他",其功能如下。

(1)"全部"选项卡,用于显示和管理项目包含的所有文件。

(2)"数据"选项卡,用于显示和管理项目中的数据,主要包括数据库、自由表和查询三种类型的文件。

(3)"文档"选项卡,用于显示和管理项目中的表单、报表和标签三种类型的文件。

(4)"类"选项卡,用于显示和管理项目中所有的类库文件,当一个项目是空项目时,该选项卡无显示。

(5)"代码"选项卡,用于显示和管理项目中的程序文件、API 库和应用程序三种类型的文件。在一个项目中,当需要调用系统中的 API 函数时使用 API 库。

(6)"其他"选项卡,用于显示和管理项目中的菜单文件、文本文件和其他文件三种类型的文件。其他文件指图像文件、声音文件等不能归入上面其他选项卡管理的文件。

在项目管理器中,内容以类似于大纲的形式进行组织,可以展开或折叠它们。在一个项目中,如果某类型的数据项包括一个或多个子项,则在其标志前有一个加号(+)。单击该加号可以展开各子项,同时加号(+)变成减号(-);而单击减号(-)可以折叠所有子项,同时减号(-)变成加号(+)。由于所有对象都以树型结构显示,因此操作非常方便。

1.8.2　项目管理器的功能

项目管理器的功能可以通过其右侧几个按钮和"项目"菜单中相应的菜单项实现。当编辑一个项目时,选中某种类型的文件,相关按钮将高亮度显示,同时"项目"菜单中也有相应的菜单项对应。其主要功能如下。

1．创建文件

首先,选择要创建文件的类型,然后单击项目管理器右侧的"新建"按钮,或者选择"项目"→"新建文件"命令,系统即打开相应的设计器以创建文件。

例如,要创建一个程序文件,首先在项目管理器左侧部分选择文件类型为"程序",然后单击项目管理器右侧的"新建"按钮,如图 1.31 所示。

在项目中创建的文件,会自动地包含在该项目中,即该文件与项目之间建立了一种关联,用户可以通过项目管理器来管理这个文件。但这并不意味着该文件已成为 pjx 项目文件的一部分。事实上,一个项目中包含的每个文件都是以独立文件的形式存在磁盘上,在没有打开项目时,每个文件都可以单独使用。

2．添加文件

添加文件指将已存在的文件添加到打开的项目中,操作方法如下。

(1)选择要添加的文件类型,然后单击项目管理器右侧的"添加"按钮;或选择"项目"→"添加文件"命令,则系统弹出"打开"对话框。

(2)在"打开"对话框中,选择要添加的文件,单击"确定"按钮,系统便将选择的文件添加到项目文件中,如图 1.32 所示。

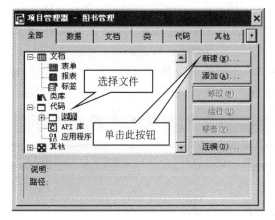

图 1.31 创建程序文件

图 1.32 添加文件对话框

3. 修改文件

首先,选择要修改的文件,然后单击"修改"按钮或选择"项目"→"修改文件"命令,系统将根据要修改的文件类型打开相应的设计器,用户便可以在其中进行修改。

注意:在 Visual FoxPro 中,一个文件可以同时被包含在多个项目中。在任何一个项目中修改某个文件,修改的结果对于其他项目也有效。

4. 移去文件

首先,选择要移去的文件,然后单击"移去"按钮或选择"项目"→"移去文件"命令,系统将显示如图 1.33 所示的对话框。如果单击"移去"按钮,系统仅从项目中移去该文件,被移去的文件仍存在于原目录中;如果单击"删除"按钮,系统不仅从项目中移去文件,还将从磁盘中删除该文件。此外,"项目"菜单中还有"重命名文件"命令,能够实现对选中的文件重新更改名字的操作,如图 1.34 所示。

图 1.33 移去文件对话框

图 1.34 "重命名文件"对话框

5. 其他操作按钮对应的功能

(1)"浏览"按钮:用来浏览数据库表或自由表。

(2)"打开"和"关闭"按钮:用来打开或关闭一个数据库文件。如果选定的数据库已关闭,此按钮变为"打开";如果选定的数据库已打开,此按钮变为"关闭"。

(3)"预览"按钮:在打印预览方式下显示选定的报表或标签文件。

（4）"运行"按钮：执行选定的查询、表单或程序文件。

（5）"连编"按钮：把一个项目的所有文件连接并编译成一个可执行文件。操作方法如下。

① 单击"连编"按钮，打开"连编选项"对话框，选择"重新连编项目"单选按钮，再单击"确定"按钮，如图 1.35 所示。若项目中没有错误，则返回到项目管理器窗口中。

② 再次单击"连编"按钮，在打开的"连编选项"对话框中选择"连编可执行文件"单选按钮，然后单击"确定"按钮，则弹出"另存为"对话框，用于保存生成的应用程序，如图 1.36 所示。

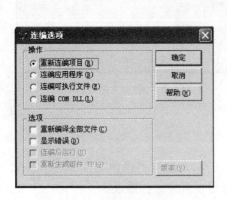

图 1.35　"连编选项"对话框

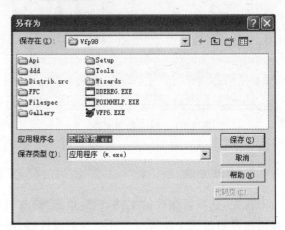

图 1.36　"另存为"对话框

注意："浏览"、"打开"、"关闭"、"预览"和"运行"这五个功能共用一个按钮，由当前选择的文件类型决定其对应的功能。

6. "项目"菜单项的主要功能

（1）重命名文件

重命名文件指对项目中选定的文件重新命名。当选中项目中一个文件后，选择"项目"→"重命名文件"命令，将弹出"重命名文件"对话框，如图 1.34 所示，在"到"后面的文本框中输入新文件名即可。

除非特别需要，否则不要轻易给文件更名。例如，如果改变了一个表单的数据环境（DataEnvironment）属性中引用的表的名称，表单将找不到此表。如果更改了一个已经添加到表单中类的名称，表单将不能定位到这个类。

（2）包含

项目管理器中的文件有两种状态：包含和排除。所谓包含文件，就是指项目连编后，指定的文件不能再被用户修改。只有当选定一个排除文件时，该选项才能使用。所有的包含文件都以只读方式被编译进入到 .app 或 .exe 文件中。如果希望在项目运行时修改某个文件，则应把此文件标记为排除文件。

（3）排除

排除文件是指在项目连编后，指定的文件允许被用户修改。排除文件并不被编译到应用程序中。只有当选定一个包含文件时，该命令才能使用。项目管理器在排除文件的文件名称前显示一个中间带斜杠的圆，排除文件列在项目管理器中供用户参考，如果应用程序需要它们,必须通过人工发布。

(4)设置主文件

主文件是项目开始运行时首先要执行的文件。主文件通常用来初始化运行环境,并把项目所包含的其他文件连接起来形成一个应用系统。所以,在每个项目中必须指定一个主文件,并且只能设置一个主文件。通常,程序文件、菜单文件或表单文件可以设置为主文件。

当一个文件被设置为主文件后,该文件会加黑显示,同时系统会自动把原来的主文件设置为非主文件。在项目管理器中,选择主文件并单击右侧的"运行"按钮,就可以运行该项目的应用程序。

(5)编辑说明

当用户选中项目中的某个文件后,选择"项目"→"编辑说明"命令,则弹出"说明"对话框,可以在其中输入对选定文件的简要说明信息,此说明信息将出现在项目管理器窗口的底部。

(6)项目信息

在菜单栏中选择"项目"→"项目信息"命令,能够显示"项目信息"对话框,从中可以查看和编辑有关项目及其文件的相关信息。

(7)错误

用来显示编译应用程序期间生成的错误日志文件。

(8)清理项目

通过运行 PACK 命令删除带有删除标记的文件,来减小项目中.pjx 文件的大小。当使用"移去文件"命令从项目中移去一个文件时,相关记录仍保留在.pjx 项目文件中,但带有删除标记,可以选择"项目"→"清理项目"命令来删除带有删除标记的记录。

1.8.3 定制项目管理器

1. 折叠和展开项目管理器

正常状态下,项目管理器窗口以普通对话框的形式显示,如图 1.37 所示。可以通过单击其右上角的"折叠"按钮(↑)使其呈现折叠状态,如图 1.38 所示。当项目管理器窗口被折叠后,"折叠"按钮(↑)变成"还原"按钮(↓),单击此按钮可以将项目管理器窗口还原为正常状态。

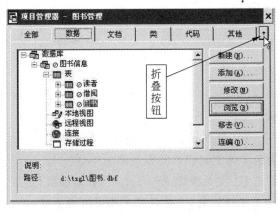

图 1.37 项目管理器窗口正常状态

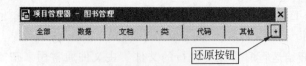

图 1.38 项目管理器窗口折叠状态

2. 停放和拆分项目管理器

同工具栏类似,可以将项目管理器拖动到屏幕顶部,或者通过双击项目管理器窗口的标题栏将其停放到系统工具栏的下面。项目管理器窗口被停放后,将自动折叠,只显示选项卡。当项目管理器窗口被折叠时,把光标放到任意选项卡上并按下左键拖动,可以将此选项卡拖动到其他位置,并拆分成为一个独立、浮动的窗口。单击选项卡上的图钉图标,该选项卡就会成为顶层显示,即始终显示在其他窗口的上面,如图 1.39 所示。

图 1.39 "数据"选项卡被拖下成为独立窗口

若要取消顶层显示的设置,只需再次单击图钉图标。若要还原拆分的选项卡,可以单击选项卡上的"关闭"按钮,也可以用鼠标将拆分的选项卡拖曳到项目管理器中。

要想使项目管理器窗口恢复为正常状态,需要将光标放到其选项卡两侧任意空白位置,并按下鼠标左键向下拖动即可。

一、单项选择题

1. 数据库系统的核心是( )。

A. 软件工具　　　　B. 数据模型　　　　C. 数据库　　　　D. 数据库管理系统

2. 用树型结构来表示实体之间联系的模型称为( )。

A. 层次模型　　　　B. 关系模型　　　　C. 数据模型　　　　D. 网状模型

3. 将 E-R 图转换成关系模式时,实体与联系都可以表示成( )。

A. 字段　　　　　　B. 表　　　　　　　C. 关键字　　　　D. 关系

4. 对数据库中的数据可以进行插入、删除和修改等操作,这是因为数据库管理系统提供了( )功能。

  A. 数据输入   B. 数据操纵   C. 数据输出   D. 数据控制

5. 下列对于关系的叙述,错误的是( )。

  A. 每个关系都只有一种记录类型   B. 关系中的每个属性是不可分的

  C. 关系中任何两个元组不能完全相同   D. 任何一个二维表都是一个关系

6. 下列对于关系数据库系统的叙述中,正确的是( )。

  A. 数据库系统避免了一切冗余

  B. 数据库系统有效地减少了数据冗余

  C. 数据库系统中数据一致性是指数据类型的一致

  D. 数据库系统比文件系统能管理更多的数据

7. Visual FoxPro 的( )位于菜单栏和状态栏之间的工作区内,用来执行或编辑 Visual FoxPro 系统的命令。

  A. 命令窗口   B. 工具   C. 项目   D. 数据库

8. 在 Visual FoxPro 中,通常使用( )对话框设置其外观和操作环境。

  A. 文件   B. 格式   C. 选项   D. 命令

9. 项目中的( )是项目开始运行时首先要执行的文件。

  A. 表单   B. 主文件   C. 数据库   D. 表格

10. 下列关系运算中,运算( )不要求关系 R 与 S 具有相同的属性个数。

  A. $R\text{-}S$ B. $R \cup S$ C. $R \cap S$ D. $R \times S$

二、填空题

1. 数据库管理系统提供的_____功能是指在数据库建立、运行和维护时,由 DBMS 统一管理、统一控制,以保证数据的_____、_____和一致性。

2. 数据库系统和文件系统的主要区别是_____的方式不同。

3. 数据库技术采用分级的方法将其结构划分为多个层次,其主要目的就是为了提高数据库的_____和_____。

4. 层次模型、网状模型和关系模型的划分原则是_____。

5. 数据库技术的主要特点是_____,因此具有较高的数据和程序的独立性。

6. 数据库语言由数据定义语言和_____组成,它能为用户提供交互使用数据库的方法。

7. 关系代数是一种抽象的查询语言,其运算对象是_____,运算结果也是_____。

8. Visual FoxPro 的工作方式分为_____和_____两种。

9. 在 Visual FoxPro 中,利用_____对项目中涉及的文件进行组织和管理。

10. Visual FoxPro 的向导是一种_____。通过向导设计器,在回答一系列问题或选择相关内容后,系统能自动地生成文件或执行任务,方便用户的操作。

Visual FoxPro程序设计基础

Visual FoxPro 程序是由若干条语句构成的,每个语句通常由 Visual FoxPro 的命令、数据、运算符和表达式等构成。其中数据通常包括常量、变量和函数等多种形式,是程序处理的对象,也是程序设计的基础。本章将详细介绍程序设计有关的数据类型、运算符、表达式和程序结构等内容。

2.1 数据类型

数据是计算机程序处理的对象,也是运算产生的结果。数据用于描述实体的对象及其属性。数据类型是数据的基本属性,只有相同类型的数据才可以直接进行运算。在 Visual FoxPro 中,共有 7 种数据类型,分别是字符型、数值型、货币型、日期型、日期时间型、逻辑型和通用型。数据既可做表文件中的字段内容,也可以做内存变量或常量使用。

1. 字符型

字符型数据用来表示文本信息,它由字母、汉字、数字、空格等一切可以打印的 ASCII 码字符组成,如姓名、地址等。字符型数据的长度为 1~254B,如果不作指定,系统给出的默认值为 10B。每个字符占 1 个字节,汉字也是字符,1 个汉字占两个字节。字符型数据用字母 C 表示。

2. 数值型

数值型数据用来表示数量,它由数字 0~9、符号(+或−)、小数点(.)和表示乘幂的字母 E 组成,不包含小数就是整数。数值精度为 16 位,占用 8 个字节。如商品单价、学生成绩等。数值型数据的长度为 1~20B,数据取值的范围是−0.9999999999E+19~0.9999999999E+20。数值型数据用字母 N 表示。

3. 货币型

货币型数据用于货币计算,如金额等。在使用货币值时,可以使用货币型来代替数值型。货币型数据只保留 4 位小数,小数位数超过 4 位时,系统将对其进行四舍五入处理。每个货币型数据占 8 个字节,数据取值的范围是−922337203685477.5808~922337203685477.5807,并在货币型数据前加上一个符号"$"。货币型数据用字母 Y 表示。

4．日期型

日期型数据一般用来表示不带时间的日期值,如出生年月、入学日期等。日期型数据的存储格式为"YYYYMMDD",其中 YYYY 为年,占 4 位,MM 为月,占 2 位,DD 为日,占 2 位。日期型数据的表示有多种格式,系统默认的是采用美国格式 MM/DD/YY(月/日/年)的形式。可使用 SET DATE TO ANSI(设置日期显示格式为年月日)、SET CENTURY ON(设置日期显示格式包含世纪)和 SET MARK TO "分隔符"(设置日期格式中年月日间的分隔符,分隔符为一般符号,两边需加""号)命令修改其显示格式。日期型数据用字母 D 表示。

5．日期时间型

日期时间型数据用来保存日期和时间值。日期时间型数据占用 8 个字节,前 4 个字节保存日期,后 4 个字节保存时间。日期时间型数据的存储格式为"YYYYMMDDHHMMSS",其中 YYYY 为年,占 4 位;MM 为月,占 2 位;DD 为日,占 2 位;HH 为时间中的小时,占 2 位;MM 为时间中的分钟,占 2 位;SS 为时间中的秒,占 2 位。日期时间型数据中可以只包含一个日期或者只包含一个时间值,默认日期值时,系统自动加上 1899 年 12 月 30 日;默认时间值时,则自动加上午夜零点。日期时间型数据用字母 T 表示。

6．逻辑型

逻辑型数据用来存储逻辑值,常用于描述只有两种状态(真和假)的数据,占 1 个字节。如性别(男、女)、考试成绩(通过、没过)等。逻辑型数据用字母 L 表示。

2.2　常量与变量

在 Visual FoxPro 程序设计中,存在两种类型的量:常量与变量。

2.2.1　常量

常量是在程序运行过程中保持不变的量。常量分直接常量和符号常量两种。

1．直接常量

直接常量在命令中直接描述。

(1) 字符型常量

字符型常量是用定界符括起来的一串字符,定界符可以是单引号、双引号和方括号。当某一种定界符本身是字符型常量的组成部分时,就应选用另一种定界符。例如:"001"、'数据库'、[ABC]、"专业='计算机'",""表示空。

注意:定界符的作用是确定字符串的起始和终止界限,它本身不作为字符串的一部分。

(2) 数值型常量

数值型常量可以是整数或实数,例如:100、−3.56、1.2E+10 等都是数值型常量。

（3）货币型常量

货币型常量用来表示货币值。表示货币型常量时，需在数值前加上"＄"符号。例如：＄500、＄126.58、－＄20.6。

（4）日期型常量

日期型常量是用花括号将日期格式的数据括起来表示，此外，日期数据前要加"^"键盘符。系统默认的日期格式为严格的日期格式｛^年/月/日｝，即｛^YYYY/MM/DD｝形式，年月日间可用"-"、"/"、"."或空格作分隔符。例如：｛^2010.01.01｝、｛^2010-03-15｝、｛^2010/05/10｝。用｛｝表示空日期。

（5）日期时间型常量

日期时间型常量包含日期和时间，数据两端必须用花括号括起来。格式为｛^年/月/日［,］［时［:分［:秒］］［上午｜下午］］｝，即｛^YYYY/MM/DD［,］［HH［:MM［:SS］］［A｜P］］｝。例如：｛^2010/01/01 8:30:32 A｝、｛^2010.6.3 2:00 P｝、｛^2010-06-06,8｝。需注意，日期和时间数据间必须有空格或逗号。

（6）逻辑型常量

逻辑型常量只有两个值："真"与"假"。用.T.、.t.、.Y.、.y.表示"真"，用.F.、.f.、.N.、.n.表示"假"。必须注意的是两边的点不可去掉。

2. 符号常量

在 Visual FoxPro 中，可以在应用程序中创建符号常量，在操作中，其值保持不变。所设定的符号常量可以是任何一种类型的数据。赋值方式为：

＃DEFINE 符号　直接常量

例 2.1　定义符号常量。

```
＃DEFINE M 100
?M+50                    && 主窗口显示 150
```

2.2.2　变量

变量是在程序运行过程中值可以变化的量。Visual FoxPro 中，共有 3 种变量：字段变量、内存变量和系统内存变量。

1. 字段变量

字段变量是表文件结构中的数据项，Visual FoxPro 中共有 13 种字段变量，在第 3 章中详细叙述。字段变量是一种多值变量，比如"学生信息"表中的"姓名"字段，对应第一条记录中的值是"张三"，对应第二条记录中的值是"李四"，表中有多少条记录，就对应有多少个值。移动记录指针到所需记录，即可找出字段变量的当前值。

2. 内存变量

内存变量是独立存在于内存中的变量，一般随程序结束或退出 Visual FoxPro 而释放，也可在程序代码中使用命令释放内存变量。内存变量常用于存储程序运行的中间结果或用于存储控制程序执行的各种参数。Visual FoxPro 最多允许 65000 个内存变量。

3. 系统内存变量

系统内存变量是由 Visual FoxPro 自动生成和维护的变量，用于控制 Visual FoxPro 的输出和显示信息的格式。为与一般内存变量相区别，在系统内存变量前加一个下划线"_"。例如，系统内存变量"_peject"用于设置打印输出时的走纸方式。

本章主要讲述内存变量。

（1）变量命名原则

每个变量都有一个名称，叫做变量名。Visual FoxPro 通过相应的变量名来使用变量。

变量名的命名规则是：变量名由汉字、字母、数字和下划线"_"组成，长度为 1～128 个字符，且不能以数字打头。变量名不能使用系统保留字。例如：学号_1、name、aa2、_AB 都是合法的变量名。Visual FoxPro 系统不区分大小写。

在 Visual FoxPro 中，变量名不需事先定义，在其赋值的同时该变量被创建，根据赋值的数据类型决定变量的数据类型。

（2）变量赋值

格式 1：变量名＝表达式

功能：将"＝"右边的表达式的值赋给它左边的内存变量。例如：str＝"数据库基础"，s＝9＋6。

格式 2：STORE 表达式 TO 变量列表

功能：将表达式的值赋值给内存变量列表中的各个内存变量。若变量列表中含有若干个内存变量时，各变量之间必须用逗号","隔开。

例 2.2 变量赋值。

```
x = 100
y = x + 50
STORE "数据库基础" TO a,b,c
?x,y,a,b,c          && 数值型数据输出是默认占 10 位
```

主窗口中输出显示：

```
100        150 数据库基础 数据库基础 数据库基础
```

（3）显示变量

格式 1：DISPLAY MEMORY [LIKE 变量名描述][TO PRINTER[PROMPT]|TO FILE 文件名]

格式 2：LIST MEMORY [LIKE 变量名描述][TO PRINTER[PROMPT]|TO FILE 文件名]

功能：显示已定义的内存变量名及其当前值。

注意：方括号中的内容表示可选，用竖杠分隔的内容表示任选其一。

说明：

① 两条命令功能基本相同,仅在显示方式上有所区别,前者是分页显示,后者以滚动方式显示。

② 任选项"LIKE 变量名描述":用来设定显示的变量名。其中变量描述符可用通配符" * "和"?"进行描述。" * "表示任意字符,"?"表示任一字符。

③ 任选项"TO PRINTER":将显示记录送打印机打印。带 PROMPT 项,打开打印对话框,在该对话框中对打印机进行设置。

④ 任选项"TO FILE 文件名":用来将显示记录送到指定的文件中保存。

(4) 变量的保存和恢复

① 变量的保存

格式:SAVE TO 文件名〔ALL LIKE 变量名描述 | ALL EXCEPT 变量名描述〕

功能:将"变量名描述"中指定的内存变量保存到文件中。变量名描述可使用" * "和"?"。" * "表示任意字符,"?"表示任一字符。

"ALL LIKE 变量名描述"指定要保存的变量范围。"ALL EXCEPT 变量名描述"指定不保存的变量范围。

② 变量的恢复

格式:RESTORE FROM 文件名〔ADDITIVE〕

功能:从保存变量的文件中恢复变量到内存中。若选择 ADDITIVE 选项,则不覆盖当前已有的相同的内存变量。

(5) 内存变量的释放

格式 1:RELEASE 变量名表 | ALL〔LIKE 变量名描述 | EXCEPT 变量名描述〕

功能:清除命令中描述的内存变量,变量描述同上。

格式 2:CLEAR MEMORY

功能:清除所有的内存变量。

例 2.3 内存变量操作。

```
date1 = {^2010 - 01 - 01}
name_1 = "王林"
name_2 = "刘学"
name_3 = "张一驰"
n1 = 100
n2 = 90
n3 = 80
DISPLAY MEMORY            && 显示所有内存变量
                         &&(自定义内存变量在前,系统内存变量在后)
LIST MEMORY LIKE n *     && 显示以 n 打头的所有内存变量
SAVE TO myfile ALL LIKE n *
RELEASE ALL LIKE n?      && 清除内存变量 n1、n2、n3
DISPLAY MEMORY LIKE n *  && 显示以"name"打头的内存变量
name_1 = "李明宇"
?name_1                  && 主窗口显示"李明宇"
RESTORE FROM myfile
```

```
?name_1,n1              && 主窗口显示"王林        100"
CLEAR MEMORY            && 清除所有内存变量
```

2.3　数组

数组是一种特殊的内存变量,是变量名相同而下标不同的一组变量的集合。它所包含的每个内存变量都称为元素或下标变量。Visual FoxPro 中数组与其他高级语言中的数组不同,它的各个元素可以具有不同的数据类型,因此,数组本身并无数据类型。

一般情况下,数组必须先定义后使用。对数组的定义语句,可用 DIMENSION 和 DECLARE,两者的格式和作用相同。

1. 数组的定义

格式: DIMENSION 数组名 1(下标最大值表)[,数组名 2(下标最大值表)…]
　　　DECLARE 数组名 1(下标最大值表)[,数组名 2(下标最大值表)…]

说明:

① 定义数组变量时,根据数组元素的个数,可定义一维或二维数组。数组元素的起始下标为 1。定义时数组元素的数据类型为逻辑型,并赋以逻辑假(.F.),此后数组元素的类型将取决于所赋值的类型。

② 二维数组定义时,第一个数值表示其行数,第二个值表示其列数。二维数组元素,既可用双下标引用,也可用单下标引用。例如,对一个两行三列的数组 a,双下标引用方式可表示为 a(1,1)、a(1,2)、a(1,3)、a(2,1)、a(2,2)、a(2,3);而采用单下标引用方式依次可表示为 a(1)、a(2)、a(3)、a(4)、a(5)、a(6)。

2. 数组的赋值

数组的赋值分整体数组赋值和元素赋值两种。

数组的整体赋值可采用 STORE 赋值语句进行,赋值后,各个数组元素得到相同的值。元素赋值是以数组元素为个体进行赋值操作,既可用 STORE 赋值语句,也可用赋值操作符"="。

例 2.4　定义一个一维数组 x1(5)和一个二维数组 x2(2,3),进行赋值操作并显示结果。

```
DIMENSION x1(5), x2(2,3)
STORE 100 TO x2              && 数组 x2 中各元素赋值为 100
x1(1) = "AAA"               && 数组 x1 中第一个元素 x1(1)赋值为字符 AAA
STORE 6 TO x1(2),x1(3),x1(4)  && 数组元素 x1(2)、x1(3)、x1(4)赋值为 6
LIST MEMORY LIKE x *         && 显示变量名第一个字符为 x 的变量
```

3. 数组操作函数

Visual FoxPro 中,可采用相关的数组函数对数组变量进行操作。

（1）数组复制

格式：ACOPY(<原数组名>,<目标数组名>[,<原数组起始元素号>[,<复制个数>[,<目标数组起始元素号>]]])

（2）数组元素删除

格式：ADEL(<数组名>,<序号>[,2])

说明：

① 如果是一维数组,则序号为要删除数组的元素号；若是二维数组,则选择[,2]项,序号为要删除的数组的列号,无[,2]项,序号为行号。

② 若删除一维数组中的某一个元素,则其后面的元素自动上串,最后一个元素为逻辑假值(.F.)；对于二维数组,删除某一行(列),数组元素自动上串一行(列),最后一行(列)值为逻辑假值(.F.)。

（3）数组元素插入

格式：AINS(<数组名>,<序号>[,2])

说明：无可选项[,2],表示序号是行号；有可选项[,2],序号为列号。不论插入的是行还是列,原数组的大小不变,插入元素的值为逻辑假(.F.)。

例如：使用 DIMESION a(3,3)语句定义一个 3 行 3 列的数组 a,数组中各元素赋值后形成的等效行列式为

$$\begin{vmatrix} 11 & 12 & 13 \\ 21 & 22 & 23 \\ 31 & 32 & 33 \end{vmatrix}$$

执行 AINS(a,2,2) 函数后,等效行列式变为：

$$\begin{vmatrix} 11 & .F. & 12 \\ 21 & .F. & 22 \\ 31 & .F. & 32 \end{vmatrix}$$

（4）数组元素定位

格式：ASCAN(<数组>,<待找的表达式>[,<开始位置>[,<比较元素个数>]])

功能：确定某一值为数组中的第几个元素。

（5）数组元素排序

格式：ASORT(<数组名>[,<排序起始元素>[,<要排序元素个数或行数>[,<排序方式>]]])

（6）获得数组大小

格式：ALEN(<数组名>[,<1｜2>])

说明：可选项省略或为 1 时,表示求出的是数组的行数,即行最大值；可选项为 2 时,表示求出的是数组的列数,即列最大值。

（7）获得数组元素序号

格式：AELEMENT(<数组名>,<行号>[,<列号>])

功能：求出该元素为数组的第几个元素。

（8）根据元素序号获得下标

格式：ASUBSCRIPT(<数组名>,<元素顺序号>,<1｜2>)

说明：参数 1 表示行号,2 表示列号。

例 2.5　数组函数的应用。在命令窗口中输入如下命令：

```
DIMENSION a(6),aa(6),b(3,4)
a(1) = 2
a(2) = 6
a(3) = 4
a(4) = 5
a(5) = 1
a(6) = 3
?a(1),a(2),a(3),a(4),a(5),a(6)                && 主窗口显示 2  6  4  5  1  3
?aa(1),aa(2),aa(3),aa(4),aa(5),aa(6)          && 主窗口显示.F. .F. .F. .F. .F. .F.
b(1,1) = 11
b(1,2) = 12
b(1,3) = 13
b(1,4) = 14
b(2,1) = 21
b(2,2) = 22
b(2,3) = 23
b(2,4) = 24
b(3,1) = 31
b(3,2) = 32
b(3,3) = 33
b(3,4) = 34
DISPLAY MEMORY LIKE b
?ALEN(a),ALEN(b,1),ALEN(b,2)                  && 主窗口显示 6  3  4
?ASCAN(b,21)                                  && 主窗口显示 5
?AELEMENT(b,3,2)                              && 主窗口显示 10
?ASUBSCRIPT(b,10,1),ASUBSCRIPT(b,10,2)        && 主窗口显示 3  2
ASORT(a)
?a(1),a(2),a(3),a(4),a(5),a(6)                && 主窗口显示 1  2  3  4  5  6
ACOPY(a,aa,4)
?aa(1),aa(2),aa(3),aa(4),aa(5),aa(6)          && 主窗口显示 4  5  6 .F. .F. .F.
AINS(aa,2)
?aa(1),aa(2),aa(3),aa(4),aa(5),aa(6)          && 主窗口显示 4 .F.  5  6 .F. .F.
ADEL(a,3)
?a(1),a(2),a(3),a(4),a(5),a(6)                && 主窗口显示 1  2  4  5  6 .F.
ADEL(b,2,2)
DISPLAY MEMORY LIKE b
```

2.4　运算符和表达式

　　运算是对数据进行加工的过程，描述各种不同运算的符号称为运算符。表达式是 Visual FoxPro 命令和函数的重要组成部分，是由常量、变量、函数用运算符连接而成的有意义的式子。表达式和常量一样，求值之后具有数据类型的数据，因此表达式各项必须具有相同的类型。

　　在 Visual FoxPro 中有 5 类运算符和表达式：算术运算符和数值表达式、字符运算符和字符表达式、日期时间运算符和日期时间表达式、关系运算符和关系表达式、逻辑运算符和逻辑表达式。

2.4.1　算术运算符及数值表达式

算术运算符用于进行算术运算,多为数值型数据间的操作,连接起来的表达式称为数值表达式,结果是一个数值。算术运算符如表 2.1 所示。

表 2.1　算术运算符

运算符	功能	运算符	功能
＋,－	正、负号	＊,/,％	乘,除,取余
＊＊,^	幂	＋,－	加,减

运算符"％"的作用是求两数相除的余数。余数的正负号与除数一致。如果被除数与除数同号,余数即为未除尽的数值;如果被除数与除数异号,则用除数的绝对值除以被除数的绝对值后的余数再带上除数的符号,然后与被除数求和,即得到最后的结果。例如:15％4的结果为 3,－15％4 的结果为 1,15％(－4)的结果为－1。

优先级从高到低为:＋,－(正,负)→＊＊,^→＊,/,％→＋,－(加,减)。

例如,将(8＋2×5)÷3 写成 Visual FoxPro 的算术表达式为:(8＋2＊5)/3。

2.4.2　字符运算符及字符表达式

字符运算符用于字符型常量或变量的运算。字符表达式是由字符运算符将字符型数据连接起来形成的式子,结果因运算符不同,可能是一个新的字符串,也可能是一个逻辑值。字符运算符如表 2.2 所示。

表 2.2　字符运算符

运算符	功　　能
＋	将＋号前后字符串连接起来组成一个新的字符串
－	删除－号前面字符串的尾部空格后再与右侧的字符串组成新的字符串
$	包含运算,判断左侧字符串是否包含在右侧字符串中

优先级从高到低为:＋,－→ $ 。

例 2.6　字符运算符的应用。

```
a = "AAA ?"                         &&AAA 后面有两个空格
b = "BBB"
c = "A"
?a + b                              && 主窗口显示 AAA　　BBB
?a - b                              && 主窗口显示 AAABBB
x = a - b - c
?c $ a                              && 主窗口显示.T.
```

2.4.3　日期时间运算符及日期时间表达式

日期时间运算符用于进行日期、时间运算。日期时间表达式是由日期时间型变量、常量、函数和日期时间运算符组成的。日期时间运算符如表 2.3 所示。

表 2.3 日期时间运算符

运算符	功 能
＋	日期＋天数得到新日期 时间＋秒数得到新时间
－	日期一日期得到间隔天数；日期一天数得到新日期 时间一时间得到间隔秒数；时间一秒数得到新时间

日期运算符的优先级相同。

例 2.7 日期运算符的应用。

计算香港回归距现在多少天。

```
?DATE() - {^1997 - 10 - 01}        &&DATE()函数用于取得当前日期
```

计算距今天 1000 天的日期是多少。

```
?DATE() + 1000
```

2.4.4 关系运算符及关系表达式

关系运算符用来比较两个相同类型数据的大小,结果是逻辑值(.T. 或.F.)。关系表达式是由关系运算符将两个运算对象连接起来而形成的式子。Visual FoxPro 提供的关系运算符如表 2.4 所示。

表 2.4 关系运算符

运算符	功 能	运算符	功 能
＜	小于	＜＝	小于等于
＞	大于	＞＝	大于等于
＝	等于	＝＝	字符串精确比较
＜＞,＃,!＝	不等于		

注意:"＝＝"运算符只适用于字符型数据,其他关系运算符可用于任意类型数据。

关系运算符的优先级相同。在运算中,应注意下面几个问题。

(1) 数值型和货币型数据比较大小,根据其数值论大小。例如:$0＞-2$、$3.5＜10$、$\$5＜\$9$。

(2) 日期时间型数据比较大小,日期时间早的,值小。

(3) 逻辑型数据比较大小,".T."值大于".F."值。

(4) 字符型数据进行比较时,对两个字符串从左到右逐个字符进行比较。若发现一个字符串不等,两个字符串就不相符,字符大的所在字符串就大。

在 Visual FoxPro 中字符串比较有三种方式,即 PINYIN(按拼音排序比较大小)、MACHINE(按 ASCII 码比较大小)、STROKE(按笔划顺序比较大小)。系统默认的对比规则是按 PINYIN 方式比较,也可通过下列命令进行设置:

```
SET COLLATE TO "PINYIN" |"MACHINE"|"STROKE"
```

其中,按拼音排序比较大小时,大写字母大于其前面的小写字母。例如:"C">"c", "C">"b",C">"a",C<"b"。

字符串比较分为非精确比较和精确比较。系统默认状态下(SET EXACT OFF),当 "="右端的字符串比其左端的字符串短时,左边字符串取与右边相同个数的字符进行比较, 若相等,则认为两字符串相等。例如:"计算机"="计算机科学与技术"。此时,"="为非精 确比较运算符。在使用 SET EXACT ON 后,"="为精确比较。即"="两端必须完全相同 才认为两字符串相等。而"=="不论任何状态下,都为精确比较。

例 2.8   关系运算符及其表达式的应用。

```
b = "5"
a = "9"
x = {^2010 - 3 - 5}
date1 = {^2010 - 3 - 5}
date2 = {^2010 - 1 - 1}
?a > b, date1 > date2                    && 主窗口显示.T. .T.
?date1 - date2 > 100                     && 主窗口显示.F.
x = .T.
y = .F.
?x < y                                   && 主窗口显示.F.
m = 10
n = 20
?m + 10 = n                              && 主窗口显示.T.
?m + 10 >= n, m + 3 <= n                 && 主窗口显示.T. .T.
```

2.4.5   逻辑运算符及逻辑表达式

逻辑运算符用于逻辑型数据或者逻辑型表达式的运算,其结果是逻辑值。逻辑运算符 如表 2.5 所示。

表 2.5   逻辑运算符

运算符	功能
.NOT. , !	逻辑非
.AND.	逻辑与
.OR.	逻辑或

逻辑运算符的运算规则如表 2.6 所示,A 和 B 分别代表两个逻辑型数据。

表 2.6   逻辑运算规则

A	B	.NOT. A	A. AND. B	A. OR. B
.T.	.T.	.F.	.T.	.T.
.T.	.F.	.F.	.F.	.T.
.F.	.T.	.T.	.F.	.T.
.F.	.F.	.T.	.F.	.F.

逻辑运算符的优先级从高到低为:逻辑非→逻辑与→逻辑或。

例 2.9   逻辑运算符及逻辑表达式的应用。

```
abc = . T.
?. NOT. abc                        && 主窗口显示.F.
a = 3
b = 9
?a < b
?a < b. and. . Not. y              && 主窗口显示.T.
```

2.4.6　综合表达式的运算优先级

前面介绍了各种表达式以及它们所使用的运算符。在每一类运算符中,各个运算符有一定的运算优先级。而不同类型的运算符也可能出现在同一个表达式中,这时它们的运算符优先级顺序按下述原则进行。

(1) 同类型表达式,按前面讲述的各自优先级确定运算次序。

(2) 不同类型的混合表达式,优先级从高到低依次为:先执行算术运算符、字符运算符和日期运算符,其次执行关系运算符,最后执行逻辑运算符。

(3) 两表达式优先级相同时,表达式按自左向右次序执行。

(4) 表达式中可使用括号改变优先级的次序,括号可嵌套。

例如综合表达式“6+5>8 .OR. "xyz" ≠ "XYZ" .AND. .NOT. .F.”,在命令窗口用“?”输出,主窗口显示结果为逻辑值.T.。

2.5　常用函数

函数是一个预先编制好的计算模块,可以在 Visual FoxPro 的任何地方被调用。

2.5.1　数值函数

数值函数的处理对象均为数值型数据,其返回值类型也为数值型。

1. 取整函数

格式:INT(n)
功能:取指定数值 n 的整数部分,舍掉小数部分。

2. 四舍五入函数

格式:ROUND(n1,n2)
功能:根据给出的四舍五入小数位数(n2),对数值表达式(n1)的计算结果做四舍五入处理。
说明:n1 表示数值表达式,n2 表示保留的小数位数。

3. 求平方根函数

格式:SQRT(n)
功能:求指定数值 n 的算术平方根。

4. 绝对值函数

格式：ABS(n)
功能：求指定的数值表达式 n 的绝对值。

5. 求余数函数

格式：MOD(n1,n2)
功能：求表达式 n1 对表达式 n2 的余数。MOD()函数的功能与"％"运算符功能一致。

6. 最大值、最小值函数

格式：MAX(n1,n2[,n3…])
功能：返回数值表达式 n1、n2、……中的最大值。
格式：MIN(n1,n2[,n3…])
功能：返回数值表达式 n1、n2、……中的最小值。

7. 求指数、对数函数

格式：EXP(n)
功能：计算以 e 为底、表达式 n 的值为指数的幂，即返回 e^n 的值。
格式：LOG(n)
功能：计算表达式值 n 的自然对数，返回 lnx 的值。

例 2.10　数值函数的应用。

```
?INT(125.67)              && 主窗口显示 125
?SQRT(25)                 && 主窗口显示 5.00
SET DECIMALS TO 4         && 设置小数位数为 4 位
SET FIXED ON              && 固定显示 4 位小数
?ROUND(125.6732,3)        && 主窗口显示 125.6730
?ROUND(125.6732,1)        && 主窗口显示 125.7000
?ROUND(125.6732,0)        && 主窗口显示 126.0000
?ROUND(125.6732,-1)       && 主窗口显示 130.0000
SET DECIMALS TO           && 恢复系统默认显示
SET FIXED OFF             && 恢复系统默认设置
x = -99
?ABS(x)                   && 主窗口显示 99
a = 10
b = -5
?MAX(a,b+10,a-b)          && 主窗口显示 15
?MIN(a,b+10,a-b)          && 主窗口显示 5
?MOD(9,2), MOD(9,-4)      && 主窗口显示 1    -3
?EXP(2)                   && 主窗口显示 7.39
?LOG(EXP(2))              && 主窗口显示 2
```

2.5.2　字符函数

字符串处理函数的处理对象均为字符型数据，但其返回值类型各异。

1. 求字符串长度函数

格式：LEN(s)

功能：求指定字符串 s 的长度,s 为字符型变量或常量。返回值类型是数值型。

例 2.11 求字符串长度。

```
ss = "ABCDEF"
?LEN(ss)                               && 主窗口显示 6
```

2. 删除空格函数

格式 1：TRIM(s)| RTRIM(s)

功能：删除字符串的尾部空格,返回值类型是字符型。

格式 2：LTRIM(s)

功能：删除字符串前面的空格,返回值类型是字符型。

格式 3：ALLTRIM(s)

功能：删除字符串的前后空格,返回值类型是字符型。

例 2.12 删除空格函数的应用。

```
s1 = "    数据库基础      "
s2 = "Visual FoxPro 程序设计"
?s1 + s2                    && 主窗口显示"    数据库基础      Visual FoxPro 程序设计"
?TRIM(s1) + s2             && 主窗口显示"    数据库基础 Visual FoxPro 程序设计"
?LTRIM (s1) + s2          && 主窗口显示"数据库基础      Visual FoxPro 程序设计"
?ALLTRIM(s1) + s2        && 主窗口显示"数据库基础 Visual FoxPro 程序设计"
```

3. 空格函数

格式：SPACE(n)

功能：产生指定个数的空格字符串(n 用于指定空格个数)。

4. 取子串函数

格式：SUBSTR(s,n1,n2)

功能：取字符串 s 第 n1 个字符起的 n2 个字符,返回值类型是字符型。

5. 取左子串函数

格式：LEFT(s,n)

功能：取字符串 s 左边的 n 个字符,返回值类型是字符型。

6. 取右子串函数

格式：RIGHT(s,n)

功能：取字符串 s 右边的 n 个字符,返回值类型是字符型。

说明：因为每个汉字需占两个字节,汉字字符串取子串时,如果 n 的值为奇数,可能会出现乱码。LEFT()和RIGHT()函数中,若 n 值大于或等于字符串 s 的长度,则函数的返回值为整个字符串。对于 SUBSTR()函数,起始位置为 n1,长度为 n2。若省略 n2,则从 n1 开始截取以后的所有字符串;若 n2 大于从 n1 开始的字符串长度,则从 n1 开始截取以后的所有字符串;若 n1 大于字符表达式的值所代表的长度,则截取的字符串为空白字符串。在 SUBSTR()函数中,若省略第三个量 n2,则函数从指定位置一直取到最后一个字符。

例 2.13 字符串操作。

```
STORE "李林" TO xm              && 每一个汉字占两个字节,即占两位
?SUBSTR(xm,1,2)                && 主窗口显示结果为: 李
ss = "中华人民共和国"
?LEFT(ss,2)                   && 主窗口显示"中"
?RIGHT(ss,2)                  && 主窗口显示"国"
a = LEFT(ss,2)
b = RIGHT(ss,2)
?a + SPACE(2) + b             && 主窗口显示"中   国"
```

7. 测试字符串是否为空

格式:EMPTY(s)

功能:用于测试字符串 s 是否为空(认为空格也是空字符串值),返回值类型是逻辑型。

例如:EMPTY("")、EMPTY("   ")的值都为逻辑真值,即.T.。

8. 求子串位置函数

格式:At(s1,s2 [,n])

功能:返回字符串 s1 在字符串 s2 中第 n 次出现的位置,返回值类型是数值型。

说明:

① 如果未指定 n 值,则返回 s1 第一次出现的起始位置。

② 如果 s2 不包含有 s1,或出现次数少于 n 的值,则函数返回值为 0。

③ AT()函数区分搜索字符的大小写,如果不区分搜索字符的大小写,应采用下列格式:

ATC(s1,s2 [,n])

例如,At("TV","CTVCTV10",2)的返回值为 5,At("IN","CHINA")的返回值为 3。

9. 大小写转换函数

格式:LOWER(s)

功能:将字符串 s 中的字母一律变为小写。

格式:UPPER(s)

功能:将字符串 s 中的字母一律变为大写。

例 2.14 大小写转换练习。

```
str = "FoxBASE"
?LOWER(str)                   && 主窗口显示 foxbase
```

?UPPER(str)   && 主窗口显示 FOXBASE

10.字符串匹配 LIKE()函数

格式：LIKE(s1,s2)

功能：比较两个字符串 s1、s2 对应位置上的字符是否相匹配,如果所有对应字符都相匹配,函数返回值为逻辑真值(.T.),否则返回逻辑假值(.F.)。

说明：字符串 s1 中可以包含通配符" * "和"?"。其中" * "可以与任意字符相匹配,"?"可以与任何一个单个字符相匹配。

例如,LIKE("ab * ","abcdabc")的结果为. T. ；LIKE("ab?", "abb")的结果为. T. 。

11.字符串替换函数

格式：STUFF(s1,n1,n2,s2)

功能：用字符串 s2 替换字符串 s1 中由 n1 位置开始长度为 n2 的一个子串,返回值类型是字符型。

说明：s1、s2 可以是字符串类型的表达式,n1、n2 为数值型数据,替换和被替换的字符个数可以不相等。返回值是一个新组成的字符串。

例 2.15　字符串替换函数运算。

```
str = "AABBCCDD"
ss = " **** "
?STUFF(str,3,4,ss)                               && 主窗口显示 AA **** DD
?STUFF(x,4,5,"aab")                              && 主窗口显示 AABaab
```

12.宏替换函数

格式：& 变量名

功能：以内存变量的值代替变量名。

说明：

① 使用 & 函数时,& 与变量名间不能有空格。

② 宏替换函数是众多函数中唯一参数不带括号的函数。

③ 宏代换函数的作用范围是从符号 & 起,直到遇到一个"."或空格字符为止。如果宏代换后的值要与其后面的字符串一起使用,则应在"& 变量名"与其后的字符串之间插入一个圆点"."。

例 2.16　宏替换应用。

```
str = "数据库基础"
?"&str"                                          && 主窗口显示"数据库基础"
?"&str.Visual FoxPro 程序设计"                    && 主窗口显示"数据库基础 Visual FoxPro 程序设计"
```

2.5.3　日期和时间函数

1.系统日期函数

格式：DATE()

功能：返回由操作系统控制的当前系统日期，返回值是日期型数据。

2. 年、月、日函数

格式：YEAR(d)

功能：从日期表达式 d 中返回一个由四位数字表示的年份，返回值类型是数值型。

说明：该函数总是返回带世纪的年份，CENTURY 的设置对该函数没有影响。

格式：MONTH(d) | CMONTH(d)

功能：MONTH()函数从日期表达式 d 中返回一个用数字表示的月份，返回值类型是数值型；CMONTH()函数从日期表达式 d 中返回一个用英文表示的月份，返回值类型是字符型。

格式：DAY(d)

功能：从日期表达式 d 中返回一个用数字表示的日数，返回值类型是数值型。

3. 系统时间函数

格式：TIME(n)

功能：以 24 小时制、8 位字符串（时：分：秒）格式取得当前的系统时间，时间显示格式为 hh:mm:ss。若选择了 n（数值型数据），则不管为何值，返回的系统时间还包括秒的小数部分，精确至小数点后两位。TIME(n)函数的返回值是字符型。

4. 时、分、秒函数

格式：HOUR (t)

功能：以 24 小时制形式从日期时间表达式 t 中返回小时部分，返回值类型是数值型。

格式：MINUTE (t)

功能：从日期时间表达式 t 中返回分钟部分，返回值类型是数值型。

格式：SEC (t)

功能：从日期时间表达式 t 中返回秒数部分，返回值类型是数值型。

5. 系统日期时间函数

格式：DATETIME()

功能：得到当前系统的日期时间，返回值类型是日期时间型。

说明：系统时间是 12 小时制，用 AM 表示上午，PM 表示下午。

6. 星期函数

格式：DOW(d) | CDOW(d)

功能：DOW 用数字 1~7 表示星期；CDOW 用英文表示星期。DOW()函数返回日期表达式 d 中星期的数值，用 1~7 表示星期日~星期六，1 表示星期日，7 为星期六。函数返回值是数值型。CDOW()函数返回日期表达式 d 中星期的英文名称。函数返回值是字符型。

例 2.17 日期、时间函数的应用。

?DATE()　　　　　　　　　　　　&& 主窗口显示当前日期

```
SET DATE TO ANSI                          && 设置日期显示格式为年月日
SET CENTURY ON                            && 设置显示世纪
?DATE()                                   && 主窗口显示当前日期
?YEAR({^2010-07-12})                      && 主窗口显示 2010
?MONTH({^2010-07-12})                     && 主窗口显示 7
?CMONTH({^2010-07-12})                    && 主窗口显示 July
?DAY({^2010-07-12})                       && 主窗口显示 12
?TIME( )                                  && 主窗口显示系统当前时间如 16:58:42
?TIME(2 )                                 && 主窗口显示系统当前时间(秒有小数部分)
                                          && 如 16:58:43.05
?HOUR({^2010-06-06,3:56:10 P})            && 主窗口显示 15
?MINUTE({^2010-06-06,3:56:10 P})          && 主窗口显示 56
?SEC({^2010-06-06,3:56:10 P})             && 主窗口显示 10
?DATETIME( )
?DOW({^2010-06-08})                       && 主窗口显示 3
?CDOW({^2010-06-08})                      && 主窗口显示 Tuesday
```

2.5.4　数据类型转换函数

在运算过程中,若要将某一种类型的数据转换成另一种类型的数据,则需使用数据类型转换函数。

1. 数值型转换成字符型函数

格式：STR(n,n1,n2)

功能：将数值 n 转换为字符串,n1 为总长度,n2 为小数位。

说明：

① n 指定用于转换成字符型数据的数值表达式。

② n1 指定要返回的字符串的长度,包括小数点和小数位在内。如果指定长度大于小数点左边数字位数与 n2 之和,则该函数用前导空格填充返回的字符串;如果指定的长度小于小数点左边的数字位数,则该函数返回一串星号(*),"*"的长度等于给出的长度,表示数据溢出。

③ n2 指定该函数返回的字符串中的小数位,若要指定小数位,则必须同时包含 n1。如果指定的小数位数大于实际数值的小数位数,在字符串后补相应位数的 0,若指定的小数位数小于 n 中的小数位数,则返回四舍五入值。

④ 默认数值型表达式 n2,作整数处理,同时默认数值型表达式 n1,在字符串前补相应位数的空格至 10 位。

2. 字符型转换成数值型函数

格式：VAL(s)

功能：将数字字符串 s 转换为数值型数据,返回值为数值型。转换时,遇到第一个非数字字符时停止,若第一个字符不是数字(忽略前导空格),则返回结果为 0.00(默认保留两位小数)。

3. 字符型转换成日期型函数

格式：CTOD(s)

功能：将日期字符串 s 转换为日期型数据。

说明：默认设置下，日期字符串为 mm/dd/yy 形式；若使用 yy/mm/dd 形式，需用 SET DATE TO ANSI 命令设置，其中的年份也可以用四位，如果用四位，则世纪由 SET CENTURY ON 语句指定。

4. 字符型转换成日期时间型函数

格式：CTOT(s)

功能：将日期时间字符串 s 转化为日期时间型数据。

5. 日期型转换成字符型函数

格式：DTOC(d[,1])

功能：将日期型表达式 d 转化为日期字符串，返回值为字符型。如有可选项"[,1]"，则以年月日的格式输出。

6. 时间型转换成字符型函数

格式：TTOC(t[,1])

功能：将日期时间型表达式或时间型表达式 t 转为时间字符串，返回值为字符型，如有可选项"[,1]"，则以"YYYYMMDDhhmmss"形式显示，之间没有连字符。

7. ASCII 码值转换成字符函数

格式：CHR(d)

功能：把数值表达式 d 转换成相应的 ASCII 码字符，数值型表达式的值必须是一个 1~255 之间的整数。返回值为字符型数据。

8. 字符转换成 ASCII 码函数

格式：ASC(s)

功能：把字符表达式 s 左边第一个字符转换成相应的 ASCII 码的十进制码值，返回值为数值型数据。

例 2.18　数据类型转换函数的应用。

```
?STR(102), STR(102.3)              && 主窗口显示          102          102
                                   &&(每个数值占 10 位)
?STR(123.3658,7,3)                 && 主窗口显示 123.366
?STR(123.3658,7,1)                 && 主窗口显示   123.4
?STR(123.3658, 7)                  && 主窗口显示     123
?STR(123.3658, 2)                  && 主窗口显示 **
?VAL("100.5"),VAL("50")            && 主窗口显示   100.50 50.00
?VAL("AB")                         && 主窗口显示 0.00
?VAL("120ab35")                    && 主窗口显示 120.00
?CTOD("06/29/10")                  && 主窗口显示 06/29/10
?CTOT("06/29/10 8:10")             && 主窗口显示 06/29/10 08:10:00 AM
SET DATE TO ANSI
```

```
SET CENTURY ON
?CTOD("2010/06/29")                   && 主窗口显示 2010.06.29
?CTOT("2010/06/29 13:50 ")            && 主窗口显示 2010.06.29 01:50:00 PM
SET DATE TO AMERICAN                  && 采用系统默认格式
SET CENTURY OFF                       && 不显示世纪
?DTOC({^2010/06/30})                  && 主窗口显示 06/30/10
?DTOC({^2010/06/30}, 1)               && 主窗口显示 20100630
?TTOC({^2010/06/30 9:00})             && 主窗口显示 06/30/10 09:00:00 AM
?TTOC({^2010/06/30 9:00},1)           && 主窗口显示 20100630090000
?CHR(65),ASC("abcd")                  && 主窗口显示 A    97
```

2.5.5　其他函数

1. 条件函数

格式：IIF(逻辑表达式,表达式1,表达式2)

功能：先测试逻辑表达式的值,若值为真,则返回表达式1的值；否则返回表达式2的值。函数返回值类型与表达式1或表达式2类型一致。

2. 值测试函数

格式：BETWEEN(e,e1,e2)

功能：判断表达式e的值是否介于表达式e1与表达式e2的值之间,函数返回值的类型为逻辑型。

说明：

(1) 表达式e、e1、e2的数据类型必须相同。

(2) 表达式e1的值应小于等于表达式e2的值。

(3) 当表达式e的值大于或等于表达式e1的值而小于或等于表达式e2的值时,该函数返回逻辑.T.,否则,返回逻辑.F.。

(4) 如果表达式e、e1、e2中有Null值,则返回值为Null。

3. 数据类型测试函数

格式1：TYPE(字符表达式)

功能：检测一个表达式的类型及有效性,并产生一个大写字母C(字符型)、N(数值型)、L(逻辑型)、D(日期型)、M(备注型)、Y(货币型)、T(日期时间型)、O(对象型)、G(通用型)、S(屏幕型)或U(未定义型)。

格式2：VARTYPE(表达式 [,逻辑表达式])

功能：返回一个表达式的数据类型。为大写字母C(字符型或备注)、N、L、D、Y、T、O、G、X(Null型)或U。

说明：TYPE()函数在检测一个表达式的数据类型时表达式必须作为字符串传递,即表达式外需加引号,以字符表达式的形式表示。VARTYPE()类似于TYPE()函数,但是VARTYPE()函数更快,而且其参数可以是任意类型的表达式,即表达式的外面不需要引号。

4. 文件测试函数

格式：FILE(文件名)

功能：测试在系统中指定的文件是否存在，若存在，则函数值为.T.，否则为.F.。

说明：文件名必须给出扩展名并放在定界符(''、""或[])中。

例 2.19　函数举例。

```
x = 10
?IIF(x > 0, "正数", "负数")                    && 主窗口显示"正数"
y = 5
?BETWEEN(y, 1, 10), BETWEEN(y, 10, 1)         && 主窗口显示.T. .F.
?BETWEEN(3, NULL, 5)                          && 主窗口显示.NULL.
?TYPE("'数据库'" )                            && 主窗口显示 C
?TYPE("150"), TYPE(".T.")                     && 主窗口显示 N L
?VARTYPE(26), VARTYPE(NULL)                   && 主窗口显示 N X
?FILE("E:\vf.doc")
```

5. 消息框函数

格式：MESSAGEBOX(提示文本[,对话框类型[,对话框标题文本]])

功能：显示一个用户自定义对话框并返回用户选择结果。

说明：

① 对话框类型如表 2.7 所示。

表 2.7　对话框类型

对话框类型	功　能	对话框类型	功　能
0	仅"确定"按钮	16	stop 图标
1	"确定"和"取消"按钮	32	? 图标
2	"终止"、"重试"和"忽略"按钮	48	! 图标
3	"是"、"否"和"取消"按钮	64	i 图标
4	"是"和"否"按钮	0	默认第 1 个按钮
5	"重试"和"取消"按钮	256	默认第 2 个按钮
		512	默认第 3 个按钮

② 返回值如表 2.8 所示。

表 2.8　MESSAGEBOX()函数返回值

返回值	按钮	返回值	按钮
1	确定	5	忽略
2	取消	6	是
3	终止	7	否
4	重试		

例 2.20　MESSAGEBOX()函数的应用。

```
?MESSAGEBOX("学号不能为空!")                    && 对话框如图 2.1 所示
```

?MESSAGEBOX("系统出错!",1+16,"错误提示:")　　&& 对话框如图 2.2 所示
y = MESSAGEBOX("信息已修改,是否保存?",3+32,"提示:")　　&& 对话框如图 2.3 所示
?y　　&& 选"是",主窗口显示 6
　　&& 选"否",主窗口显示 7
　　&& 选"取消",主窗口显示 2

图 2.1　MESSAGEBOX()
函数对话框 1

图 2.2　MESSAGEBOX()
函数对话框 2

图 2.3　MESSAGEBOX()
函数对话框 3

2.6　程序设计基础

Visual FoxPro 继承了 FoxPro 系列既可在交互方式下运行,又可在程序方式下运行的特点。在交互状态下,输入一条命令虽然可马上见到结果,但需一次执行多条命令时,交互方式显然不方便,并且程序一经退出,输入的命令不会被保存。在命令窗口中不能进行结构化程序设计,只有在程序方式下运行,计算机的高速、自动、准确、具有逻辑判断和记忆等优点才能充分发挥出来。

2.6.1　程序文件的建立与执行

程序是为解决某一问题而设计的一系列指令的集合。这组指令被存放在程序文件中。当运行程序时,系统会按照一定的顺序自动执行包含在程序文件中的命令。在 Visual FoxPro 中,程序文件的扩展名为. prg。

1. 程序文件的建立

程序文件的建立有三种方法。

方法一:选择菜单方式。

选择"文件"→"新建"菜单命令,打开"新建"对话框,或选择"程序"→"新建"菜单命令。

方法二:使用项目管理器。

打开一个项目管理器,在项目管理器中,选择"代码"→"程序"菜单命令,之后单击"新建"按钮。

方法三:使用命令方式。

格式 1: MODIFY COMMAND［路径］［文件名］

格式 2: MODIFY FILE［文件名.prg］

说明:格式 1 中的文件名只需要指定主文件名,而不需要指定扩展名,系统会自动在文件名后面加上扩展名. prg;格式 2 中的文件扩展名不能省略,否则系统会认为无扩展名。

2．程序文件的执行

程序文件建立后,可以使用多种方式执行它,通常采用下面的三种方式。

方法一:选择菜单方式。

选择"程序"→"运行"命令,打开"运行"对话框;从"文件"列表框中选择要运行的程序文件,单击"运行"按钮。

方法二:快捷按钮。

打开一个程序文件,在工具栏上单击运行按钮！。

方法三:使用命令方式。

格式:DO 文件名

说明:程序文件的扩展名为.prg,使用命令运行程序文件时,使用文件主名即可,系统自动会加上扩展名。

例 2.21 已知圆的半径,求圆的周长和面积。

(1) 程序代码编写

```
r = 4
PI = 3.14
L = 2 * PI * r
S = PI * r * r
?"半径 = ",r,"周长 = ",L,"面积 = ",S
```

(2) 具体操作

在主窗口中输入如下命令:

```
MODIFY COMMAND program1    && 建立程序文件 program1.prg
```

在程序编辑窗口输入上述程序代码,如图 2.4 所示,单击"保存"按钮保存程序。

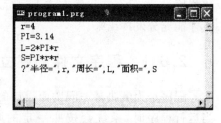

图 2.4　求圆周长和面积的程序

执行程序文件 program1.prg。

在主窗口中输入命令"DO program1",程序运行结果如图 2.5 所示。

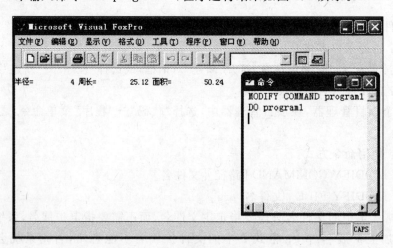

图 2.5　程序运行结果

2.6.2　程序中的常用语句与注释

1. 输入字符串语句

格式：ACCEPT［字符串］TO 内存变量

功能：执行该语句时，暂停程序的运行，在屏幕上显示"字符串"的内容作为提示信息，等待用户通过键盘输入数据；输入数据后按 Enter 键，输入的内容保存到指定的内存变量中，同时，程序继续向下执行。

例 2.22　输入一个小写字母，将其转换为对应的大写字母。

（1）创建程序文件 program2.prg。

在命令窗口中输入命令：

```
MODIFY COMMAND program2
```

（2）编写程序代码，保存程序文件。

```
ACCEPT "请输入一个小写字母: " TO c1          &&c1 为字符型变量
c2 = ASC(c1) - 32                          &&c2 为数值型变量
?"对应的大写字母是: ",CHR(c2)
```

（3）运行程序文件，主窗口显示内容："请输入一个小写字母："。输入一个小写字母 a 后按 Enter 键，显示最终结果如图 2.6 所示。

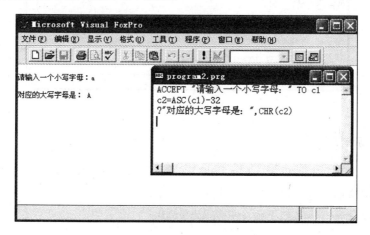

图 2.6　字母大小写转换程序运行结果

2. 输入表达式语句

格式：INPUT［字符串］TO 表达式

功能：执行该语句时，等候用户输入内容。按 Enter 键后，内容将写进指定的表达式的变量中。表达式可以是一个内存变量或由内存变量、常量和运算符组成的式子。字符串为提示信息。

说明：

① 该命令功能比 ACCEPT 强，ACCEPT 只能输入字符型数据，而 INPUT 可输入字符

型、数值型、逻辑型和日期型数据。

② 使用 INPUT 时，输入字符型数据时，必须加双引号等定界符；输入逻辑型数据时，要用圆点定界符(如.T.)；输入日期型数据要用日期型常量的表示方法输入，如{^2010-07-20}，或用转换函数，如 CTOD("07/16/2010")。

例2.23 输入变量 x 的值，并输出。

```
INPUT "请输入 x 的值(数值型)：" TO x
?x
INPUT "请输入 x 的值(字符型)：" TO x
?x
INPUT "请输入 x 的值(逻辑型)：" TO x
?x
INPUT "请输入 x 的值(日期型)：" TO x
?x
```

程序执行结果如图 2.7 所示。

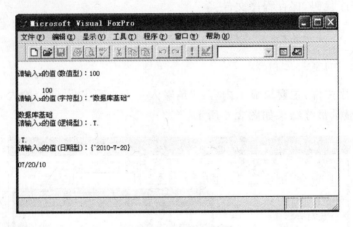

图 2.7　程序执行结果

3．显示提示信息

格式：WAIT WINDOW 提示信息字符串 AT 行，列 [TIMEOUT 秒数]
功能：在屏幕的指定位置出现提示窗口。
例如：在命令窗口输入如下命令并按 Enter 键：

```
WAIT WINDOW "请等待…" AT 15, 30
```

在屏幕中央出现如图 2.8 所示的提示窗口。
说明："TIMEOUT 秒数"用于规定延时秒数，比如，我们输入：

```
WAIT WINDOW "请等待…" AT 15, 30 TIMEOUT 3
```

则提示窗口显示 3 秒后，自动关闭。

图 2.8　提示信息窗口

4．返回语句

格式：RETURN

功能：返回调用处或命令窗口。该语句可省略，因为在每个程序执行的最后，系统都会自动执行 1 个 RETURN 语句。

5. 注释

为增强程序的可读性，往往需要在程序中使用注释来对程序进行说明，为阅读程序提供方便。

程序编译时，不对注释语句作任何处理，它是不可执行的部分，对程序的运行结果不会产生任何影响。注释语句可出现在程序中的任何位置。注释语句用来向用户提示或解释程序的意义，注释符是用来标示注释语句的。在调试程序过程中对暂不使用的语句也可用注释符括起来，使翻译跳过不作处理，待调试结束后再去掉注释符。

在 Visual FoxPro 中，常采用以下两种方式注释。

格式 1：NOTE 注释 ｜ * 注释

格式 2：&& 注释

说明：NOTE 注释和"*"注释必须独立占一行，"&&"注释可以放在程序语句之后。

2.6.3 程序的基本结构

程序的结构是指根据不同的条件，控制程序执行相应操作的语句序列。程序有 3 种基本结构，即顺序结构、选择结构和循环结构。

1. 顺序结构

顺序结构是程序设计中最简单的一种基本结构，程序代码执行按照代码编写的先后顺序进行，即从上到下依次执行。一般情况下，顺序结果语句由变量定义、变量赋值、运算表达式及输入输出语句组成。程序流程图如图 2.9 所示。

例 2.24 已知数学表达式 $y = 2x + 3$，输入一个 x 值，求 y 的值。

```
SET TALK OFF
CLEAR                        && 清屏命令
INPUT "请输入 x 的值: " TO x
y = 2 * x + 3
?"y 的值为: ", y
```

将上述代码保存在程序文件中，并运行程序文件。

图 2.9　顺序结构

2. 选择结构

实际应用中，绝大多数问题仅用顺序结构是无法解决的，常需要先判断后处理，根据不同情况作不同的处理。选择结构就是对指定的条件进行判断，如果条件成立，则执行指定的语句序列。在 Visual FoxPro 中，选择结构包括 IF 语句（条件语句）和 DO CASE 语句（分支语句）。

（1）IF 语句

格式：

IF 条件

　　语句序列 1

［ELSE］

　　［语句序列2］

ENDIF

说明：

① 格式中的条件，多为条件表达式或逻辑表达式，结果为逻辑真或逻辑假。

② 执行 IF 语句时，首先对条件进行判断，如果是逻辑真，则执行语句序列 1，然后转到 ENDIF 后的第 1 条语句继续执行；否则执行语句序列 2，然后转到 ENDIF 后的第 1 条语句继续执行，如图 2.10 所示。

③ ELSE 为可选项。无 ELSE 子句时，如果 IF 后面的条件成立，则执行语句 1，然后转向 ENDIF 后的第 1 条语句继续执行；否则直接转向 ENDIF 后的第 1 条语句继续执行，如图 2.11 所示。

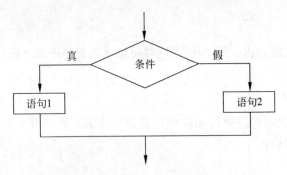

图 2.10　有 ELSE 的条件语句

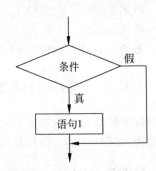

图 2.11　无 ELSE 的条件语句

④ 当需要判断的条件比较多时，可以使用 IF 语句嵌套。在嵌套的 IF 语句中，ELSE 总是与前面的、距离自己最近且尚未配对的 IF 配对。

⑤ ENDIF 必须与 IF 成对出现。

例 2.25-1　求整数 a 的绝对值，$b=|a|$。

```
CLEAR
INPUT "请输入 a 的值: " TO a
b = a
IF a < 0
   b = - a
ENDIF
?a, "的绝对值为: ", b
```

例 2.25-2　已知 $y=\begin{cases}3x-20, & x>0\\5x+10, & x\leqslant0\end{cases}$，输入一个 x 值，输出 y 值。

```
CLEAR
INPUT "请输入 x 的值: " TO x
IF x > 0
   y = 3 * x - 20
ELSE
   y = 5 * x + 10
```

```
ENDIF
?"y 的值为：",y
```

例 2.26 编写一个程序，根据考试成绩判断相应的优良等级。要求：成绩大于或等于 90 分为优秀；成绩大于或等于 80 分而小于 90 分为良好；成绩大于或等于 70 分而小于 80 分为中等；成绩大于或等于 60 分而小于 70 分为及格；成绩小于 60 分为不及格。

```
CLEAR
INPUT "请输入学生成绩：" TO cj
IF cj > = 90
    ?"优秀"
ELSE
    IF cj > = 80
        ?"良好"
    ELSE
        IF cj > = 70
            ?"中等"
        ELSE
            IF cj > = 60
                ?"及格"
            ELSE
                ?"不及格"
            ENDIF
        ENDIF
    ENDIF
ENDIF
```

(2) DO CASE 语句

虽然使用嵌套 IF 语句可以解决多个条件的选择判断问题，但当条件比较多时，嵌套层数也会增多，程序结构也就会变复杂。为解决多条件的选择判断问题，Visual FoxPro 提供了结构简单、使用方便的 DO CASE 语句。

格式：

DO CASE

CASE 条件 1

  语句序列 1

CASE 条件 2

  语句序列 2

⋮

[OTHERWISE]

  [语句序列 n]

ENDCASE

说明：

① 条件可以是各种表达式的组合，表达式的值必须是逻辑真或假值。

② 从第 1 个 CASE 后的条件进行判断，若条件 1 成立，则执行语句序列 1，然后跳到 ENDCASE 后的第 1 条语句继续执行；若加上 OTHERWISE 选项，则当所有的 CASE 条件均不满足时，执行其后的语句序列 n，如图 2.12 所示。

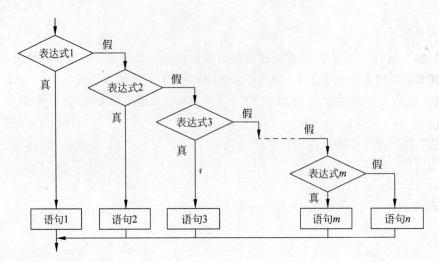

图 2.12　CASE 分支语句

③ OTHERWISE 可用 OTHER 或 OTHER CASE 代替。

④ ENDCASE 必须与 DO CASE 成对出现。

例 2.27　输入学生成绩,判断相应的等级。

```
CLEAR
INPUT "请输入学生成绩: " TO cj
IF cj > 100. OR. cj < 0
    MESSAGEBOX("输入成绩不合法!")
ELSE
DO CASE
CASE cj > = 90
        ?"优秀"
CASE cj > = 80
        ?"良好"
CASE cj > = 70
        ?"中等"
CASE cj > = 60
        ?"及格"
OTHERWISE
        ?"不及格"
ENDCASE
ENDIF
```

3. 循环结构

　　顺序结构和选择结构有一个共同点,即程序语句不能重复执行。而在实际应用中,常常需要多次重复执行某些语句,这样的需求适合于用循环语句来处理。在 Visual FoxPro 中,提供了 3 种循环语句:DO WHILE 循环(当循环)、FOR 循环(计数循环)及 SCAN 循环(对表的扫描循环)。

　　(1) DO WHILE 循环

　　格式:

DO WHILE 条件

    语句序列

    [LOOP]

    [EXIT]

ENDDO

说明:

① "DO WHILE 条件"是循环说明语句,它标志循环的开始,并判断循环条件是否为真值;当条件为真值时,则执行语句序列,否则跳到 ENDDO 后面的语句继续执行,如图 2.13 所示。

② DO WHILE 和 ENDDO 之间的语句序列也被称做循环体,是需要多次重复执行的语句,由它完成规定的数据处理工作。

③ 循环语句中的可选项 EXIT(循环断路语句),用于提早退出循环体语句,可放在循环体语句的任意位置上。若在循环体中加上该可选项,当执行 EXIT 时,跳出循环体去执行 ENDDO 后面的语句。通常,EXIT 是在条件语句控制下,当条件得到满足时便跳出循环,否则永远不能执行 EXIT 后面的循环体语句。

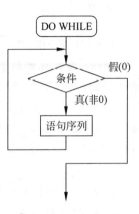

图 2.13 DO WHILE 循环

④ 可选项 LOOP(循环短路语句),可提前结束本次循环,可以放在循环体语句的任意位置上。当执行 LOOP 时,其后的循环体语句部分不予执行,直接返回到循环起始语句。LOOP 也通常放在条件语句的控制下。

⑤ ENDDO 和 DO WHILE 必须成对出现。

例 2.28 计算 $1+2+\cdots+n \geqslant 1000$ 时 n 的值。

```
CLEAR
s = 1
n = 1
DO WHILE s < 1000
    n = n + 1
    s = s + n
ENDDO
?n
```

保存程序文件,运行程序,结果为 45。

例 2.29 求 $0 \sim 100$ 之间的偶数和。

```
CLEAR
STORE 0 TO n,s
DO WHILE .T.
    IF n > 100
        EXIT
    ELSE
        s = s + n
    ENDIF
        n = n + 2
ENDDO
?"0~100 间的偶数和为: ",s
```

（2）FOR 循环

在已知循环次数的情况下,使用 FOR 循环比较方便。

格式:

FOR 变量=初值 TO 变量终值 [STEP]步长

语句序列

[EXIT]

[LOOP]

ENDFOR|NEXT

功能:在循环控制变量的初值和终值的范围内执行循环语句,每执行一次循环,循环控制变量都要加上增量。当其值在规定范围内时就再次执行循环体语句序列,否则结束循环,执行循环终止语句下面的语句,也可以使用 EXIT 提前结束循环体或 LOOP 提前结束本次循环。

具体执行步骤如下(如图 2.14 所示):

① 给变量赋初值。

② 判断变量的值是否小于等于终值。

③ 若不是,则循环结束。

④ 若是,则执行语句序列。

⑤ 变量=变量+步长(若省略 STEP,则步长=1)。

⑥ 转步骤②。

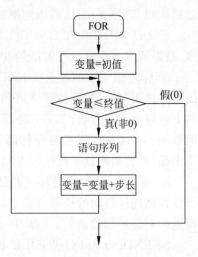

图 2.14　FOR 循环

例 2.30　求 n 的阶乘。

```
CLEAR
INPUT "请输 n 的值: " TO n
t = 1
FOR i = 1 TO n
    t = t * i
ENDFOR
?n,"! = ",t
```

（3）SCAN 循环

格式:

SCAN [范围][FOR 条件]

　　语句序列

ENDSCAN

功能:对表中指定范围,满足条件的记录执行循环体语句,每执行一次循环,记录指针自动移动到下一条记录。操作表时,使用该语句功能强,效率高。

（4）循环嵌套

一个循环体内又包含另一个完整的循环结构,称为循环的嵌套。内嵌的循环中还可以嵌套循环,这就是多层循环。三种循环可互相嵌套。

例 2.31 在屏幕上输出乘法口诀表。

```
CLEAR
?"九九乘法表"
?
FOR i = 1 TO 9
  FOR j = 1 TO i
    ??ALLTRIM(STR(i)) + " * " + ALLTRIM(STR(j)) + " = " + ALLTRIM(STR(i * j)) + " "
  NEXT
  ?
NEXT
```

2.7 过程和自定义函数

在程序设计时,常遇到这种情况:在同一个程序的不同处,或在不同程序中重复出现具有相同功能的程序段。如果每次都重复编写,将使程序变得十分冗长,而且浪费存储空间。解决这个问题的方法是单独设计这些共用程序段,需要时再调用。Visual FoxPro 中可通过创建过程和自定义函数的方法来设计程序段,过程和自定义函数功能基本相同。

2.7.1 过程和自定义函数的定义

1. 过程的定义

格式:

PROCEDURE 过程名

[PARAMETERS 变量名表]

过程体语句

RETURN [返回值]

2. 函数的定义

格式:

FUNCTION 函数名

[PARAMETERS 变量名表]

函数体语句

RETURN [返回值]

说明:

(1) 调用程序与过程(自定义函数)之间的关系是调用关系,调用的特点是:从调用程序中何处调用过程(自定义函数),在执行完过程(自定义函数)后将返回调用程序处的下一条语句继续执行。

(2) 可创建一个程序文件,用来集中存放多个过程或自定义函数,称为过程文件。使用过程文件中的过程或自定义函数时,应先用下列命令打开,其后,所有命令均可调用。

① 打开过程文件

格式：SET PROCEDURE TO[<过程文件 1>[<过程文件 2>,…]] [<ADDITIVE>]

- 系统可以同时打开一个或多个过程文件。如果一个过程文件被打开,则该过程文件中的所有过程都可以被调用。如果选用 ADDITIVE,则在打开过程文件时,不关闭原来已经打开的过程文件。

- 不再使用过程文件时,可用命令关闭指定的过程文件。

② 关闭过程文件

格式：RELEASE PROCEDURE [TO <过程文件 1>[,<过程文件 2>,…]]

若不带任何文件名,使用 SET PROCEDURE TO 命令时,将关闭所有打开的过程文件。

(3) 从结构和调用方法上看,过程分外部过程和内部过程。建立外部过程的方法与建立源程序(即程序文件)的方法完全相同,其扩展名也是 prg。内部过程是指调用程序尾部所附过程和过程文件的过程。

2.7.2　过程和自定义函数的调用

过程和自定义函数的调用可采用两种方法。

格式 1：DO 过程/函数名［WITH 参数列表］

格式 2：［变量名]＝过程/函数名(参数列表)

说明：

① 过程(自定义函数)的调用中,参数可以是变量、常量或表达式。

② 任选项“WITH 参数列表”用于向过程(自定义函数)中传递参数值,即在过程(自定义函数)定义中,要有“PARAMETERS 变量名表”项。

③ 当过程(自定义函数)的定义中 RETURN 后有返回值时,用格式 2 调用,可将返回值赋值给指定的变量。

例 2.32　过程调用。

```
CLEAR
?" ------------------- "
DO aa
?" ================ "
DO aa

PROCEDURE aa
?" ************** "
?" **   GOOD   ** "
?" ************** "
RETURN
```

例 2.33　函数调用,求 n!。

```
CLEAR
```

```
INPUT "请输入 n 值: " TO n
j = jc(n)
?j


FUNCTION jc
PARAMETER x
t = 1
IF n < 0
    MESSAGEBOX("n 不能小于!")
    RETURN  NULL                          &&NULL 表示空值
ELSE
FOR i = 1 TO x
   t - t * i
ENDFOR
ENDIF
RETURN t
```

2.7.3　参数传递

为了使过程或自定义函数具有一定的灵活性,可以由调用程序向过程或自定义函数传递一些参数,使其可以根据不同的参数进行不同的处理。一个过程或自定义函数能够接收参数,必须在 PROCEDURE 或 FUNCTION 命令后面的第一条可执行语句之前使用 PARAMETERS 和 LPARAMETERS 语句进行参数定义。其命令格式如下。

格式 1: PARAMETERS 变量名表

格式 2: LPARAMETERS 变量名表

说明:

① 过程或自定义函数中 PARAMETERS 后定义的变量称为形式参数,主程序中调用语句中的参数为实际参数。

② 实际参数必须有确定的值,实参可以是常量、变量或表达式。

③ 实际参数与形式参数必须类型相同,个数相同,且顺序一一对应。

例 2.34　编写一个自定义函数,求 m^n。

```
CLEAR
INPUT "请输入 m 值: " TO m
INPUT "请输入 n 值: " TO n
tt = mn(m,n)
?tt


FUNCTION mn
PARAMETER x, y
t = 1
i = 1
DO WHILE i <= y
    t = t * x
    i = i + 1
```

```
ENDDO
RETURN t
```

Visual FoxPro 中,参数传递有下列两种方法。

1. 按赋值方式传递

赋值方式传递也叫做值传递。这种传递方式的特点是实际参数只将其数值传递给形式参数,即形式参数的值与实际参数相同,而形式参数发生变化不能影响实际参数的值。

2. 按引用方式传递

引用方式传递也叫做地址传递,是将实际参数的地址(变量在内存中的存储单元号)传递给形式参数。引用方式传递时,形式参数与实际参数共用一个地址,形式参数的数值发生变化,实际参数也跟着变化。

默认情况下,使用 DO…WHITH…命令调用程序或自定义函数时,参数传递是以引用方式传递的;使用函数调用方式调用程序或自定义函数时,参数传递则以赋值方式传递。若在调用程序或自定义函数时,采用指定的参数传递方式,可使用命令进行设定,格式如下。

(1) 按引用方式:

SET UDFPARMS TO REFERENCE

(2) 按赋值方式:

SET UDFPARMS TO VALUE

说明:不管使用命令设置成何种方式,如果在参数传递时在变量两边加符号"()"则为传值方式,在变量前加"@"则为传地址方式。

例 2.35　赋值方式传递与引用方式传递。

举例一:

```
CLEAR
x = 2
y = 9
jh(x, y)
?"x = " + ALLTRIM(STR(x)), "y = " + ALLTRIM(STR(y))

FUNCTION jh                          && 也可以用"PROCDEURE jh"定义一个过程
PARAMETERS a, b
t = a
a = b
b = t
RETURN
```

运行程序文件,主窗口显示:"x=2 y=9"。

举例二:

```
CLEAR
x = 2
```

```
y = 9
DO jh WITH x, y
?"x = " + ALLTRIM(STR(x)), "y = " + ALLTRIM(STR(y))

FUNCTION jh                              && 或 PROCDEURE jh
PARAMETERS a, b
t = a
a = b
b = t
RETURN
```

运行程序文件,主窗口显示:"x＝9 y＝2"。

例 2.36 设定参数传递方式示例。

```
CLEAR
x = 2
DO square WITH (x)
?x                                       && 主窗口显示 2
SET UDFPARMS TO VALUE
x = 3
square(x)
?x                                       && 主窗口显示 3
x = 3
square(@x)
?x                                       && 主窗口显示 9
SET UDFPARMS TO REFERENCE
x = 4
square(x)
?x                                       && 主窗口显示 16
x = 4
square((x))
?x                                       && 主窗口显示 4


* -------------------------------- *
FUNCTION square
PARAMETERS n
n = n * n
RETURN n
```

2.7.4 变量的作用域

变量的作用域就是变量的作用范围。不同类型的变量,其作用范围也不同。在 Visual FoxPro 中,变量的作用域分为全局变量和局部变量。

1. 全局变量

全局变量又称为公共变量,是在任何程序或过程中都可以使用的内存变量。全局变量一经定义,从程序开始执行到整个程序结束都要占据内存空间,只有当执行 CLEAR MEMORY、RELEASE、QUIT 等命令后,全局变量才会被释放。因此尽量不要使用全局变量。全局变量可以使用如下格式定义。

PUBLIC 变量名表

功能：建立全局的内存变量，并为它们赋初值逻辑假(.F.)。

说明：变量名表既可以是一般的内存变量，也可以是数组。若定义全局变量的数组，在定义的数组名前加 ARRAY 说明，且数组必须指定最大下标值。命令窗口定义的变量默认为 PUBLIC 类型。

例 2.37 全局变量的应用。

```
* program_1.prg
CLEAR
PUBLIC a
a = 5
DO f1
?a                          && 主窗口显示 10
FUNCTION f1
a = 2 * a
RETURN


* program_2.prg
CLEAR
?a                          && 主窗口显示 10
DO f2
?a                          && 主窗口显示 8

FUNCTION f2
a = a - 2
RETURN
```

2. 局部变量

(1) PRIVATE 定义的局部变量

程序中使用的变量，若未加说明，系统自动默认其为局部变量，也称为私有变量。私有变量仅能在定义它的本程序中使用，外部的程序无法作用到此类变量，而此类变量在进入此过程时才被定义，离开此过程后即被释放。私有变量的定义格式如下。

PRIVATE 变量名表

说明：变量名表既可以是一般内存变量，也可以是数组。定义私有变量数组时，数组名前需加 ARRAY 说明，但不必同时指定数组的最大下标。但对于数组，需用 DIMENSION 进行定义。

例 2.38 私有变量的应用(计算 5 的阶乘)。

```
CLEAR
PRIVATE j = 1
n = 5
DO jc WITH n
```

```
?j                                    && 主窗口显示 120

FUNCTION jc
PARAMETERS nn
FOR i = 1 TO nn
    j = j * i
NEXT
RETURN
```

PRIVATE 定义当前过程的变量时,可将以前过程定义的同名变量保存起来,在当前过程中使用私有变量而不影响这些同名变量的原始值。

例 2.39　在过程中定义私有变量。

```
n = 100
DO pr1
?n                                    && 主窗口显示 100

PROCEDURE pr1
PRIVATE n
n = 50
?n                                    && 主窗口显示 50
RETURN
```

(2) LOCAL 定义的局部变量

PRIVATE 定义的局部变量可以被其程序中包含的所有过程或自定义函数使用,若要使定义的局部变量不能被其他的子程序所使用,则需要用 LOCAL 定义局部变量。

格式：LOCAL 变量名表

说明：变量名表既可以是一般内存变量,也可以是数组。数组名前需加 ARRAY 说明,并且数组需用 DIMENSION 进行定义。此类局部变量只能在创建它的过程和函数中使用和修改,而不能被调用它或它调用的程序所访问。

例 2.40　局部变量的作用范围。

```
CLEAR
LOCAL a
a = 200
b = 100
DO pr_1
?a, b                                 && 主窗口显示 200      3
DO pr_2
?a, b                                 && 主窗口显示 200      50

PROCEDURE pr_1
a = 9
b = 3
?a, b                                 && 主窗口显示 9        3
RETURN
PROCEDURE pr_2
LOCAL a
a = 60
```

```
b = 50
?a,b                        && 主窗口显示 60        50
RETURN
```

习题二

一、单项选择题

1. 在下列关于内存变量的叙述中,错误的是(　　)。

A. 一个数组中的各元素的数据类型必相同

B. 内存变量的类型取决于其值的类型

C. 内存变量的类型可以改变

D. 数组在使用之前要用 DIMENSION 或 DECLARE 语句进行定义

2. 下列选项中,不能用作 Visual FoxPro 变量名的是(　　)。

A. _aa　　　　　　B. b-b0　　　　　　C. c0000　　　　　　D. xyz

3. 下列表达式中,不是字符型表达式的是(　　)。

A. "9"+"5"　　　　B. [7]−"1"　　　　C. 3+6　　　　　　D. [0]

4. 用 DIMENSION 命令定义数组后,各数组元素在未赋值之前的数据类型是(　　)。

A. 逻辑型　　　　　B. 数值型　　　　　C. 字符型　　　　　D. 未定义

5. 用 DIMENSION q(3,5) 命令定义一个数组 q,该数组的下标变量数目是(　　)。

A. 15　　　　　　　B. 24　　　　　　　C. 8　　　　　　　D. 10

6. 在下列关于 Visual FoxPro 数组的叙述中,错误的是(　　)。

A. 用 DIMENSION 和 DECLARE 命令都可以定义数组

B. Visual FoxPro 支持一维数组、二维数组、三维数组

C. 一个数组中各数组元素的数据类型可以不相同

D. 新定义数组的各个数组元素的初始值为.F.

7. 下列语句中,能够正确地给内存变量 abc 赋逻辑真值的命令是(　　)。

A. abc=T　　　　　　　　　　　B. STORE "T" TO abc

C. abc=TRUE　　　　　　　　　D. STORE .T. TO abc

8. MODIFY COMMAND 命令建立的文件的默认扩展名是(　　)。

A. prg　　　　　　　B. app　　　　　　C. cmd　　　　　　D. exe

9. 说明数组后,数组元素的初值是(　　)。

A. 整数 0　　　　　　B. 不定值　　　　　C. 逻辑真　　　　　D. 逻辑假

10. 设 a="123",b="234",下列表达式中,其运算结果为逻辑假的是(　　)。

A. NOT((a=b).OR. b$"13579")　　　B. NOT (a$"abc".AND.(a<>b))

C. NOT(a<>b)　　　　　　　　　　D. NOT(a>=b)

11. 下列表达式中,不是 Visual FoxPro 数值型表达式的是(　　)。

A. 1+2.65　　　　　B. −5　　　　　　　C. 0−0　　　　　　D. [185+2]

12. 在 Visual FoxPro 中,正确的日期型常数是(　　)。

A. 07/30/2010　　B. "07/30/2010"　　C. {2010-07-30}　　D. {^2010-07-30}

13. 顺序执行以下命令：

```
x = "50"
y = 6 * 8
z = LEFT(VISUAL FOXPRO6.0,3)
```

下列选项中,合法的表达式只有( )。

A. x+y+z　　　B. x+y　　　　C. x+z　　　　D. y+z

14. 函数 ABS(−78.5)返回的结果是( )。

A. −78.5　　　B. 78.5　　　　C. 78　　　　D. 79

15. 在下列表达式中,其结果为字符型数据的是( )。

A. "125"−"100"　　　　　　B. "ABC"+"XYZ"="ABCXYZ"

C. CTOD("09/05/06")　　　　D. DTOC(DATE())>"07/29/10"

16. 设某程序中有 PROG1.prg、PROG2.prg、PROG3.prg 三个程序依次嵌套,下面叙述中正确的是( )。

A. 在 PROG1.prg 中用 RUN PROG2.prg 语句可以调用 PROG2.prg 子程序

B. 在 PROG2.prg 中用 RUN PROG3.prg 语句可以调用 PROG3.prg 子程序

C. 在 PROG3.prg 中用 RETURN 语句可以返回 PROG1.prg 主程序

D. 在 PROG3.prg 中用 RETURN TO MASTER 语句可以返回 PROG1.prg 主程序

17. 程序中,不需要事先建立就可以使用的变量是( )。

A. 公共变量　　　B. 私有变量　　　C. 局部变量　　　D. 数组变量

18. 函数 INT(−125.65)返回的结果是( )。

A. −125　　　　B. −126　　　　C. 125　　　　D. 126

19. 函数 STR(2781.5785,7,2)返回的结果是( )。

A. 2781　　　　B. 2781.58　　　C. 2781.579　　　D. 81.5785

20. 下列程序段执行以后,内存变量 y 的值是( )。

```
x = 76543
y = 0
DO WHILE x > 0
   y = x % 10 + y * 10
   x = INT(x/10)
ENDDO
```

A. 3456　　　　B. 34567　　　　C. 7654　　　　D. 76543

21. 若要执行程序 temp.prg,应该执行的命令是( )。

A. DO PRG temp.prg　　　　　B. DO temp.prg

C. DO CMD temp.prg　　　　　D. DO FORM temp.prg

22. 函数 IIF(5>=2,1,−1)的值是( )。

A. .T.　　　　B. .F.　　　　C. −1　　　　D. 1

23. 以下为判断年份 Y 是否为闰年的条件,符合条件之一即为闰年,正确的表示方法是( )。

(1) 能被 4 整除,但不能被 100 整除。

（2）能被 4 整除又能被 400 整除。

A. Y％4＝0

B. （Y％4＝0. AND. Y％100！＝0）. OR. Y％400＝0

C. （Y％4＝0. AND. Y％100！＝0）. AND. Y％400＝0

D. （Y％4＝0. OR. Y％100！＝0）. OR. Y％400＝0

24. 函数 LEN(SPACE(3)－SPACE(2))返回的值是(　　　)。

A. 1　　　　　　　　B. 2　　　　　　　　C. 3　　　　　　　　D. 5

25. 表达式 CTOD("08/01/2010")－CTOD("06/10/2010")运算结果的数据类型是
(　　　)。

A. 逻辑型　　　　　B. 字符型　　　　　C. 数值型　　　　　D. 日期型

二、填空题

1. 求输入的 10 个整数中正数的个数及其平均值。

```
num = _____
s = 0
FOR i = 1 TO 10
     INPUT "请输入一个整数: " TO a
     IF a <= 0
     _____
     ENDIF
     num = num + 1
     s = s + a
NEXT
?"正数的个数为: ", num
?"正数的平均值为: ", _____
```

2. 计算一个整数的各位数字之和。

```
SET TALK OFF
INPUT "X = " TO x
s = _____
DO WHILE x! = 0
s = s + MOD(x,10)

_____
ENDDO
?s
SET TALK ON
```

3. 已知三角形的三条边,求三角形的面积。

```
CLEAR
INPUT "请输入三角形的边长 a: " TO a
INPUT "请输入三角形的边长 b: " TO b
INPUT "请输入三角形的边长 c: " TO c
s = AREA(a,b,c)
?s
CANCEL
FUNCTION AREA
```

```
                    _____
l = (x + y + z)/2
ss = SQRT(1 * (1 - x) * (1 - y) * (1 - z))
RETURN _____
```

4. 执行下列程序,主窗口的显示结果是_____。

```
s1 = "STUDY"
s2 = ""
a = LEN(s1)
i = a
DO WHILE i > = 1
s2 = s2 + SUBSTR(s1,i,1)
i = i - 1
ENDDO
?s2
```

5. 下列程序段执行以后,内存变量 a 和 b 的值是_____和_____。

```
CLEAR
a = 3
b = 5
SET UDFPARMS TO REFERENCE
DO SQ WITH (a),b
?a,b
CANCEL
PROCEDURE SQ
PARAMETERS x,y
x = x * x
y = 2 * x
RETURN
```

6. 执行下列程序,其运行结果为_____。

```
CLEAR
DO a
RETURN
PROCEDURE a
PRIVATE s
s = 5
DO b
?s
RETURN
PROCEDURE b
s = s + 10
RETURN
```

三、简答题

1. Visual FoxPro 系统中提供了哪几种数据类型?

2. 什么是常量,什么是变量? Visual FoxPro 提供了哪几种常量和变量?

3. 什么是 Visual FoxPro 的表达式? 表达式分为哪几种?

4. 参数传递有哪两种方式,如何实现?

5. 全局变量、私有变量、局部变量有何区别?

四、编程题

1. 输入 3 个数,输出其中最小者。

2. 输出 1~100 中能被 5 且不能被 3 整除的数。

3. 求：1+2!+3!+…+20! 的值。

4. 在 Visual FoxPro 主窗口中输出如下图形。

```
*
* *
* * *
* * * *
* * * * *
* * * * * *
```

5. 运输公司对用户计算运费,路程(s)越远,每公里运费越低,标准见表 2.9。

表 2.9　运费计算标准表　　　　　　　　　　　　单位：km

路　　　程	折扣情况
s<250	没有折扣
250≤s<500	2%折扣
500≤s<1000	5%折扣
1000≤s<2000	8%折扣
2000≤s<3000	10%折扣
3000≤s	15%折扣

设每千米每吨货物的基本运费为 p,货物重为 w,距离为 s,折扣为 d,则总运费的计算公式为：

$$f = p * w * s * (1 - d)$$

现距离已知,求所需的总运费。

6. 判断一个正整数是否为素数。

7. 输出所有的“水仙花数”,所谓“水仙花数”是指一个 3 位数,其各位数字的立方和等于该数本身。例如,153 是一个水仙花数,因为 $153 = 1^3 + 5^3 + 3^3$。

第3章

数据库和表

在 Visual FoxPro 中,数据库是一个容器,用于管理存放在其中的对象,这些对象包括数据库表、视图、查询,表之间的关系和存储过程等,主要是数据库表,而且一个数据库中可以包括多个数据库表。本章主要介绍 Visual FoxPro 数据库、表及索引的建立和编辑,以及工作区的使用和数据完整性等内容。

3.1 数据库的建立和编辑

3.1.1 建立数据库

1. 交互方式建立数据库

采用交互方式建立数据库,可以通过使用菜单的形式打开数据库设计器,具体操作为:在菜单栏中选择"文件"→"新建"命令,打开"新建"对话框,文件类型选择"数据库"选项,单击"新建文件"按钮,则打开"创建"对话框,在其中设定数据库的文件名并选择数据库文件的保存位置,单击"保存"按钮后打开数据库设计器。

还可以在项目管理器中新建一个数据库文件。首先打开一个项目管理器,切换到"数据"选项卡,选中"数据库"后单击"新建"按钮,再单击"新建数据库"按钮,在打开的"创建"对话框中,设定数据库的文件名及文件的保存位置,单击"保存"按钮后打开数据库设计器,如图 3.1 所示。

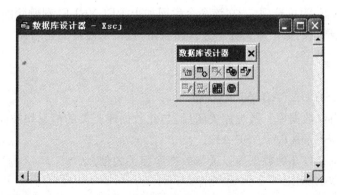

图 3.1 "数据库设计器"窗口

此时,表明我们已经成功建立了一个数据库,但目前还是一个空库,没有存放任何对象。

创建一个数据库时,系统自动生成三个文件,分别是:数据库文件,扩展名为 dbc;数据库备注文件,扩展名为 dct;数据库索引文件,扩展名为 dcx。

2. 命令方式建立数据库

使用命令方式建立数据库,是在命令窗口中输入创建数据库文件的命令。

格式:CREATE DATABASE 数据库名

例如,若要建立一个名为 xscj 的数据库,在命令窗口中输入相应的命令即可,如图 3.2 所示。

图 3.2　使用命令窗口建立数据库

3.1.2　数据库的基本操作

1. 打开数据库

方法一:在"文件"菜单中选择"打开"选项,弹出"打开"对话框。在"打开"对话框中选择数据库文件的位置及数据库文件名,单击"确定"按钮即可打开数据库。

方法二:在命令窗口中输入命令。

格式:OPEN DATABASE 数据库名

2. 修改数据库

修改数据库时,需要打开数据库设计器,可以使用菜单方式打开"数据库设计"窗口,也可以采用在命令窗口中输入命令的方式。

格式:MODIFY DATABASE 数据库名

3. 删除数据库

格式:DELETE DATABASE 数据库名 [RECYCLE]

说明:

① 如果数据库文件不在默认目录中,需要在数据库名前加上路径。

② [RECYCLE]为可选项,若在该命令后面加上 RECYCLE,则删除的数据库文件放入回收站中;否则,删除的数据库文件不进入回收站,直接从硬盘上删除掉。

4. 关闭数据库

格式 1:CLOSE DATABASE

功能:关闭当前数据库。数据库关闭后,与此数据库相关的信息均被同时关闭。

格式 2:CLOSE DATABASE ALL

功能:关闭所有打开的数据库以及与数据库相关的信息。

格式 3:CLOSE ALL

功能:关闭除"命令窗口"、"调试窗口"、"跟踪窗口"和"帮助窗口"以外的所有信息。

注意：

① 关闭了数据库表不等于关闭了数据库，但关闭了数据库则其中的数据表被同时关闭。

② 用鼠标关闭了数据库设计器窗口并不能代表关闭数据库。

例 3.1 创建学生成绩数据库，数据库名为 xscj。

```
CREATE DATABASE xscj                && 查看文件 xscj.dbc,xscj.dct
MODIFY DATABASE xscj                && 打开 xscj 数据库设计器,可修改数据库
CLOSE DATABASE                       && 关闭数据库 xscj
```

3.2 表的创建

表的操作是 Visual FoxPro 数据库所有操作的基础，是任何一个关系型数据库管理系统最基本、最核心的工作之一。在 Visual FoxPro 中，一个数据库可以包含若干个表，包含在数据库中的表称为数据库表，不包含在数据库中的表称为自由表。使用自由表还是数据库表来保存要管理的数据，取决于管理的数据之间是否存在关系以及关系的复杂程度。如果用户要保存的数据关系比较简单，使用自由表就够了。如果要保存的数据需要多个表，表和表之间又相互关联，这时就必须建立一个数据库，把这些表添加进数据库，此时可以认为这个数据库拥有添加进来的表，但用户数据仍然存储在数据库表中。数据库表文件与自由表文件一样，其扩展名仍然为 dbf。

3.2.1 自由表

1. 自由表的创建

Visual FoxPro 管理的表为关系表，每一列为一个字段，每一行为一条记录。下面就以学生信息表（student）为例介绍创建表结构的方法。学生信息表如表 3.1 所示。

表 3.1 学生信息表（student）

学号	姓名	性别	出生日期	专业	备注	照片
320060101	张海洋	男	1988.11.11	计算机科学与技术		
320060102	杨帆	男	1988.3.15	计算机科学与技术	中共党员	
320060103	任高飞	男	1987.7.12	计算机科学与技术		
320060118	谭雪	女	1989.8.17	计算机科学与技术		
320060119	杨帆	女	1988.10.17	计算机科学与技术		
320070401	王大可	男	1986.1.1	电气自动化		
320070402	张敬之	男	1987.3.28	电气自动化		
320080109	王楠	女	1989.2.20	市场营销		
320080111	刘欢	女	1989.6.5	市场营销		

表结构可以通过表设计器创建。打开表设计器可以通过交互方式或命令方式来实现。

（1）交互方式打开表设计器

方法一：在菜单栏中选择"文件"→"新建"命令，打开"新建"对话框，选中"表"后单击

"新建文件"按钮,显示表创建对话框,输入文件名 student 后,单击"保存"按钮,打开"表设计器"窗口。

方法二:打开一个项目管理器,切换到"数据"选项卡,依次选择"自由表"→"新建"→"新建表"选项,然后一步一步进行操作。

(2) 命令方式打开表设计器

在命令窗口中输入 CREATE student 命令,打开"表设计器"窗口,如图 3.3 所示。

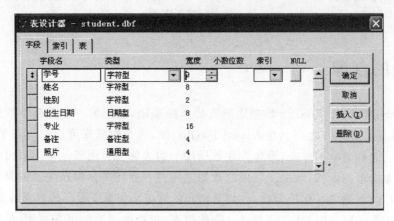

图 3.3　"表设计器"窗口

可以看出,表设计器包含"字段"、"索引"和"表"三个选项卡。其中"索引"选项卡和"表"选项卡的内容将在后面加以介绍。"字段"选项卡用于建立表结构,表结构的一行用来建立一个字段,每个字段由字段名、类型及宽度等组成。

① 字段名

字段名由若干个字符(字母、汉字、下划线和数字)组成,但不能以数字开头。字段名最多为 10 个字符,不能使用系统的保留字(保留字就是系统已经使用的具有实际意义的命令名或函数名等)。自由表的字段名最长为 10 个字符。在字段的命名问题上,由于数据库中的数据很可能是共享数据,投入使用后供不同的用户使用,如果字段不能被赋予一个恰当的名字,使用时很可能给用户带来不必要的误解。因此,字段命名务求顾名思义,避免同名异义或同义异名。

② 字段类型和宽度

在 Visual FoxPro 中,数据类型由系统事先约定,如表 3.2 所示。

表 3.2　数据类型表

字段类型	类型代号	宽度/B	说　明	范　　围
字符型	C	1～254	存放字符数据	任意字符
二进制字符型*	C	1～254	任意不经过代码页修改而维护的字符数据	任意字符
数值型	N	宽度＝1＋整数位数＋1(小数点)＋小数部分位数	存放数值数据,数值可包含小数	$-0.9999999999 \times 10^{19} \sim$ $0.9999999999 \times 10^{20}$

续表

字段类型	类型代号	宽度/B	说 明	范 围
整型	I	4	存放整型数据	−2147483647～147483647
浮点型*	F	宽度＝1＋整数位数＋1(小数点)＋小数部分位数	存放数值数据，数值可包含小数	−0.9999999999×1019～0.9999999999×1020
双精度型*	B	8	双精度浮点数	＋/−4.94065645841247×10⁻³²⁴～＋/−8.9884656743115×10⁻³⁰⁷
货币型	Y	8	存放货币数据	−922337203685477.5808～922337203685477.5807
日期型	D	8	存放日期数据	00/01/1000～12/31/9999
日期时间型	T	8	存放日期时间型数据	00/01/1000～12/31/9999 00:00:00a.m.～11:59:59p.m.
逻辑型	L	1	存放逻辑数据	真—T；假—F
备注型*	M	4	存放内容在.FPT文件中的位置	仅受内存空间的限制
二进制备注型*	M	4	任意不经过代码页修改而维护的备注数据	仅受内存空间的限制
通用型*	G	4	OLE对象数据	仅受内存空间的限制

注：*表示不能用于内存变量的数据类型。

设计字段时需要为字段选择合适的数据类型，应根据当前字段存放的数据和将要对它进行的操作而定。例如，学号字段可以选择为数值型，也可以使用字符型，本书中使用字符型。

字段宽度对于字符型和二进制字符型是字段最多允许存放的字符个数，对于数值型和浮点型是数值的最大位数。其他类型是系统固定的。例如，姓名字段，由于一个汉字占两个字符宽度，如果学生的姓名最多为四个汉字，可以设置宽度为8；如果某个学校招收外国学生，可考虑适当修改字段宽度。

③ 小数位数

对于数值型的字段，可指定小数位数。字段宽度＝整数位数＋小数位数＋1(小数点)。

④ 索引

索引是一种提高被索引内容的查找速度的方法。"索引"项有三种：无序、升序和降序。读者可以暂时不对此项进行设置，索引的相关知识参阅本书3.4节。

⑤ NULL

用来设定该字段是否允许为空值，如果允许为空值，单击该选项下方的小方块，使之出现标记"√"。若没有标记，表示该字段不可以为空值。

在报表设计器中，单击"插入"按钮，可在当前字段前插入一个字段；单击"删除"按钮删除当前字段。

表结构建立后单击"确定"按钮，出现对话框询问是否现在输入数据，如果单击"否"按钮，则"表设计器"关闭，但表已经建立了，只是一个无记录的空表，以后可用命令向该表添加记录；单击"是"按钮，出现编辑窗口，可立即向表中输入数据。

根据此方法可创建课程信息表（course）结构和成绩表（score）结构，分别如图 3.4 和图 3.5 所示。

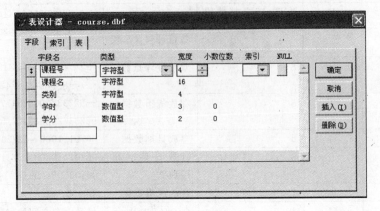

图 3.4　course 表结构

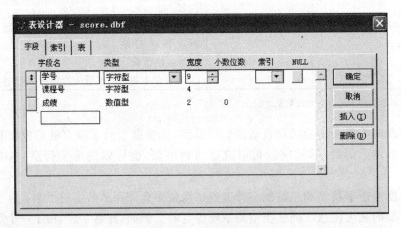

图 3.5　score 表结构

2. 表文件

表结构建立后，单击"确定"按钮将表结构保存在表文件中，文件位置为当前默认工作文件夹，默认的工作文件夹可通过命令"SET DEFAULT TO 工作文件夹"进行设置。生成的表的文件一般有三个。

（1）表文件：存放表结构和表记录数据，默认扩展名为 dbf。

（2）表备注文件：存放表中备注型字段，默认扩展名为 fpt。

含备注、备注（二进制）、通用型字段的表文件仅存放其保存实际内容的 FPT 文件的位置。表中没有这些字段，不会产生 FPT 文件。

（3）表索引文件：存放表索引项信息，文件默认扩展名为 cdx。只有在"索引"页创建索引项后才会产生此文件。

3.2.2　数据库表

1. 数据库表的创建

数据库表的创建有以下几个步骤。

(1) 打开一个数据库文件。

(2) 在"数据库"菜单中选择"新建表"命令,弹出"新建表"对话框。

(3) 余下步骤与新建自由表相同。

当一个表为数据库表时,打开表设计器,"字段"选项卡的内容相比自由表的表设计器多了一些,称为字段的属性,如图 3.6 所示。

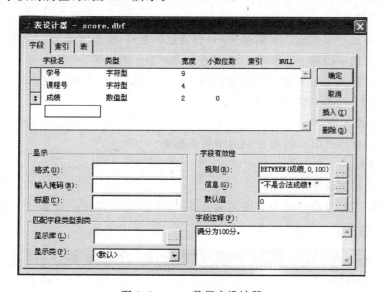

图 3.6　score 数据表设计器

当选中某一字段时,下方的各属性为该字段属性。

(1) 字段的显示属性

① 格式:用来控制字段在浏览窗口、表单、报表等显示时的大小写和样式。字段的显示属性格式字符如表 3.3 所示。

表 3.3　字段显示属性格式字符表

字符	功　　能	字符	功　　能
A	字母字符,不允许空格和标点符号	D	使用当前的 SET DATE 格式
E	英国日期格式	K	光标移至该字段选择所有内容
L	显示数值字段前导 0	M	允许多个预设置选择项。见文本框 InputMask 属性
R	显示文本框的格式掩码,但不保存到字段中	T	删除前导空格和结尾空格
!	字母字符转换为大写	^	用科学计数法表示数值数据
$	显示货币符号		

② 输入掩码：用来控制向字段输入数据的格式。掩码字符及功能如表3.4所示。

表 3.4　掩码字符及功能表

字符	功　能	字符	功　能
X	任意字符	*	左侧显示 *
9	数字字符和＋、－号	.	指定小数点位置
#	数字字符、＋、－号和空格	,	用逗号分隔整数部分
$	指定位置显示货币符号	$ $	货币符号与数字不分开显示

③ 标题：浏览表时各字段对应的列标题,若没有标题则用字段名表示。

注意：在表中通常用字母作为字段名,这样编程时可避免输入汉字。

(2) 字段有效性

① 规则：指定字段数据的有效范围,只有满足该条件,数据才能放入该字段。

② 信息：当向字段输入不符合"规则"的数据时显示的内容。

③ 默认值：在向表中添加记录而未向该字段输入数据前,系统向该字段预置的值。

④ 字段注释：对本字段的说明。

(3) 匹配字段类型到类

用来将字段与用户定义的类库中的类联系起来。

(4) 字段注释

对该字段的附加说明。

数据库表除了可以设置每个字段的属性外,还可以设置表的记录属性。切换到"表"选项卡,如图3.7所示。

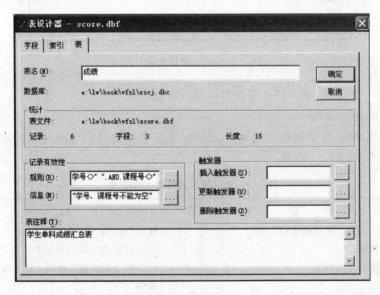

图 3.7　"表"选项卡

(1) 记录有效性

① 规则：指定数据记录的有效条件。

② 信息：当不符合记录有效性"规则"时,显示用户的提示内容。

（2）触发器

触发器是系统提供的记录级事件。

（3）表名

表名是数据库表在打开和操作时的名称，或是表的别名。表名最长为 128 个字符。

（4）表注释

对该数据库表的附加说明。

2．将自由表添加到数据库中

有了数据库文件，就可以向数据库中添加表了。通常，表只能属于一个数据库文件，如果想将一个数据库中的表移到其他数据库，必须先从数据库中移去该数据库表使其变成自由表，然后才能将其添加到另一数据库中。

向数据库添加表的方法是：打开数据库设计器，单击工具栏上的"添加表"按钮，在"打开"对话框中选择要添加表的表名，单击"确定"按钮。这样，一个自由表被添加进数据库中，成为数据库表。

前面曾讨论学生管理数据库有 3 个表：学生表、课程表和成绩表，现在按照上述方法分别将它们添加到学生管理数据库中，如图 3.8 所示。

图 3.8　数据库设计器

还可以用命令进行添加表操作。

格式：ADD TABLE 表名

3．从数据库中移去表

当数据库不再需要某个表，或其他数据库需要使用此表时，可以从该数据库中移去此表，操作如下：

（1）打开数据库。

（2）选定要移去的表。

（3）从"数据库"菜单中选择"移去"命令。

（4）在对话框中可选择"移去"或"删除"选项，若选择移去则将数据库表移除数据库，变为自由表。

也可以在项目管理器内从数据库中移去表。

格式：REMOVE TABLE ＜表文件名＞［DELETE］［RECYCLE］

例 3.2　数据库(xscj)中数据表的增减。

```
OPEN DATABASE xscj
REMOVE TABLE student
REMOVE TABLE course
REMOVE TABLE score
MODIFY DATABASE                        && xscj 数据库中无数据库表
ADD TABLE student
ADD TABLE course
ADD TABLE score
MODIFY DATABASE                        && xscj 数据库中有 student、course、score 三个数据库表
CLOSE DATABASE
```

3.3　表的基本操作

Visual FoxPro 中,可使用界面方式操作表,也可使用命令方式操作表。比较复杂的操作一般通过命令来进行。

3.3.1　表的打开和关闭

表操作的基本原则是使用之前打开表,使用之后关闭表。

1. 打开表

格式：USE [数据库名!]表名
说明：
①"[ ]"中的内容为可选项,就是说,在打开数据库表时,可以加上"数据库名!"作前缀,也可以不加前缀。
② 打开的表文件如不在默认目录中,应指定文件路径。如没有指定默认路径,可输入"SET DEFAULT TO 路径"命令来指定默认路径。

2. 关闭表

格式：USE
说明：直接输入 USE 并按 Enter 键,不加任何表名时,可关闭当前打开的表。

3.3.2　表结构的显示与修改

建立表后,可以通过命令方式显示数据表的结构,还可以再次打开"表设计器"窗口,对表结构进行修改。

1. 表结构的显示

格式 1：LIST STRUCTURE
格式 2：DISPLAY STRUCTURE

2. 表结构的修改

表设计器的修改方法有多种，可以通过交互方式，也可以通过命令方式。

(1) 交互方式

打开数据库设计器，右击想修改结构的表，在弹出的快捷菜单中选择“修改”命令，打开表设计器，在此窗口中修改表的结构。

(2) 命令方式

格式：MODIFY STRUCTURE

例 3.3 修改课程表(course)的结构。

```
USE xscj!course              && 若对单表操作，则表名前可不加前缀
LIST STRUCTURE               && 主窗口中显示 course 表的表结构
MODIFY STRUCTURE             && 打开表设计器，可修改表结构
USE                          && 关闭表
```

3.3.3 表中记录的操作

表的结构建立后，就可以向表中输入数据了。学生信息表(student)建立后的记录内容如图 3.9 所示。

Student

学号	姓名	性别	出生日期	专业	备注	照片
320060102	杨　帆	男	03/15/88	计算机科学与技术	memo	gen
320060103	任高飞	男	07/12/87	计算机科学与技术	memo	gen
320060118	谭　雪	女	08/17/89	计算机科学与技术	memo	gen
320060119	杨　帆	女	10/17/88	计算机科学与技术	memo	gen
320070401	王大可	男	01/01/86	电气自动化	memo	gen
320070402	张敬之	男	03/28/87	电气自动化	memo	gen
320080109	王　楠	女	02/20/89	市场营销	memo	gen
320080111	刘　欢	女	06/05/89	市场营销	memo	gen

图 3.9 学生信息表(student)记录内容

课程信息表(course)建立后的记录内容如图 3.10 所示。

成绩表建立后的记录内容如图 3.11 所示。

Course

课程号	课程名	类别	学时	学分
0101	高等数学	1	128	8
0102	C语言程序设计	1	64	4
0103	数据结构	1	64	4
0104	计算机组成原理	1	64	4
0105	操作系统	1	48	3
0106	数据库原理	1	48	3
0107	软件工程	1	64	4
0108	计算机网络安全	3	48	3
0201	国际贸易概论	1	96	6
0202	经营管理	1	48	3

图 3.10 课程信息表(course)记录内容

Score

学号	课程号	成绩
320060101	0101	87
320060102	0101	78
320060103	0101	90
320060118	0101	50
320060101	0102	76
320060102	0102	88
320060103	0102	95
320060119	0102	69
320060102	0103	85
320070401	0103	90
320070402	0103	71

Score

学号	课程号	成绩
320080109	0104	65
320080111	0104	89
320080112	0104	77
320060101	0105	83
320060102	0105	67
320070401	0201	82
320070402	0201	75
320080109	0202	70
320080111	0202	53
320080112	0202	81

图 3.11 成绩表(score)记录内容

1. 追加、插入记录

许多情况下,需要向表中加入新的记录。新记录的加入有两种情况:一是将其加入到原记录的后面,称为追加;另一种是将其加入到原记录的中间,称为插入。

(1) 追加记录

格式:APPEND [BLANK]

说明:

① 加入 BLANK 选项,执行该命令后,直接在表末尾添加一条空白记录,界面不发生变化,可以在以后使用 REPLACE 命令修改它。

② 不加 BLANK 选项,则弹出编辑窗口,以交互方式输入记录。

例 3.4　为学生信息表(student)添加记录。

```
USE xscj! student
APPEND                            && 打开交互的窗口追加记录,如图 3.12 所示
USE
```

图 3.12　以交互方式追加记录

若用户对交互方式追加记录的界面不习惯,还可以通过选择"显示"→"浏览"命令,将交互界面改为浏览方式追加,如图 3.13 所示。

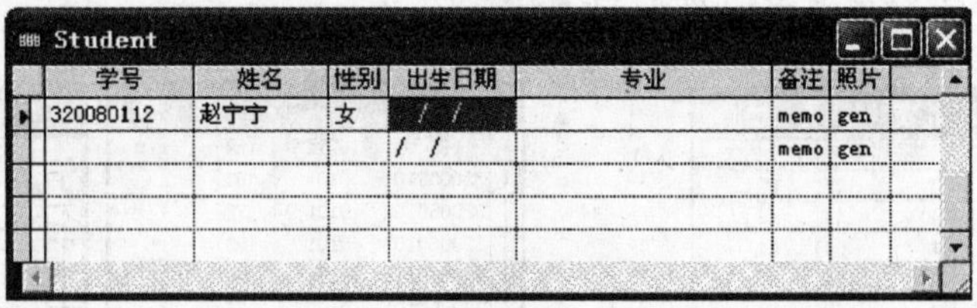

图 3.13　以浏览方式追加记录

(2) 插入记录

格式:INSERT [BEFORE|AFTER|BLANK]

说明:在当前记录之前插入一条记录,命令中应带有关键字 BEFORE;在当前记录之后插入一条记录,命令中应带有关键字 AFTER;在最后一条记录之后追加一条空白记录,

命令中应带有关键字 BLANK。

（3）备注型、通用型字段的输入

从图 3.13 中可以看出，在追加记录时，备注型和通用型字段区中，系统会自动加入 memo 和 gen 作为内容的默认标识，此时，该字段中并没有数据。备注型和通用型字段的输入，可采用交互输入方式或命令方式。

① 交互输入方式

备注型字段值的输入方法：双击该字段区域中的 memo，则打开备注型字段的编辑窗口，在该窗口中输入备注型内容，如图 3.14 所示。

图 3.14　备注型字段的输入

要结束备注型字段的输入，则单击该编辑窗口中的"关闭"按钮，就会退出编辑状态，这时可看到字段中的 memo 变成了 Memo。

通用型字段（为照片字段）值的输入方法：双击"照片"字段区域中的 gen，可以插入图像、波形声音、MIDI 音乐、视频剪辑等多媒体数据，如图 3.15 所示。

图 3.15　通用型字段的输入

② 命令方式

备注型字段的追加。

格式：APPEND MEMO ＜备注型字段名＞ FROM ＜文件名＞［OVERWRITE］

　　说明：若选择 OVERWRITE 选项,则原来的内容被加入的文件内容取代,否则新文件的内容追加在原字段内容的后面。

　　例 3.5　为学生信息表中的第一条记录的备注型字段追加内容。

```
USE xscj! student                    && 数据表被打开时,记录指针指向第一条记录
APPEND MEMO 备注 FROM beizu. txt OVERWRITE
                                     &&beizu. txt 文件预先已建立
? student. 备注
USE
```

通用型字段的追加。

　　格式：APPEND GENERAL<通用型字段名> FROM <文件名>

　　例 3.6　为学生信息表中的第一条记录的通用型字段追加内容。

```
USE xscj! student
APPEND GENERAL 照片 FROM picture. bmp
                             &&picture. bmp 文件预先已建立
BROWSE                       && 打开记录浏览窗口,第一条记录照片字段显示 Gen
USE
```

2. 浏览记录

　　格式：BROWSE [FIELDS 字段名表] [FOR 条件]

　　功能：以窗口形式显示记录。

　　说明：

　　① FIELDS 字段名表：指定浏览窗口中出现的字段名表,字段名之间用逗号分隔。

　　② FOR 条件：指定浏览窗口中出现的记录条件。

　　例 3.7　浏览数据表记录。

```
USE xscj! student
BROWSE FIELDS 学号,姓名,专业 FOR 专业 = "计算机科学与技术"
USE                          && 执行结果如图 3.16 所示
```

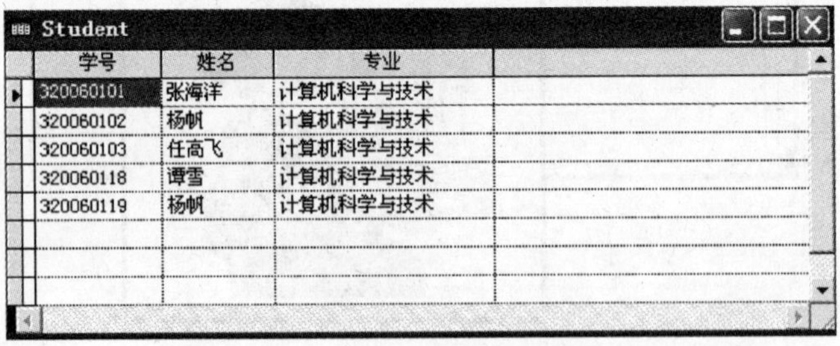

学号	姓名	专业
320060101	张海洋	计算机科学与技术
320060102	杨帆	计算机科学与技术
320060103	任高飞	计算机科学与技术
320060118	谭雪	计算机科学与技术
320060119	杨帆	计算机科学与技术

图 3.16　有条件的浏览记录

　　注意：Visual FoxPro 6.0 中不区分大小写字母,所有标点符号皆为英文标点。

3. 显示表记录

格式 1：LIST［OFF］［字段名表］［范围］［FOR 条件］［WHILE 条件］
　　　［TO PRINTER［PROMPT］| TO FILE 文件名］
格式 2：DISPLAY［OFF］［字段名表］［范围］［FOR 条件］［WHILE 条件］
　　　［TO PRINTER［PROMPT］| TO FILE 文件名］

功能：在 Visual FoxPro 6.0 的主窗口屏幕上显示指定记录。

说明：

① DISPLAY 与 LIST 大部分情况下相同，区别为：在不加任何选项的情况下，LIST 命令显示所有记录，而 DISPLAY 只显示当前记录。

例如，打开学生信息表（student）后，如果在命令窗口输入"DISPLAY"命令会显示当前记录，如图 3.17 所示。

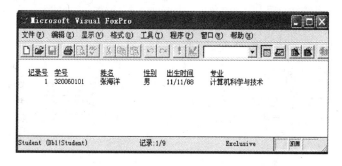

图 3.17　使用 DISPLAY 命令显示当前记录

而打开学生信息表后，在命令窗口中输入"LIST"命令并按 Enter 键，会显示表中所有记录，如图 3.18 所示。

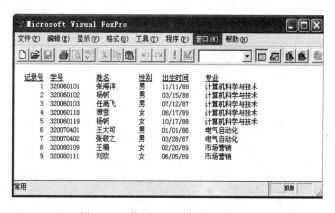

图 3.18　使用 LIST 命令显示记录

② OFF 项表示是否显示记录号，若命令中加入关键字 OFF，则记录输出时，无记录号。

③ "范围"有以下几种。

ALL：当前表的所有记录。

NEXT N：从当前记录开始向后数的 n 条记录。如：next 3 是指从当前记录开始向后数的 3 条记录。

RECORD N：第 N 条记录。

REST：从当前记录开始到表末尾的所有记录。

④ FOR 条件：表示定位表中所有符合条件的记录。

例 3.8 显示学生信息表中所有男生的信息。

```
USE student
LIST FIELD 学号,姓名,性别,专业 FOR 性别 = "男"
                                    && 在主窗口中显示结果如图 3.19 所示
USE
```

⑤ WHILE 条件：定位符合条件的记录。它与 FOR 条件的区别是：当在作用范围内只要遇到一条不符合条件的记录，就不再向下定位；而 FOR 在作用范围内都要定位。例如在例 3.8 中，将题中的 FOR 改为 WHILE，即：

```
LIST FIELD 学号,姓名,性别,专业 WHILE 性别 = "男"
```

则在主窗口中的显示结果如图 3.20 所示。

记录号	学号	姓名	性别	专业
1	320060101	张海洋	男	计算机科学与技术
2	320060102	杨　帆	男	计算机科学与技术
3	320060103	任高飞	男	计算机科学与技术
6	320070401	王大可	男	电气自动化
7	320070402	张敬之	男	电气自动化

图 3.19　主窗口中命令显示结果

记录号	学号	姓名	性别	专业
1	320060101	张海洋	男	计算机科学与技术
2	320060102	杨　帆	男	计算机科学与技术
3	320060103	任高飞	男	计算机科学与技术

图 3.20　"WHILE 条件"执行结果

4. 转到记录

一个 Visual FoxPro 的数据表中，可能包含多条记录，但任一时间操作的只有一条记录，当前进行操作的记录称为当前记录。Visual FoxPro 中有一个记录指针指示当前记录，如图 3.21 所示。

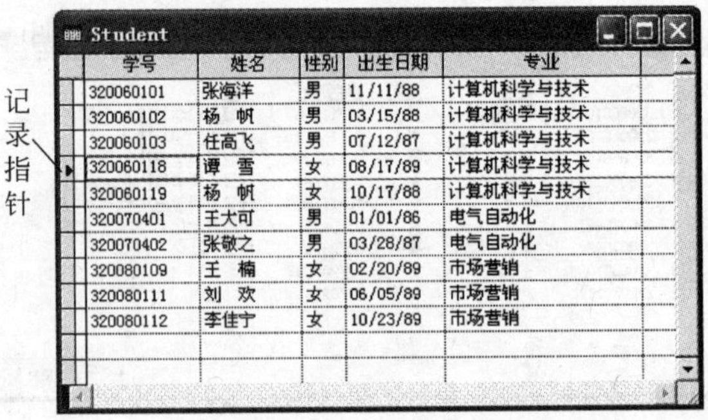

学号	姓名	性别	出生日期	专业
320060101	张海洋	男	11/11/88	计算机科学与技术
320060102	杨　帆	男	03/15/88	计算机科学与技术
320060103	任高飞	男	07/12/87	计算机科学与技术
320060118	谭　雪	女	08/17/89	计算机科学与技术
320060119	杨　帆	女	10/17/88	计算机科学与技术
320070401	王大可	男	01/01/86	电气自动化
320070402	张敬之	男	03/28/87	电气自动化
320080109	王　楠	女	02/20/89	市场营销
320080111	刘　欢	女	06/05/89	市场营销
320080112	李佳宁	女	10/23/89	市场营销

图 3.21　记录指针指向当前记录

格式 1：GO TOP | BOTTOM | n

格式 2：SKIP [n]

说明：

① 格式 1 为绝对记录定位。即不管当前记录在哪里，使用格式 1 都可到达指定记录。

其中,TOP 为表中第一条记录,BOTTOM 为表中最后一条记录。"n"为要定位的记录号。

② 格式 2 为相对记录定位。相对记录定位是相对于当前记录移动 n 条记录。当 n>0 时,记录指针向下移动;n<0 时,记录指针向上移动;若省略 n,则默认值为 1。

例如:在命令窗口输入如下命令:

```
USE student
GO 4
SKIP -1
DISPLAY
USE
```

说明:命令"GO 4"将当前记录指针指向第 4 条记录,"SKIP -1"将当前记录指针指向第 3 条记录。最后显示结果如图 3.22 所示。

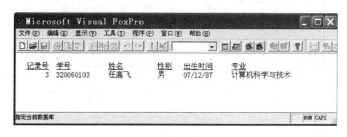

图 3.22 转到记录

5. 修改记录

表中记录的修改,可以采用交互修改方式或命令方式。

(1) 交互修改表记录

格式 1:EDIT [FIELDS 字段名表][范围][FOR 条件]

格式 2:CHANGE [FIELDS 字段名表][范围][FOR 条件]

功能:以交互窗口形式修改表中记录。

例如,在命令窗口中输入如下命令:

```
USE student
EDIT FIELDS 学号,姓名,专业 FOR 性别 = "男"          && 打开交互窗口如图 3.23 所示
USE
```

(2) 自动修改表中记录

格式:REPLACE 字段名 WITH 内容 [ADDITIVE],…,
　　　 [范围]
　　　[FOR 条件][WHILE 条件]

功能:该命令将内容放入字段名代表的字段中,修改的记录由范围和条件指定。"内容"可以是与字段名数据类型相同的表达式,选择 ADDITIVE,则在原内容后面追加。

例 3.9 修改表中记录内容。

```
USE student
```

图 3.23 EDIT 交互修改窗口

```
APPEND BLANK                             && 在表的末尾追加一条空记录
LIST                                     && 在表的末尾多了一条空记录
GO BOTTOM                                && 将记录指针移到最后一条记录
REPLACE 学号 with "320060123",姓名 with "钟婷",专业 with "计算机科学与技术"
LIST                                     && 表末尾空记录的学号和姓名字段的内容如图 3.24 所示
USE
```

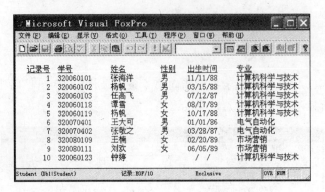

图 3.24   REPLACE 命令修改记录

6. 定位记录

格式 1：LOCATE［范围］［FOR 条件］

格式 2：CONTINUE

说明：

① LOCATE 命令定位符合条件的第一条记录，若定位不到，则 EOF()为.T.。EOF()函数用于判断指针是否超过表的最后一条记录，若是，则值为.T.；否则为.F.。

② CONTINUE 命令按 LOCATE 条件定位下一条记录。

例 3.10   查找电气自动化专业的学生。

```
USE student
LOCATE FOR 专业 = "电气自动化"
?EOF()                                   && 主窗口显示.F.
DISPLAY                                  && 主窗口显示第一条电气自动化专业的学生信息
CONTINUE
?EOF()                                   && 主窗口显示.F.
DISPLAY                                  && 主窗口显示下一条电气自动化专业的学生信息
CONTINUE
?EOF()                                   && 主窗口显示.T.
USE
```

7. 删除恢复记录

(1) 逻辑删除记录

格式：DELETE［范围］［FOR 条件］［WHILE 条件］

功能：逻辑删除指定的记录，逻辑删除指在要删除的记录前添加删除标记，并没有从数

据库中清除,可以用 RECALL 命令恢复。在删除开关打开的情况下,被逻辑删除的记录不参与任何操作;若关闭删除开关,被逻辑删除的记录还可以像其他正常记录一样参与操作。删除开关的打开或关闭通过命令"SET DELETE ON|OFF"指定,其中选择"ON"表示打开删除开关,选择"OFF"表示关闭删除开关。系统默认该开关为关闭状态。

(2) 恢复记录

格式:RECALL [范围][FOR 条件][WHILE 条件]

功能:恢复被逻辑删除的记录。即去掉记录的删除标记,使其成为正常记录。

(3) 物理删除记录

格式:PACK

功能:彻底删除被逻辑删除的记录。没有逻辑删除的记录不受影响。

(4) 清空表

格式:ZAP

功能:将表中所有记录彻底删除,但保留表的结构,表文件还存在。

例 3.11 表记录的删除与恢复操作。

```
USE student
DELETE FOR 专业 = "计算机科学与技术"
                            && 逻辑删除表中计算机科学与技术专业的学生
LIST                        && 主窗口显示结果如图 3.25 所示
SET DELETE ON               && 设置不显示逻辑删除记录
LIST                        && 主窗口显示结果如图 3.26 所示
RECALL ALL                  && 恢复所有逻辑删除的记录
LIST                        && 主窗口中显示表中所有记录
GO BOTTOM
DELETE                      && 逻辑删除当前记录
PACK                        && 物理删除记录
LIST                        && 最后一条记录被删除
USE
```

记录号	学号	姓名	性别	出生日期	专业
1	*320060101	张海洋	男	11/11/88	计算机科学与技术
2	*320060102	杨帆	男	03/15/88	计算机科学与技术
3	*320060103	任高飞	男	07/12/87	计算机科学与技术
4	*320060118	谭雪	女	08/17/89	计算机科学与技术
5	*320060119	杨帆	女	10/17/88	计算机科学与技术
6	320070401	王大可	男	01/01/86	电气自动化
7	320070402	张敬之	男	03/28/87	电气自动化
8	320080109	王楠	女	02/20/89	市场营销
9	320080111	刘欢	女	06/05/89	市场营销
10	320080112	李佳宁	女	10/23/89	市场营销

图 3.25 DELETE 逻辑删除记录

记录号	学号	姓名	性别	出生日期	专业
6	320070401	王大可	男	01/01/86	电气自动化
7	320070402	张敬之	男	03/28/87	电气自动化
8	320080109	王楠	女	02/20/89	市场营销
9	320080111	刘欢	女	06/05/89	市场营销
10	320080112	李佳宁	女	10/23/89	市场营销

图 3.26 不显示逻辑删除记录

8. 记录的筛选

格式：SET FILTER TO [条件]

功能：根据条件对表中的记录进行过滤，将满足条件的记录筛选出来。

例 3.12 记录的筛选。

```
USE student
SET FILTER TO 性别 = "男"
LIST                              && 主窗口中只显示所有男生的记录
SET FILTER TO                     && 取消过滤条件
LIST                             && 显示所有记录
USE
```

3.3.4　表的统计

1. 记录统计

格式：COUNT [TO 变量] [范围] [FOR 条件] [WHILE 条件] [TO 变量名]

功能：统计符合条件的记录数。

例 3.13 记录统计。

```
USE course
COUNT TO n
? "课程数 = ", n                    && n 的值为 10
USE
```

2. 记录求和

格式：SUM [表达式表] [TO 变量名表 | TO ARRAY 数组名] [范围]
　　　　 [FOR 条件] [WHILE 条件]

功能：对符合条件的记录，按列出的表达式分别累加求和，并将结果显示在屏幕上。无"表达式表"项时，累加所有数值型字段。

3. 记录求均值

格式：AVERAGE [表达式表] [TO 变量名表 | TO ARRAY 数组名] [范围]
　　　　 [FOR 条件] [WHILE 条件]

功能：对符合条件的记录，按列出的表达式表分别求平均值。无"表达式表"项时，对所有数值型字段求平均值。

例 3.14 记录求和、求平均值。

```
USE SCORE
SUM FOR 课程号 = "0101"
AVERAGE 成绩 FOR 学号 = "320060101"
USE
```

命令显示结果如图 3.27 所示。

4. 统计计算

格式：CALCULATE［表达式表］［TO 变量名表 | TO ARRAY 数组名］［范围］
　　　［FOR 条件］［WHILE 条件］

功能：对表达式表的值进行统计计算。

例如，先打开 score 表，在命令窗口中输入如下指令，执行结果如图 3.28 所示。

CALCULATE AVG(成绩), MIN(成绩), MAX(成绩), STD(成绩) FOR 课程号 = "0101"

```
        成绩
       305.00
        成绩                  AVG(成绩)    MIN(成绩)    MAX(成绩)    STD(成绩)
        82.00                  76.25        50           90         15.79
```

图 3.27　记录求和、求平均值　　　　　　　　　图 3.28　记录统计结果

3.3.5　表到表

1. 复制表记录

格式：COPY TO 文件名［DATABASE 数据库名［NAME 表名］］［FIELDS 字段名
　　　表］［范围］［FOR 条件］［WHILE 条件］［［TYPE］文件格式］

功能：将当前数据表的结构以及记录复制到另一个表中（dbf 文件），也可复制到另一个
文件中并转换成指定的文件格式（TYPE 指定的格式文件）。

例 3.15　表的复制操作。

```
USE course
COPY TO course2 FIELDS 课程号,课程名 && 将数据复制到 course2 表中
USE course2
LIST                              && 显示表 course2 中的数据
USE course
COPY TO course3.XLS TYPE XLS FOR 类别 = "1"
              && 将符合条件的数据复制到 Excel 文件中,如图 3.29 所示
USE
```

2. 复制表结构

格式：COPY STRUCTURE TO 表名［FIELDS 字段名表］［［WITH］CDX］
　　　［DATABASE 数据库名［NAME 表名］］

功能：复制表结构。选［WITH]CDX 项，为复制复合索引；选 DATABASE 数据库名，
则复制表结构到指定的数据库中。

3. 成批追加记录

格式：APPEND FROM 文件名 | ?
　　　［FIELDS 字段名表］［范围］［FOR 条件］［WHILE 条件］
　　　［［TYPE]文件格式］

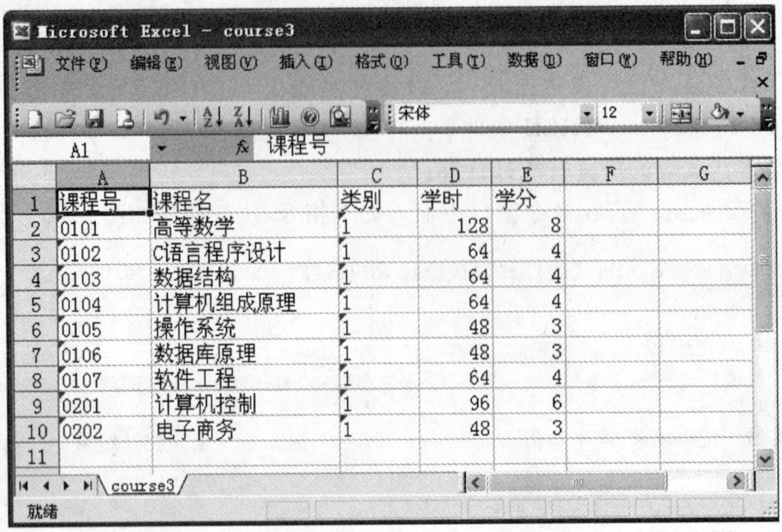

	A	B	C	D	E
1	课程号	课程名	类别	学时	学分
2	0101	高等数学	1	128	8
3	0102	C语言程序设计	1	64	4
4	0103	数据结构	1	64	4
5	0104	计算机组成原理	1	64	4
6	0105	操作系统	1	48	3
7	0106	数据库原理	1	48	3
8	0107	软件工程	1	64	4
9	0201	计算机控制	1	96	6
10	0202	电子商务	1	48	3

图 3.29　course.xls 文件

功能：从另一未打开的表或文件中，在指定范围内，将满足条件、由 FIELDS 列出的字段追加到当前表中。

文件格式为 DIF、FW2、MOD、PDOX、RPD、SDF、SYLK、WK1、WK3、WKS、WR1、WRK、XLS 或 XL5。

例 3.16　用 Excel 文件追加表的记录。

```
USE course
COPY STRUCTURE TO course4              && 将表结构数据复制到 course4 表中
USE course4
APPEND FROM course3.XLS TYPE XLS       && 将 course3.XLS 文件中的数据加入 course4 表中
LIST                                   && 显示表 course4 中的数据
USE
```

4. 表的分类汇总

格式：TOTAL TO 表名 ON 分组字段名 [范围][FOR 条件][WHILE 条件]

功能：对当前表，以分组字段名指定的字段为依据，将分组字段值相同的记录汇总成为一个记录——所有非数值型字段取每组第一个记录该字段值，而数值型字段为该组所有记录该字段值的和，表名指存放汇总结果的表。

5. 表记录的排序

格式：SORT TO 表名 ON 字段 1 [/A | /D] [/C] [,字段 2 [/A | /D] [/C]…]
　　[ASCENDING | DESCENDING]
　　[范围] [FOR 条件] [WHILE 条件]
　　[FIELDS 字段名表 | …]

功能：将表中的字段 1、字段 2、……进行排序，排序结果放在表名指定表中。

说明：

① 选"/A"（默认）升序,选"/D"降序,选"/C"不区分字母的大小写。

② 排序字段均未选"/A"或"/D",则选 ASCENDING 项整个升序,选 DESCENDING 项整个降序。

例 3.17　表的分类汇总及排序。

```
USE student
TOTAL TO student_hz ON 专业 FIELDS 学号,姓名,专业
USE student_hz
LIST
USE student
SORT TO student_px ON 出生日期/D FOR 专业 = "计算机科学与技术"
SET DATE TO YMD
SET CENT ON
USE student_px
LIST
USE
```

3.4　索引

3.4.1　索引的概念

1. 记录的顺序

物理顺序：表中记录的存储顺序,用记录号表示。

逻辑顺序：表打开后被使用时记录的处理顺序。

索引：按表文件中某个关键字或表达式建立记录的逻辑顺序。它是由一系列记录号组成的一个列表,提供对数据的快速访问。索引不改变表中记录的物理顺序。表文件中的记录被修改或删除时,索引文件可以自动更新。

索引关键字（索引表达式）：用来建立索引的一个字段或字段表达式。

注意：

① 用多个字段建立索引表达式时,表达式的计算结果将影响索引的结果。

② 不同数据类型的字段构成索引表达式时,必须转换为相同的类型。

2. 索引的作用

表经过排序后,使无序记录变为有序记录,但在表中插入新记录后又会变成无序,需要重新做排序操作,又会生成新的排序文件,使用非常不方便。索引技术不对表作物理排序,不生成新表,而是通过建立表文件的索引文件从逻辑上进行排序。在索引文件中,只记入索引表达式（又称关键字）的值及其记录地址。我们要从一本书中查找内容,一种方法是从头到尾逐页查找,直到找到为止；另一种方法是通过书的目录,从目录中得到要查找内容的页号,可迅速找到该内容。索引就如同图书的目录,根据关键字值及地址,可迅速定位到该记录。表文件在使用索引文件后,既加快了查询速度,当有记录增删时还能自动对索引文件进

行调整。

3．独立索引和复合索引

（1）独立索引

如果一个索引存放在一个索引文件中，这种索引文件称为独立索引文件，扩展名为idx。如果一个表需要多种索引顺序时，使用独立索引就要建立多个索引文件，操作和维护都不方便。

（2）复合索引

如果若干个索引存放在同一个索引文件中，这种索引文件称为复合索引文件，扩展名为cdx。在复合索引文件中，如果索引文件主名与表文件主名相同，称为结构化复合索引，否则称为非结构化复合索引。使用"表设计器"建立的索引是结构化复合索引。

4．索引文件的种类

（1）主索引

主索引的关键字，其表中记录的值必须唯一。例如：学生表中，"学号"字段可作为主索引的索引关键字，因为每个学生的"学号"是唯一的，而"姓名"字段不可做主索引的索引关键字，因为可能有重名的情况。只有数据库表可以建立主索引，且一个数据库表只能建立一个主索引。

（2）候选索引

候选索引的关键字，其表中所有记录的值必须唯一。一个表可以建多个候选索引，且数据库表和自由表均可建立候选索引。

（3）普通索引

普通索引的关键字，其表中记录的值可以重复。一个表可以建多个普通索引，数据库表和自由表均可建立普通索引。

（4）唯一索引

唯一索引的索引关键字，表中记录的值可重复。但在索引文件中仅保存重复值记录的第一个。一个表可以建立多个唯一索引，数据库表和自由表均可建立唯一索引。

3.4.2　在表设计器中建立索引

前面已经介绍了索引的概念，接下来以为学生表建立学号主索引为例，讲述使用表设计器来建立主索引的方法。在打开学生表的前提下，在"显示"菜单项中选择"表设计器"命令打开"表设计器"对话框，在"表设计器"对话框中切换到"索引"选项卡，将索引名设置为xh，类型选择"主索引"，表达式选择"学号"，如图3.30所示。

排序用于指定索引中记录的排列顺序（升序或降序）。各类型数据的排序规则如下。

- 数值型：按其数值论大小。
- 字符型：按字符序列的排序先后论大小。
- 日期型：按日期论大小，日期之前的越早，日期值越小。
- 逻辑型：逻辑"假"小于逻辑"真"。
- 索引名：索引标识名，即引用该索引的名字。

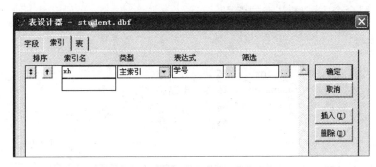

图 3.30 在表设计器中建立索引

- 类型：在一行中选择主索引，因为一个数据库表只能建一个主索引。
- 表达式：指索引关键字。多个字段组合时要求描述的表达式要符合 Visual FoxPro 6.0 表达式规则。
- 筛选：指索引中符合条件的记录对应的关系表达式。

3.4.3 利用命令窗口建立索引

1. 建立独立索引

格式：INDEX ON 索引表达式 TO 索引文件名［FOR 条件］［ASCENDING ｜ DESCENDING］［UNIQE ｜ CANDIDATE］

2. 建立复合索引

格式：INDEX ON 索引表达式 TAG 索引标识名［OF CDX 文件名］［FOR 条件］ ［ASCENDING ｜ DESCENDING［UNIQE ｜CANDIDATE］］

说明：若选"OF CDX 文件名"项，表示创建非结构化复合索引，OF 后指定的是存放该索引的文件名。

① 索引表达式：指索引关键字。

② TAG 索引标识名：指该索引存放在与表名相同的.cdx 文件中。

③ FOR 条件：指定索引过滤条件。

④ ASCENDING：索引顺序为升序。

⑤ DESCENDING：索引顺序为降序。

⑥ UNIQE：指定唯一索引。

⑦ CANDIDATE：指定候选索引。

3. 建立结构化复合索引

格式：INDEX ON 索引表达式 TAG 索引标识名［FOR 条件］［ASCENDING ｜ DESCENDING］［UNIQE ｜ CANDIDATE］

例 3.18 用命令方式建立表的索引。

```
OPEN DATA xscj
USE student
INDEX ON 出生日期 TO student_idx         && 建立独立索引
INDEX ON 专业 TAG zy OF student_cdx      && 建立非结构化复合索引
INDEX ON 性别 TAg xb OF student_cdx      && 建立非结构化复合索引
INDEX ON 姓名 TAG xm                     && 建立结构化复合索引
CLOSE ALL
```

4. 打开索引

在 Visual FoxPro 6.0 中,打开表的同时系统自动地打开结构化复合索引。主要有下面两种方法。

(1) 方法 1:打开表的同时打开索引并指定主控索引。

格式:USE [[数据库名!]表名]

[INDEX 索引文件表 [ORDER 索引序号 | [TAG]索引标识名[OF CDX 文件名][ASCENDING | DESCENDING]]

(2) 方法 2:打开表后打开索引,有下面两种格式。

格式 1:SET INDEX TO [索引文件表 | ?]

[ORDER 索引序号 | 索引文件名| [TAG]索引标识名[OF CDX 文件名][ASCENDING | DESCENDING]] [ADDITIVE]

格式 2:SET ORDER TO [索引序号 | 索引文件 | [TAG] 索引标识名 [OF CDX 文件名][ASCENDING | DESCENDING]]

例 3.19 用索引改变表中记录显示的顺序。

```
USE xscj! student index student_cdx ORDER TAG zy
LIST                              && 按专业顺序显示记录
SET INDEX TO student_idx
LIST                              && 按出生日期顺序显示记录
SET ORDER TO TAG xm              && 按姓名顺序显示记录
LIST
SET ORDER TO TAG xb OF student_cdx
LIST                              && 按性别顺序显示记录
SET ORDER TO 0
LIST                              && 按物理顺序显示记录
USE
```

5. 索引查找

建立索引的目的是为了进行快速查找。快速查找命令如下。

格式:SEEK 表达式

[ORDER 顺序号 | 索引文件名

[TAG] 索引标识名 [OF CDX 文件名] [ASCENDING | DESCENDING]]

功能：在当前表中查找内容与表达式内容相匹配的第一条记录，或确定无此记录。当找到记录时，函数 FOUND() 的值为真，函数 EOF() 的值为假；未找到时，值相反。

注意：SEEK 为索引查找，在查找前，应先打开相应的索引，或在 SEEK 命令中指定主控索引。

例 3.20 用索引改变表记录显示的顺序。

```
USE xscj!student
SET ORDER TO TAG xm
SEEK "王大可"
?FOUND()                              && 值为.T.
DISPLAY
SEEK "320060103" ORDER TAG xh
?FOUND()
DISPLAY
USE
```

6. 删除索引

格式 1：DELETE TAG 索引标识名 [OF CDX 文件名]…
格式 2：DELETE TAG ALL [OF CDX 文件名]
说明：DELETE TAG 命令表示删除复合索引文件中的索引。

3.5 工作区

3.5.1 工作区的概念

工作区就是打开的表所在的区域。每个工作区有一个编号，在工作区中打开的表都有一个别名，例如：USE student IN 1 ALIASE sx。在指定工作区中打开表用下面的命令。

格式：USE [数据库名!]表名 IN 工作区 [ALIASE 别名]

说明：在工作区中打开的表的文件名就是表的别名，也可以在打开表的同时用 ALIASE 短语指定表的别名。

使用 USE 命令打开一个表，实质是在内存中开辟一个区域，用来存放被打开表的数据。工作区就是表打开的区域。打开一个表时，若还想操作其他的表，还得使用 USE 命令去打开另一个表。然而在打开新表的同时，前一个被打开的表也就自动关闭了，这种情况称为单工作区操作。单工作区操作方式常常难以满足数据处理的需要。为此，Visual FoxPro 6.0 提供了多工作区操作方式。

- Visual FoxPro 6.0 允许同时最多开辟 32767 个工作区，打开 32767 个表，每个区某一时刻只能打开一个表。
- 用户可使用 SELECT 命令选择任意一个工作区，对该区中的表进行操作。被选择的工作区称为当前工作区。任何时刻用户只能选择一个工作区成为当前工作区。

- 对当前工作区中的表的操作，不影响其他工作区的表。
- 如果不在表之间建立关联，各工作区中表的记录指针保持相对独立。
- 32767 个工作区可以用相应的数字标识，前 10 个工作区还可用字母 A～J 标识。就是说，1 号工作区即是 A 区，2 号工作区即是 B 区，以此类推。工作区 11～32767，别名为 W11～W32767。
- 同一个表可在不同的工作区中打开。
- 系统启动后若用户没有选择工作区，则系统自动选择 1 号工作区为当前工作区。就是说，我们此前所进行的表操作都是在 1 号工作区进行的。
- 可以先选择工作区，后打开表，也可以在打开表的同时选择工作区。

3.5.2 工作区的选择

选择工作区用下面的命令。

命令格式：SELECT ＜工作区号|表别名＞

说明：工作区号为 1～32767，若为 0 则选择编号最小的可用工作区。

例 3.21 分别在第 1、2、3 工作区中打开学生表、课程表和成绩表。

```
SELECT 1
USE student
SELECT 2
USE course
SELECT 3
USE score
LIST                    && 显示 student 表中的记录。当前工作区为第一个被打开的工作区
```

也可以在 USE 命令中直接指定在哪一个工作区中打开表，命令如下：

```
OPEN DATABASE db1
USE student IN 1
USE course IN 2
USE score IN 3
```

3.6 表的关系

同一数据库的各表之间，可以通过它们存在的公共字段建立相互关系，在 Visual FoxPro 6.0 中，有永久关系与临时关系两种关系。

永久关系是数据库表之间的一种关系，不仅运行时存在，而且一直保留。表之间的永久关系是通过索引建立的。临时关系是在打开的表之间通过命令方式或在数据环境中建立的关系。建立了临时关系后，子表的记录指针会随主表记录指针的移动而移动。当表被关闭后，临时关系自动解除。

数据库中,两个表之间的关系有三种情况。

(1) 一对一关系

主表中的每一个记录只与相关表中的一个记录相关联。

(2) 一对多关系

主表中的每一个记录与相关表中的多个记录相关联(每一个主关键字值在相关表中可多次出现)。

(3) 多对多关系

两表中的每一个记录都可以在对方表中找到多个记录与之相关联。

3.6.1　表之间的永久关系

1. 创建表间的永久关系

在数据库设计器中,选择想要关联的索引名,然后把它拖到相关表的索引名上,所拖动的父表索引必须是一个主索引或候选索引。建立好关系后,这种关系在数据库设计器中会显示为一条连接两个表的直线。

注意:需先建立索引然后才能建立关系。

下面以学生信息表(student)、课程信息表(course)、成绩表(score)为例,建立三表之间的永久关系。

(1) 为表建立索引。

学生信息表(student):索引名为 xh,类型为主索引,索引表达式为学号。

课程信息表(course):索引名为 kch,类型为主索引,索引表达式为课程号。

成绩表(score):索引名为 xh,类型为普通索引,索引表达式为学号;

　　　　　　　索引名为 kch,类型为普通索引,索引表达式为课程号;

　　　　　　　索引名为 xhkch,类型为主索引,索引表达式为学号+课程号。

(2) 打开学生成绩数据库(xscj)可视化容器。

(3) 建立一对多关系。

先拖动 student 表的 xh 主索引标识到 score 表的 xh 普通索引标识上,两表之间出现一条连线。指向 student 表的 xh 主索引标识为单线,score 表的 xh 普通索引标识一头连线为三个分叉线,三个分叉线这一头对应的表为多方。用同样的方法建立 course 表与 score 表之间的一对多关系。结果如图 3.31 所示。

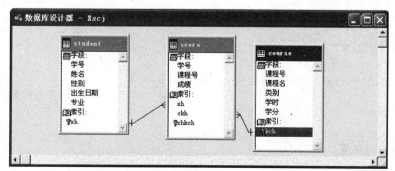

图 3.31　student 表、score 表、course 表之间的永久关系

2．删除表间的永久关系

在数据库设计器中，单击两表间的关系线，关系线变粗，表明已选择了该关系，按 Delete 键或右击，在弹出的快捷菜单中选择"删除关系"命令。

3．编辑关系

选中所需关系线后右击，从弹出的快捷菜单中选择"编辑关系"命令，在"编辑关系"对话框中改选其他相关表索引名。

4．建立"参照完整性"

在数据库容器中，选择已建立的永久关系后右击，在弹出的快捷菜单中选择"参照完整性"命令，则打开"参照完整性生成器"对话框，在其中进行参照完整性的设置。

3.6.2　表之间的临时关系

1．用命令创建临时关系

格式：SET RELATION TO［字段表达式 1 INTO 工作区 1｜表别名 1
　　　　　［，字段表达式 2 INTO 工作区 2｜表别名 2，…］
　　　　　［ADDITIVE］］

功能：以当前打开表的字段表达式与 INTO 指定的工作区中表的主控索引建立关联。

说明：

① 建立临时关系，是在主表的字段与子表的主控索引之间建立。

② ADDITIVE 表示保留当前工作区中所有已存在的关系并创建指定的新关系。如果命令中不包括 ADDITIVE 子句，将断开当前工作区中的所有关系，然后再创建指定的关系。

注意：在建立关系之前，必须打开一个表（父表），而且必须在另一个工作区内打开其他表（子表）。相关的各表通常有一个相同的字段。

例 3.22　学生成绩数据库三表信息联动浏览。

```
OPEN DATABASE xscj
USE student IN 0 ORDER TAG xh
USE course IN 0 ORDER TAG kch
USE score IN 0
SELECT score
SET RELATION TO 学号 INTO student
SET RELATION TO 课程号 INTO course ADDITIVE
LIST FIELDS 学号,student.姓名,课程号,course.课程名,成绩
                              && 主窗口显示结果如图 3.32 所示
CLOSE DATABASE
```

2．解除临时关系

解除临时关系命令如下。

记录号	学号	Student->姓名	课程号	Course->课程名	成绩
1	320060101	张海洋	0101	高等数学	87
2	320060102	杨帆	0101	高等数学	78
3	320060103	任高飞	0101	高等数学	90
4	320060118	谭雪	0101	高等数学	50
5	320060101	张海洋	0102	C语言程序设计	76
6	320060102	杨帆	0102	C语言程序设计	88
7	320060103	任高飞	0102	C语言程序设计	95
8	320060119	杨帆	0102	C语言程序设计	69
9	320060102	杨帆	0103	数据结构	85
10	320070401	王大可	0103	数据结构	90
11	320070402	张敬之	0103	数据结构	71
12	320080109	王楠	0104	计算机组成原理	65
13	320080111	刘欢	0104	计算机组成原理	89
14	320080112	李佳宁	0104	计算机组成原理	77
15	320060101	张海洋	0105	操作系统	83
16	320060102	杨帆	0105	操作系统	67
17	320070401	王大可	0201	计算机控制	82
18	320070402	张敬之	0201	计算机控制	75
19	320080109	王楠	0202	电子商务	70
20	320080111	刘欢	0202	电子商务	53
21	320080112	李佳宁	0202	电子商务	81

图 3.32　学生成绩数据库三表信息联动浏览结果

格式 1：SET RELATION TO

格式 2：SET RELATION OFF

说明：使用此命令前先要进入建立关联时主表所在的工作区。

在关闭数据库和关闭表时，表的临时关系同时解除。

3. 在数据环境中创建临时关系

在表单设计界面上，可在表单中加入数据环境对象，在数据环境中可视化地建立临时关系。方法如下：

右击表单设计界面，在弹出的快捷菜单中选择"数据环境"命令，添加要建立关系的表，拖动主表的指定字段到子表的主控索引标识上，即建立临时关系。

这样，当表单启动时，数据环境中的临时关系被建立；表单释放时，数据环境中的临时关系被撤销。

3.7　数据库完整性

数据库完整性（database integrity）是指数据库中数据的正确性和相容性。数据库完整性由各种各样的完整性约束来保证，因此可以说数据库完整性设计就是数据库完整性约束的设计。数据库完整性约束可以通过 DBMS 或应用程序来实现，基于 DBMS 的完整性约束作为模式的一部分存入数据库中。通过 DBMS 实现的数据库完整性按照数据库设计步骤进行设计，而由应用软件实现的数据库完整性则纳入应用软件设计。

3.7.1　实体完整性与主关键字

实体完整性要求每一个表中的主键字段都不能为空或者重复的值。实体完整性指表中行的完整性，它要求表中的所有行都有唯一的标识符，称为主关键字。主关键字是否可以修改，或整个列是否可以被删除，取决于主关键字与其他表之间要求的完整性。

实体完整性规则规定基本关系的所有主关键字对应的主属性都不能取空值。例如,在学生选课的关系——选课(学号,课程号,成绩)中,由学号和课程号共同组成为主关键字,则学号和课程号两个属性都不能为空。因为没有学号的成绩或没有课程号的成绩都是不存在的。

对于实体完整性,有如下规则。

(1)实体完整性规则针对基本关系。一个基本关系表通常对应一个实体集,例如,学生关系表对应学生集合。

(2)现实世界中的实体是可以区分的,它们具有一种唯一性质的标识。例如,学生的学号、教师的职工号等。

在关系模型中;主关键字作为唯一的标识,且不能为空。

为了使设计的数据库具有使用价值,必须在设计表结构时,为关系指定主关键字。下面对于我们现在设计的学生表进行实体完整性测试。例如,在打开学生表的前提下,在命令窗口中输入下面的命令:

```
APPEND BLANK                    && 追加一条空记录
REPLACE 姓名 with "钟婷",专业 with "计算机科学与技术"
LIST                           && 主窗口显示结果如图 3.33 所示
```

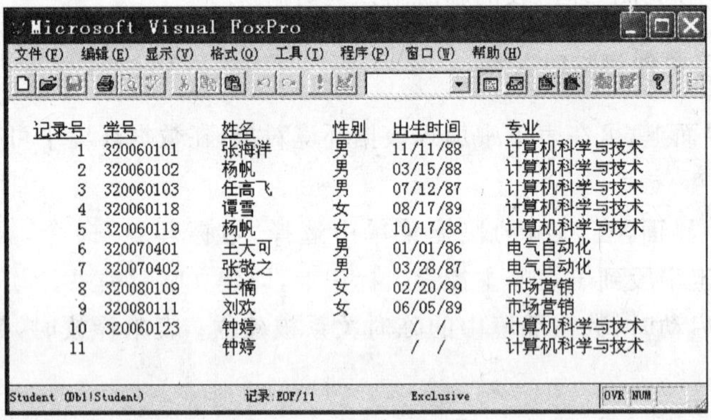

图 3.33　学号可以为空

接下来在打开学生表的前提下输入如下命令:

```
APPEND BLANK                    && 追加一条空记录
REPLACE 学号 with "320060123",姓名 with "钟婷",专业 with "计算机科学与技术"
LIST                           && 主窗口显示结果如图 3.34 所示
```

通过上述两个测试可以看出,我们原来设计的学生表中的主关键字学号既可以不唯一,又可以为空值,结论就是这个表结构不符合实体完整性的约束,需要改进。

1. 解决学号不唯一的问题

方法:在 Visual FoxPro 6.0 中,为学生表的学号字段建立主索引,步骤如下。

(1)以独占方式打开学生表。

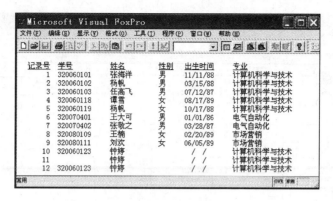

图 3.34 学号不唯一

(2) 删除学生表中使学号不唯一或学号为空的记录。

(3) 打开表设计器。

(4) 切换到"索引"选项卡,将索引名设置为 main,索引类型设置为"主索引",在"表达式"文本框中输入将作为主索引的字段名"学号"或者单击其右边的按钮选择"学号"。这时我们再次进行测试,在命令窗口输入命令:

```
APPEND BLANK                        && 追加一条空记录
REPLACE 学号 with "320060123",姓名 with "钟婷",专业 with "计算机科学与技术"
```

这时系统不允许增加一条学号有重复值的记录,并会弹出一个对话框,如图 3.35 所示。

图 3.35 索引不唯一对话框

2. 解决学号为空的问题

方法:如果学生表为自由表,先将学生表增加至数据库 xscj,然后按下面步骤进行。

(1) 以独占方式打开学生表。

(2) 如果表中有学号不唯一或学号为空的记录先将其删除。

(3) 打开表设计器。

(4) 切换到"字段"选项卡,如图 3.36 所示。选择"学号"字段,在右边"字段有效性"设置中单击"规则"右侧的按钮,则会弹出"表达式生成器"对话框,如图 3.37 所示。

(5) 在"表达式生成器"对话框中,有"函数"、"字段"、"变量"等选项组来帮助我们设置字段有效性规则。在本例中,可以先在"字段"下面的列表框中双击"学号"选项,然后在"函数"选项组的"逻辑"下拉列表框中双击表示"不等于"的运算符"<>",接下来在英文输入状态下输入一对双引号,并在该双引号中间输入一个空格,如图 3.37 中选项"有效性规划"下面文本框所示。最后单击"确定"按钮完成字段有效性的设置。

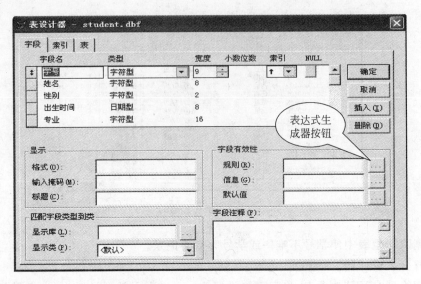

图 3.36 设置字段有效性

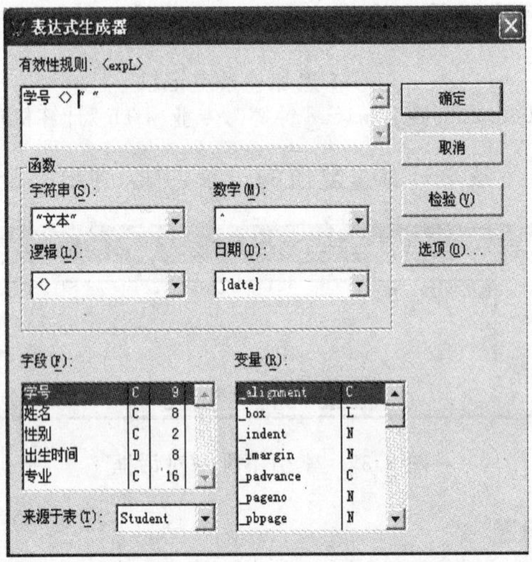

图 3.37 "表达式生成器"对话框

此时可以再次进行测试,在命令窗口输入命令:

APPEND BLANK   && 追加一条空记录

这时系统不允许增加一条学号值为空的记录,并会弹出一个对话框,如图 3.38 所示。

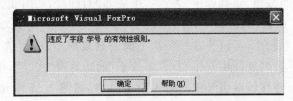

图 3.38 违反学号字段有效性对话框

可以看到，经过前面的设置，完善了数据库 xscj 中的学生表，使其满足了实体完整性的约束。总之，完整性是由数据库设计者设置，由数据库管理系统（这里可以简单理解为 Visual FoxPro 系统）自动执行，用来避免非法数据进入数据库的一种机制。

3.7.2 域完整性与约束规则

域完整性又叫用户自定义完整性，指字段的值域的完整性，如数据类型、格式、值域范围等。域完整性限制了某些属性中出现的值，即把属性值限制在一个有限的集合中。例如，在学生管理系统中，学生的成绩表中有成绩字段，在百分制的约束下，该字段应设置为 0～100 之间。在 Visual FoxPro 中，设置的方法就是在表设计器中设置字段的有效性，如果将字段的有效性规则设置为成绩大于等于 0 并且成绩小于等于 100，系统会自动地拒绝，并弹出类似图 3.38 所示的对话框。

3.7.3 参照完整性与表之间的关联

当对一个表中的数据进行更新、删除或插入操作时，通过参照引用相互关联的另一个表中的数据，来检查对表的数据操作是否正确。

简单地说参照完整性就是表间主键与外键的关系。对于两个关系 R 和 S，若 R 中存在属性 F 是关系 R 的外码，它与关系 S 的主码 K 相对应（R 和 S 不一定是不同的关系），则对于 R 中每个元组在 F 上的值必须为空值或者等于 S 中某个元组的主码值。

参照完整性属于表间规则。对于具有永久关系的两个表，在更新、插入或删除记录时，如果只改其一不改其二，就会影响数据的完整性。例如：修改父表中关键字值后，子表关键字值未作相应改变；删除父表的某记录后，子表的相应记录未删除，致使这些记录成为孤立记录；对于子表插入的记录，父表中没有相应关键字值的记录；等等。对于这些设计表间数据的完整性，统称为参照完整性。

参照完整性则是相关联的两个表之间的约束。具体地说，就是子表中每条记录外键的值必须是主表中存在的。因此，如果在两个表之间建立了关系，则对一个关系进行的操作要影响到另一个表中的记录。

3.7.4 数据库表触发器

触发器是一种特殊类型的存储过程，当在指定表中对数据进行插入、删除或修改操作时，触发器会生效。触发器可以查询其他表，而且可以包含复杂的 SQL 语句。它们主要用于强制复杂的业务规则或要求。

触发器还有助于强制引用完整性，以便在添加、更新或删除表中记录时保留表之间已定义的关系。然而，强制引用完整性的最好方法是在相关表中定义主键和外键约束。如果使用数据库关系图，则可以在表之间创建关系以自动创建外键约束。在数据库中，当打开表设计器后切换到"表"选项卡时会看到下面窗口，如图 3.39 所示。在这个窗口中进行记录有效性设置可约束域完整性，触发器的设置，可以实现数据库的参照完整性。

（1）插入触发器：当向该表插入或追加记录时触发，执行插入触发器框中指定的条件表达式或用户自定义函数。

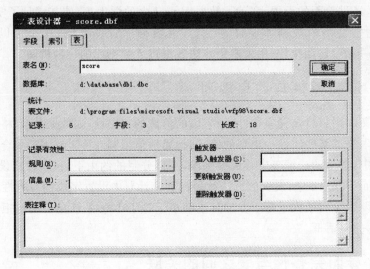

图 3.39   数据库表触发器

（2）更新触发器：当修改表记录时产生。执行更新触发器框中指定的条件表达式或用户自定义函数。

（3）删除触发器：当删除表记录时产生。执行删除触发器框中指定的条件表达式或用户自定义函数。

习题三

一、单项选择题

1. 下列四项中,不属于数据库特点的是(　　)。

A. 数据共享　　　　　　　　　　　B. 数据完整性

C. 数据冗余很高　　　　　　　　　D. 数据独立性高

2. 对于数据库,说法(　　)是错误的。

A. 数据库是一个容器

B. 自由表和数据库表的扩展名都为 dbf

C. 自由表的表设计器和数据库表的表设计器是不一样的

D. 数据库表的记录数据保存在数据库中

3. 关于向数据库添加表,下列说法中不正确的是(　　)。

A. 可以将一个自由表添加到数据库中

B. 可以将一个数据库表直接添加到另一个数据库中

C. 可以在项目管理器中将自由表拖放到数据库中使它成为数据库表

D. 将一个数据库表从一个数据库移至另一个数据库,则必须先使其成为自由表

4. 创建数据库后,系统自动生成的三个文件的扩展名分别为(　　)。

A. pjx、pjt、prg　　　　　　　　　　B. dbc、dct、dcx

C. fpt、frx、fxp　　　　　　　　　　D. dbc、sct、scx

5. 在 Visual FoxPro 系统中,"DBF"文件称为(　　)。

A. 数据库文件　　　　B. 表文件　　　　C. 程序文件　　　　D. 项目文件

6. 在 Visual FoxPro 中的"表"是指(　　)。

A. 报表　　　　　　　B. 关系　　　　　C. 表格控件　　　　D. 表单

7. 若 XS 表包含 50 条记录,在执行 GO TOP 命令后(　　)命令不能显示所有记录。

A. LIST ALL　　　　　　　　　　　　B. LIST REST

C. LIST NEXT 50　　　　　　　　　　D. LIST RECORD 50

8. 为当前表中所有学生的总分增加 10 分,可以使用的命令是(　　)。

A. CHANGE 总分 WITH 总分+10

B. REPLACE 总分 WITH 总分+10

C. CHANGE ALL 总分 WITH 总分+10

D. REPLACE ALL 总分 WITH 总分+10

9. 建立索引时,(　　)字段不能作为索引字段。

A. 字符型　　　　　　B. 数值型　　　　C. 备注型　　　　　D. 日期型

10. 允许出现重复字段值的索引是(　　)。

A. 候选索引和主索引　　　　　　　　B. 普通索引和唯一索引

C. 候选索引和唯一索引　　　　　　　D. 普通索引和候选索引

11. 在 Visual FoxPro 中,关系数据库管理系统所管理的关系是(　　)。

A. 一个 DBF 文件　　　　　　　　　B. 一个 DBC 文件

C. 若干个二维表　　　　　　　　　　D. 若干个 DBF 文件

12. 储蓄所有多个储户,储户在多个储蓄所存取款,储蓄所与储户之间是(　　)。

A. 一对一的联系　　　　　　　　　　B. 一对多的联系

C. 多对一的联系　　　　　　　　　　D. 多对多的联系

13. 以下关于关系的说法正确的是(　　)。

A. 列的次序非常重要　　　　　　　　B. 行的次序非常重要

C. 列的次序无关紧要　　　　　　　　D. 关键字必须指定为第一列

14. 如果指定参照完整性的删除规则为"级联",则当删除父表中的记录时(　　)。

A. 系统自动备份父表中被删除的记录到一个新表中

B. 若子表中有相关记录,则禁止删除父表中记录

C. 会自动删除子表中所有相关记录

D. 不作参照完整性检查,删除父表记录与子表无关

15. 执行 USE course IN 0 命令的结果是(　　)。

A. 选择 0 号工作区打开 course 表　　　B. 选择空闲的最小号工作区打开 course 表

C. 选择第 1 号工作区打开 course 表　　D. 显示出错信息

16. 下面有关索引的描述正确的是(　　)。

A. 建立索引以后,原来的数据库表文件中记录的物理顺序将被改变

B. 索引与数据库表的数据存储在一个文件中

C. 创建索引是创建一个指向数据库表文件记录的指针构成的文件

D. 使用索引并不能加快对表的查询操作

17. 若所建立索引的字段值不允许重复,并且一个表中只能创建一个,它应该是(　　)。

A. 主索引　　　　　　B. 唯一索引　　　C. 候选索引　　　　D. 普通索引

18. 参照完整性的规则不包括(　　)。

A. 更新规则　　　　　B. 删除规则　　　C. 插入规则　　　　D. 检索规则

19. 一个数据库名为 student,要想打开该数据库,应使用命令(　　)。

A. OPEN student　　　　　　　　　B. OPEN DATA student

C. USE DATA student　　　　　　　D. SE student

20. 如果一个班只能有一个班长,而且一班长不能同时担任其他班的班长,则班级和班长两个实体之间的关系属于(　　)。

A. 一对一联系　　　　　　　　　　B. 一对二联系

C. 多对多联系　　　　　　　　　　D. 一对多联系

21. 在 Visual FoxPro 中,在命令窗口输入"CREATE DATABASE"命令,系统产生的结果是(　　)。

A. 系统会弹出"打开"对话框,请用户选择数据库名

B. 系统会弹出"创建"对话框,请用户输入数据库名并保存

C. 系统会弹出"保存"对话框,请用户输入数据库名并保存

D. 出错信息

22. 要将数据库表从数据库中移出成为自由表,可使用命令(　　)。

A. DELETE TABLE <数据表名>　　　B. REMOVE TABLE <数据表名>

C. DROP TABLE <数据表名>　　　　D. RELEASE TABLE <数据表名>

23. 在 Visual FoxPro 中,每一个工作区中最多能打开数据表的数量是(　　)。

A. 1个　　　　　　　　　　　　　B. 2个

C. 35535 个　　　　　　　　　　　D. 任意个,根据内存资源而确定

24. 如果在命令窗口执行命令:"LIST 名称",主窗口中显示:

```
记录号    名称
1         电视机
2         计算机
3         电话线
4         电冰箱
5         电线
```

假定名称字段为字符型、宽度为 6,那么下面程序段的输出结果是(　　)。

```
GO 2
SCAN NEXT 4 FOR LEFT(名称,2) = "电"
IF RIGHT(名称,2) = "线"
EXIT
ENDIF
ENDSCAN
?名称
```

A. 电话线　　　　　B. 电线　　　　　C. 电冰箱　　　　D. 电视机

25. 执行命令"INDEX on 姓名 TAG index_name"建立索引后,下列叙述错误的是(　　)。

A. 此命令建立的索引是当前有效索引

B. 此命令所建立的索引将保存在.idx文件中

C. 表中记录按索引表达式升序排序

D. 此命令的索引表达式是"姓名",索引名是"index_name"

二、填空题

1. 在 Visual FoxPro 6.0 中所谓自由表就是那些不属于任何_____的表。

2. Visual FoxPro 6.0 系统中,索引可以分为_____、_____、_____和_____。

3. 表文件中的记录的存放顺序,称为_____顺序。

4. 为表建立主索引或候选索引可以保证数据的_____完整性。

5. 在 Visual FoxPro 6.0 参照完整性中,"插入规则"包括"限制"和_____。

6. Visual FoxPro 6.0 允许同时最多开辟_____个工作区。

7. 在 Visual FoxPro 中,建立数据库表时,将年龄字段值限制在18~45岁之间的这种约束属于_____完整性约束。

8. Visual FoxPro 数据库系统所使用的数据的逻辑结构是_____。

9. 参照完整性规则是对_____的约束。

10. 在 Visual FoxPro 中,职工表 EMP 中包含有通用型字段,表中通用型字段中的数据均存储到另一个文件中,该文件名为_____。

11. 在 Visual FoxPro 中,LOCATE ALL 命令按条件对某个表中的记录进行查找,若找不到满足条件的记录,函数 EOF()的返回值应是_____。

12. 在 Visual FoxPro 中,建立索引的作用之一是提高_____速度。

13. 在 Visual FoxPro 中,数据库表中不允许有重复记录是通过指定_____来实现的。

14. 在 Visual FoxPro 中,数据库表 student 中的通用型字段的内容将存储在_____文件中。

15. 有一学生表文件,且通过表设计器已经为该表建立了若干普通索引。其中一个索引的索引表达式为姓名字段,索引名为 xm。现假设学生表已经打开,且处于当前工作区中,那么可以将上述索引设置为当前索引的命令是_____。

16. 在 Visual FoxPro 中,彻底删除表中的记录,通常需要分两个步骤来完成:逻辑删除与物理删除。彻底删除表中带有删除标记的记录可使用_____命令。

17. 在 Visual FoxPro 中,每个表最多可以有_____个字段。

18. 已知某数据库中有学生表和成绩表,且两张表之间已经建立了参照完整性(学生表为主表,成绩表为子表)。如果将学生表中的某位学生的记录删除,要求该学生在成绩表中的所有成绩记录将自动全部删除,则两表之间的参照完整性设置是_____。

19. 某城市机动车驾驶员登记表(JDCJS)中含有驾驶证号(jzh)等字段。但由于录入人员的差错,包含了一些重复的记录(jzh 字段的值有重复),影响了统计结果。完善下列程序,使其可以物理删除该表中的重复数据。

```
USE JDCJS
INDEX ON jzh TAG jzh          && 相同的驾驶证号记录将相邻排列
GO TOP
```

```
last_jzh = jzh
SKIP
DO WHILE ! EOF( )
IF jzh = last_jzh
  DELETE
ELSE

  _____
ENDIF
SKIP
ENDDO
PACK
```

20. 表间永久性联系不能控制不同工作区中_____的联动,要实现联动功能,需要建立表之间的_____。

Visual FoxPro的可视化编程

Visual FoxPro 是一种面向对象的程序设计语言,其中表单是最经常使用的一种对象。表单的应用十分广泛,它给用户提供了一个友好的操作界面,用于数据的输入、修改、浏览、查询,以及系统流程的控制。因此,表单的设计是面向对象可视化编程的基础。

本章首先介绍面向对象的若干基本概念、可视化编程的基本步骤等知识,然后介绍利用表单向导和表单设计器来建立和编辑表单的方法和技巧,最后通过大量实例详细讲解常用控件的使用方法。

4.1 对象及其使用

对于任何一种面向对象的程序设计语言,其程序的核心都是由对象以及响应各种事件的代码组成。在 Visual FoxPro 中不仅提供了大量的控件对象,还可以创建自定义的对象,为应用程序的开发带来了方便。

4.1.1 对象与类

1. 对象与类的概念

(1) 对象

一般意义上讲,对象(object)指客观世界中实际存在的事物,它可以是有形的,也可以是无形的。例如,一个人可以是一个对象,一条信息可以是一个对象,一家图书馆也可以是一个对象,甚至,整个客观世界可认为是一个最复杂的对象。

而面向对象方法中的对象,是系统中用来描述客观事物的一个实体,是构成系统的一个基本单位。对象由一组属性和一组行为构成。属性用来描述对象的静态特征,行为用来描述对象的动态特征。

(2) 类

把众多的事物按照功能和性质等进行归纳、划分而形成一些类(class),是人类在认识客观世界时经常采用的思维方法。分类所依据的原则是抽象,即忽略事物的非本质特征,抓住本质特征,从而找出事物的共性,把具有共同性质的事物划分为一类,得出一个抽象的概念。

而面向对象方法中的"类",是具有相同属性和操作的一组对象的集合。类是对一个或几个相似对象的描述,其内部包括属性和行为两个主要部分。类是对象的模板,而对象是类的实例(instance)。

2．Visual FoxPro 的基类

Visual FoxPro 系统本身提供了一些类，称为基类。基类包括容器类和控件类。容器类是其他对象的集合，如表格、选项按钮组等；控件类是单一的对象，不包含其他对象，如命令按钮、文本框等。所以 Visual FoxPro 有两种对象：容器类对象和控件类对象。控件类基类和容器类基类的名称如表 4.1 和表 4.2 所示。

表 4.1　常用的控件类基类名称

名　称	说　明	名　称	说　明
Label	标签类	Timer	计时器类
CommandButton	命令按钮类	Spinner	微调控制类
TextBox	文本框类	Image	图像类
EditBox	编辑框类	Line	线条类
CheckBox	复选框类	Separator	分割器类
ListBox	列表框类	Shape	形状类
ComboBox	组合框类		

表 4.2　常用的容器类基类名称

名称	中文名称	说　明
Column	表格中的列类	可包含 Header 和除 Form、FormSet、ToolBar、Timer 其他表格列外的任意对象
CommandGroup	命令按钮组类	可包含 CommandButton 对象
Container	容器类	可包含任意控件
Form	表单类	可以包含任意控件、PageFrame、Container 和 Custom 对象
FormSet	表单集类	可以包含 Form 和 ToolBar
Grid	表格类	可以包含 Column 对象
OptionGroup	选项按钮组类	可以包含 OptionButton 对象
PageFrame	页框类	可以包含 Page 对象
Page	页类	可以包含任意控件对象
ToolBar	工具栏类	可以包含任意控件、PageFrame 和 Container 对象

（1）容器类

容器类是可以包含其他类的基类，将容器类的对象加入表单后，在设计或运行时既可以将容器类的对象作为一个整体进行操作，也可以分别对容器中包含的对象进行处理。

一个容器类对象所包含的对象本身也可以是容器类对象，如图 4.1 所示，在表单 Form1 中包含了页框，页框中包含不同的页面，页面又包含不同控件，这样就形成了对象的嵌套层次关系。在这种情况下，用户要访问某一个控件时，需要指明对象在嵌套层次中的位置。

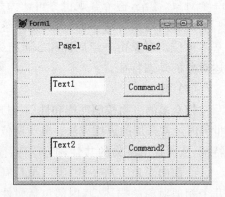

图 4.1　容器类和控件类控件示例

（2）控件类

控件类是可以包含在容器类中的基类，是一个图形化且能与用户进行交互的对象。控件类不能包含其他对象。在如图 4.1 所示的表单中，表单 Form1、页框 PageFrame1 以及页框中的页控件 Page1 和 Page2 都是容器类控件对象，Form1 中包含 PageFrame1、Text2 和 Command2；而页框 PageFrame1 中包含 Page1 和 Page2。Page1 中还包含 Text1 和 Command1 控件。文本框 Text1、Text2、命令按钮 Command1 和 Command2 都是控件类的对象，不能包含其他控件对象。

3．对象的引用

在面向对象的程序设计中常常需要引用对象、对象的属性、事件或方法程序，在对象引用的过程中一定要注意当前位置以及同其他对象之间的对应关系。对象引用是从正在编写事件代码的对象出发，通过逐层向高一层或低一层直到要引用的对象。在引用对象时，经常要用到一些关键字，如表 4.3 所示。

表 4.3　相对引用的参照关键字

参照关键字	说　明	参照关键字	说　明
Parent	当前对象的父对象	ThisForm	当前对象所在的表单
This	当前对象	ThisFormSet	当前对象所在的表单集

下面介绍对象的引用方法。

（1）引用格式：在引用的关键字后面跟一个点号，再写出被引用对象或者对象的属性、事件或方法程序。例如：

```
this.caption                    && 本对象的 Caption 属性
thisform.refresh                && 本表单的 Refresh 方法程序,刷新本表单
```

（2）多级引用时必须逐级写明。例如：

```
thisform.command1.caption       && 本表单的 Command1 命令按钮的 Caption 属性
this.command1.click             && 本对象的 Command1 命令按钮的 Click 事件
```

（3）控件也可以引用包含它的容器。

格式：control.parent

例如，

```
this.parent.command1.caption    && 表示引用该对象的容器对象(如图 4.1 所示)中命令按钮
                                &&Command1 的 Caption 属性
```

例 4.1　对象引用方法的演示。

（1）创建表单

① 创建空白表单 Form1，选择"表单控件"工具栏中的"页框"控件，在 Form1 中单击，产生"页框"容器对象 PageFrame1，同时自动加入两个"页面"对象 Page1 和 Page2。

② 右击"页框"对象 PageFrame1，在弹出的快捷菜单中选择"编辑"命令，这时"页框"对象 PageFrame1 的周围有一个阴影虚框，表示当前已进入页框容器中，这时才可以对页框中

的对象进行编辑操作。系统默认当前为 Page1 对象,如果要选择 Page2 对象,则单击 Page2 对象的标签。

③ 选中 Page1 对象,选择"表单控件"工具栏中的"文本框"控件,在"页面"对象 Page1 上单击,生成"文本框"对象 Text1。再选择"表单控件"工具栏中的"命令按钮"控件,在"页面"对象 Page1 中单击,生成"命令按钮"对象 Command1。

④ 单击表单空白处,使当前容器变为 Form1,在表单的下部加入文本框 Text2 和命令按钮 Command2,如图 4.1 所示。

（2）编写事件代码

① 命令按钮 Command1 的 Click 事件代码

```
this.parent.text1.value = 200
this.parent.parent.parent.text2.value = 400
thisform.refresh
```

② 命令按钮 Command2 的 Click 事件代码

```
temp = thisform.text2.value
thisform.text2.value = thisform.pageframe1.page1.text1.value
thisform.pageframe1.page1.text1.value = temp
thisform.refresh
```

（3）运行表单

单击命令按钮 Command1,文本框 Text1 和 Text2 分别被赋值 200 和 400;单击命令按钮 Command2 后,Text1 和 Text2 的值互换。

4.1.2　对象的属性、事件与方法

Visual FoxPro 的控件是具有自己的属性、事件和方法的对象,可以把属性看作对象的性质,把事件看做对象的响应,把方法看作对象的动作,它构成了对象的三要素。

1. 属性

Visual FoxPro 程序中的对象都有许多属性,是用来描述和反映对象特征的参数,对象中的数据就保存在属性中。例如,控件的名称（Name）、标题（Caption）、颜色（Color）、字体（FontName）、是否可见（Visible）等属性决定了对象展现给用户的界面具有何种外观和功能。

可以通过以下两种方法设置对象的属性。

（1）在设计阶段利用属性窗口直接设置对象的属性。

（2）在程序代码中通过赋值语句实现,其格式为:

对象.属性＝属性值

例如,给一个对象名为 Command1 的命令按钮的 Caption 属性赋值为"确定",在程序代码中的书写形式为:

```
command1.caption = "确定"
```

Visual FoxPro 对象的常用属性如表 4.4 所示。

表4.4 对象的常用属性

属　　性	作　　用
Caption	标题文本
Name	对象引用名
Value	存放的值
ForeColor	设置对象的前景颜色
BackColor	设置对象的背景颜色
FontName	指定文本显示字体名
FontSize	指定文本显示字体大小
Enabled	是否允许操作
Visible	是否可见
ReadOnly	是否只读
Height,Width,Left,Top	指定对象的高度、宽度、起点位于容器左边和上边的单位距离。度量单位由 ScaleMode 指定
ControlSource	确定对象的数据源。一般为表的字段名
TabIndex	对象在表单中 Tab 键的选取顺序或页上控件的选取顺序
Comment	注释

2. 事件

对象的事件是对象的动作和行为。Visual FoxPro 中对象的事件可通过用户操作鼠标、键盘、程序代码或系统触发。只有当事件发生时,事件的程序才会运行。如果没有任何事件发生,则整个程序就处于停滞状态。如在例 4.1 中,运行表单后,如果什么也不做,则程序处于停顿状态。单击命令按钮 Command2,则触发该命令按钮的 Click 事件,其内部的代码得到执行,即将两个文本框中的数值进行交换。所以说,Visual FoxPro 程序是由事件驱动的程序。

程序触发事件相当于调用该事件的代码并执行。格式:

对象引用名. 事件名

例如,调用当前表单中的命令按钮 Command1 的单击(Click)事件,代码如下:

```
ThisForm.Command1.Click
```

(1) 常用事件

Visual FoxPro 对象常用的事件分为鼠标事件、键盘事件、改变对象内容事件、对象的焦点事件、表单事件等,如表 4.5 所示。如果没有为对象的某些事件编写代码,当事件发生时系统将不会发生任何操作。比如,不给命令按钮添加任何代码,运行时,用户即使单击该命令按钮,也不会产生任何操作。在设计时,要为一个对象的某个事件添加代码,需要双击该对象,即会弹出代码窗口,如图 4.2 所示。

在该窗口上方的“过程”下拉列表中选择事件名称,在下方添加所需的代码。

(2) 事件发生的顺序

在编写事件代码时,要考虑事件发生的顺序。

① 启动时表单及表单控件触发的顺序如表 4.6 所示。

表 4.5　对象的常用事件

事　件	说　明
Click	在对象上单击时产生的事件
DblClick	在对象上双击时产生的事件
RightClick	在对象上右击时产生的事件
MouseMove	在对象上移动鼠标时产生的事件
MouseDown	当鼠标指针指向对象并按下鼠标左键时触发的事件
MouseUP	当释放鼠标左键时触发的事件
DragDrop	用鼠标拖动对象时产生的事件
KeyPress	单击键盘的某一键时产生的事件。通常对获取焦点的对象,当按下键盘键并放开时触发 Keypress 事件
InteractiveChange	当用户操作改变对象内容时交互触发此事件
GotFocus	对象得到焦点时产生的事件。注意:只有对象的 Enabled 和 visible 属性为".T."时,对象才能获得焦点
LostFocus	对象失去焦点时产生的事件
When	对象得到焦点之前产生的事件。如果 when 事件返回值为".T.",则对象可获取焦点;否则对象不能获取焦点
Valid	对象失去焦点之前产生的事件。若 valid 返回值为".T.",对象才可失去焦点;否则对象不会失去焦点
Load	在创建表单集或表单之前触发,其事件过程代码常用于表单集或表单的初始化工作
UnLoad	释放表单集或表单之前被触发的最后一个事件。在触发该事件之前先触发表单或表单集的 Destroy 事件,使对象无效
Resize	调整对象大小时产生的事件
Activate	当激活表单、表单集、页和工具栏对象时产生的事件,通常可在调用对象的 Show 方法时触发该事件用来激活或显示对象
DeActivate	当一个容器对象不再处于活动状态时产生的事件
Destrg	当对象释放时产生的事件,常见于当激活新对象时,触发原活动对象的 Deactivate 事件,同时触发新对象的 Activate 事件

表 4.6　启动时表单及表单控件触发的顺序

对　象	事　件	说　明
数据环境	BeforeOpenTables	表单、表单集和报表中的数据环境包含的表或视图打开前触发
表单集	Load	创建表单集之前触发
表单	Load	创建表单之前触发
数据环境临时表	Init	创建数据环境临时表时触发
数据环境	Init	创建数据环境时触发
控件对象	Init	容器中对象的 Init 事件在容器的 Init 事件之前触发
表单集	Activate	当激活表单集对象时触发
表单	Activate	当激活表单对象时触发
控件对象	When	属性 TabIndex=1 的对象在控件接收焦点之前触发
表单	GotFocus	当对象接收焦点时触发
控件对象	GotFocus	属性 TabIndex=1 的对象接收焦点时触发
控件对象	Message	属性 TabIndex=1 的对象接收焦点后触发

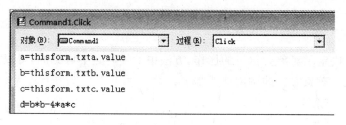

图 4.2　对事件编写代码的窗口

② 当对象得到焦点时的事件触发顺序

- When 事件
- GotFocus 事件
- Message 事件

③ 当对象失去焦点时的事件触发顺序

- Valid 事件
- LostFocus 事件

④ 表单释放时的事件触发顺序

- 表单的 QueryUnload 事件
- 表单集的 Destroy 事件
- 表单的 Destroy 事件
- 控件的 Destroy 事件
- 表单的 UnLoad 事件
- 表单集的 UnLoad 事件
- 数据环境的 AfterCloseTables 事件
- 数据环境的 Destroy 事件
- 数据环境临时表的 Destroy 事件

⑤ 同一事件触发的顺序

如果是同一个事件,触发的顺序是从内层的对象到外层的容器,内层如果有事件就触发,若没有则看其外面一层,以此类推。

值得注意的是,在运行表单或表单集时,首先发生的是 Load 事件,在 Load 事件发生时还没有创建任何对象,因此在 Load 事件中不能对对象作任何处理。例如,在表单的 Load 事件中为表单中的文本框等控件设置属性是错误的。

另外,表单中任一对象的 Init 事件,发生在表单的 Init 事件之前,所以可以在表单的 Init 事件代码中设置表单中的诸如文本框之类的控件的属性。

（3）事件循环

Visual FoxPro 中用 READ EVENTS 命令建立循环,用 CLEAR EVENTS 命令终止循环。

利用 Visual FoxPro 设计应用程序时,必须创建事件循环,否则不能正常运行。READ EVENTS 命令通常出现在应用程序的主程序中,同时必须保证主程序调出的界面中有发出 CLEAR EVENTS 命令的机制,否则程序将进入死循环。

3. 方法

对象的方法决定了对象要执行的操作,方法中的代码是不可见的,可以通过调用方式来使用对象的方法。对象方法的调用格式如下:

　　对象引用.方法名

或

　　对象引用.方法名([参数名表])

例如,

```
thisform.release && 释放当前执行的表单
```

值得注意的是,有返回值的方法必须用圆括号结尾,传递给方法的参数必须将参数放在方法名后面的括号中。对象的常用方法如表 4.7 所示。

表 4.7　对象的常用方法

方　法	作　用
Refresh	刷新对象的屏幕显示
SetFocus	把焦点移到该对象
SetAll(属性,值[,类])	为容器中所有(或某类)控件的属性赋值

4.1.3　Visual FoxPro 可视化编程的步骤

Visual FoxPro 是一种可视化的编程工具,其可视化编程的一般步骤如下。

(1) 建立应用程序的用户界面,其中主要是建立表单,并在表单上安排应用程序所需的各种对象。

(2) 设置表单及相关控件对象的属性。

(3) 为对象编写事件过程或方法的代码。

当然,也可以边建立对象,边设置属性和编写方法及事件过程代码。下面将通过建立一个最简单的表单来介绍可视化编程的基本步骤。

1. 建立表单并添加控件

首先新建一个表单,并在表单上添加一个控件。

(1) 单击“表单控件”工具栏中的命令按钮。

(2) 将光标指向表单的右下部,按下鼠标左键并拖动鼠标的十字指针画出一个矩形框,松开左键即画出一个命令按钮。按钮内自动标有 Command1,序号将自动增加,如图 4.3 所示。

2. 设置属性

设置和修改属性一般都在属性窗口进行,其操作步骤如下。

(1) 首先在“对象”下拉列表框中选择对象名 Form1。在“布局”选项卡中选择标题属性 Caption,将其改为“我的表单”。在“其他”选项卡中选择表单名属性 Name,将其改为 MyForm,如图 4.4 所示。

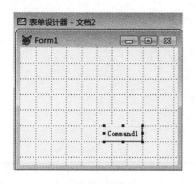

图4.3　在表单上添加控件

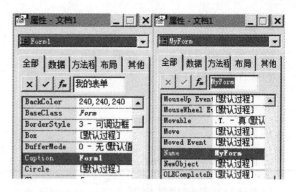

图4.4　修改表单的属性

（2）在表单上单击选择命令按钮 Command1 或在"对象"下拉列表框中选择对象 Command1,将其标题属性 Caption 改为"关闭",将其名属性 Name 改为"CmdQ",如图4.5 所示。

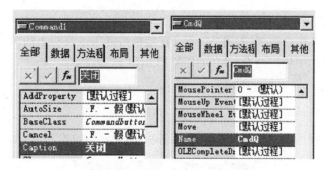

图4.5　修改对象属性

3．编写代码

打开代码窗口,窗口中的"对象"下拉列表框中列出当前表单及所包含的所有对象名: MyForm、CmdQ。其中 CmdQ 对象前的缩进表示对象的包容关系。

在"对象"下拉列表框中选择"CmdQ"对象,在"过程"下拉列表框中选择 Click,并在代码窗口输入如下代码:

```
RELEASE thisform
```

其中,RELEASE 是 Visual FoxPro 命令,用来从内存中清除变量或引用的对象,如图4.6 所示。

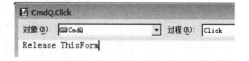

图4.6　编写代码

4．保存表单

选择"文件"菜单中的"保存"命令,输入文件名 Myform1,可将当前建立的表单存盘,其扩展名自动设为 scx。

5. 运行表单

运行表单的方法主要有以下三种。

（1）在命令窗口输入：

DO FORM <表单名>

例如：

DO FORM d:\Visual FoxPro\myform1.scx

（2）在程序代码中使用命令：

DO FORM <表单名>

（3）在表单设计器内，单击"常用"工具栏中的"运行"按钮 ![按钮] 。

6. 修改表单

修改表单的方法通常有以下三种。

（1）在"文件"菜单中选择"打开"命令或直接单击常用工具栏上的"打开"按钮。

（2）在命令窗口中使用命令：MODIFY FORM ＜表单名＞

例如：

MODIFY FORM d:\Visual FoxPro\myform1.scx

（3）在项目管理器中选择要修改的表单名称，再单击"修改"按钮，如图 4.7 所示。

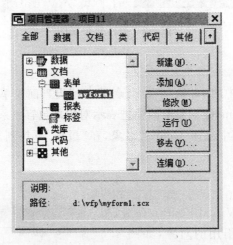

图 4.7　在项目管理器中修改表单

4.2　创建表单

　　表单是用户与计算机进行交流的界面，用于数据的显示、输入和修改。表单是容器类控件，可以包括 Visual FoxPro 的多个控件。常用的创建表单的方法有以下几种。

1．利用向导创建表单

（1）创建单个表的表单

在菜单栏中选择"文件"→"新建"命令，打开"新建"对话框，在"文件类型"列表框中选择"表单"单选项，单击"向导"按钮，则弹出"向导选取"对话框，如图 4.8 所示。选择"表单向导"后单击"确定"按钮，则弹出"表单向导"对话框，如图 4.9 所示。选取字段时，在"数据库和表"下拉列表框中选择"表"选项，在"可用字段"列表框中选择所需的字段添加到"选定字段"列表框中。单击"下一步"按钮，选择表单样式。单击"下一步"按钮，选择排序方式，在"可用的字段或索引标识"列表框中选择字段或索引，选择升序或降序排列方式。单击"下一步"按钮，选择保存方式，给出合适的文件名和保存位置，最后单击"完成"按钮。整个过程如图 4.10～图 4.13 所示。

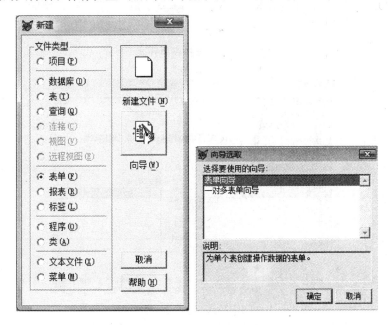

图 4.8　用向导新建表单

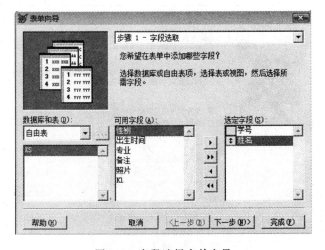

图 4.9　字段选择表单向导

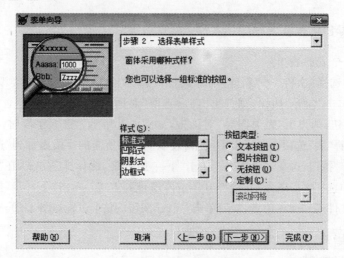

图 4.10　选择表单样式

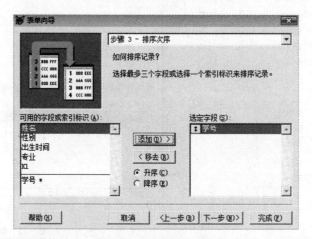

图 4.11　字段排序

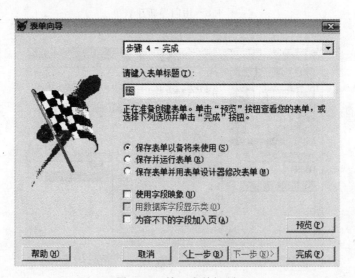

图 4.12　输入表单标题

图 4.13　利用表单向导生成的表单

（2）创建多个相关表的表单

在菜单栏中选择"文件"→"新建"命令，打开"新建"对话框，在"文件类型"列表框中选择"表单"单选项，单击"向导"按钮，在"表单向导"对话框中选择"一对多表单向导"选项，单击"确定"按钮，则弹出"一对多表单向导"对话框，如图 4.14 所示。首先从父表中选定字段，在"数据库和表"下拉列表框中选择表选项，在"可用字段"列表框中选择所需的字段添加到"选定字段"列表框中。单击"下一步"按钮，从子表中选定字段。单击"下一步"按钮，建立表之间的关系。单击"下一步"按钮，选择表单样式。单击"下一步"按钮，选择排序记录，在"可用字段或索引标识"列表中选择字段或索引，选择升序或降序排列方式。单击"下一步"按钮，选择保存方式，给出合适的文件名和保存位置，最后单击"完成"按钮。整个过程如图 4.15～图 4.17 所示。

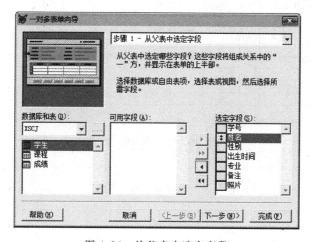

图 4.14　从父表中选定字段

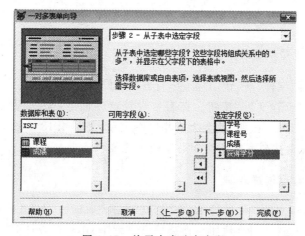

图 4.15　从子表中选定字段

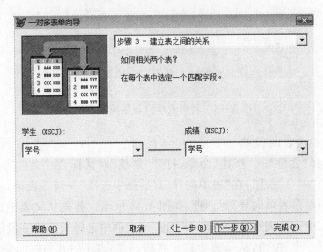

图 4.16　建立表之间的关系

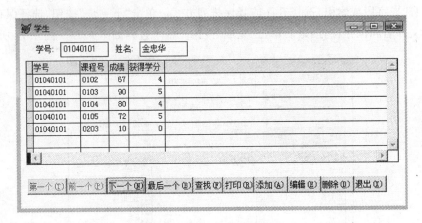

图 4.17　创建多个相关表的表单

注意：

① 用向导创建的表单一般含有一组标准的命令按钮。

② 表单保存后系统会产生两个文件：表单文件，其扩展名为 scx；表单备注文件，扩展名为 sct。

2. 利用表单生成器创建表单

在菜单栏中选择"文件"→"新建"命令，打开"新建"对话框，在"文件类型"列表框中选择"表单"单选项，单击"新建文件"按钮。在表单设计器界面下，选择"表单"→"快速表单"命令，选择字段后单击"确定"按钮，就会生成相应的表单，如图 4.18 所示。

注意：用生成器创建的表单一些命令按钮不能直接产生。

3. 利用表单设计器创建表单

在菜单栏中选择"文件"→"新建"命令，打开"新建"对话框，在"文件类型"列表框中选择"表单"单选项，单击"新建文件"按钮。在表单设计器中，用表单设计器和表单控件工具条上

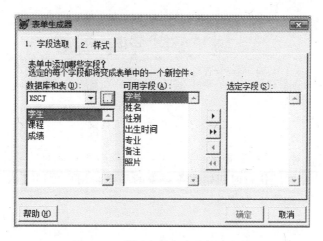

图 4.18 利用表单生成器创建表单

的按钮创建所需的表单,然后保存表单,并给出文件名和保存位置。

注意:用表单设计器创建的表单,用户必须为控件设置有关的属性及事件处理代码。

表单的界面主要包括:表单向导、表单设计器、表单设计器工具栏、表单控件工具栏、属性窗口。

4. 利用命令创建表单

格式:CREATE FORM <表单文件名>

功能:打开表单设计器,创建一个指定名称的表单。如,在命令窗口中输入"CREATE FORM D:\Visual FoxPro\myform1.scx",就可以在 D 盘的 Visual FoxPro 文件夹下建立表单 myform.scx。

4.2.1 表单设计器工具栏

由于表单向导所创建的表单功能比较单调,而用户的需求千差万别,所以,在开发应用程序时,通常使用表单设计器来创建或修改表单。表单设计器是 Visual FoxPro 提供的一个功能非常强大的表单设计工具,使用表单设计器创建表单,可以按照下列步骤进行。

(1) 启动表单设计器。

(2) 在表单的数据环境中添加需要的表或视图。

(3) 向表单中添加所需的控件。

(4) 为表单及其控件设置属性。

(5) 在表单和控件的相关事件中,编写相应的程序代码。

下面介绍表单设计器的使用方法。在新建表单的同时即可启动表单设计器。表单设计器工具栏用于打开表单设计器时需要用到的工具和功能,如图 4.19 所示。

1. 设置 Tab 键的次序

当输入或修改表单中的数据时,用户可以用 Tab 键来移动光标在表单中的位置。所谓 Tab 键的次序,就是连续按 Tab 键时光标经过表单控件时的顺序。

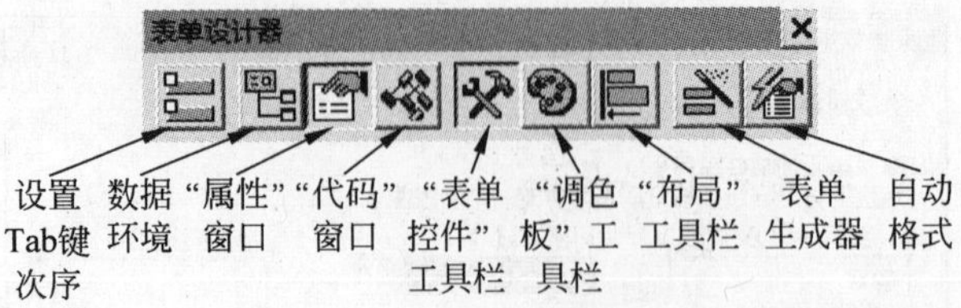

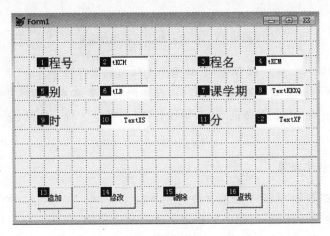

图 4.19　表单设计器工具栏

在表单中的各个对象的左上方显示用 Tab 键选择操作对象时的顺序,这个顺序是进入表单的先后顺序,也是系统执行时初始化各对象的顺序。用户可通过依次单击各对象来改变此顺序以满足需要,如图 4.20 所示。

图 4.20　Tab 键的次序显示

2. 数据环境

每一个表单都可以设置自己的数据环境。数据环境中包含表单所需要的一些数据表或视图,以及表之间的关系。默认情况下,数据环境中的数据表或视图会随着表单的运行而打开,并随着表单的释放而关闭。设置数据环境后,用户还可以直观地设置表单控件中与数据相关的属性。

(1) 打开数据环境设计器

按照下列方法可以打开数据环境设计器窗口。

① 单击"表单设计器"工具栏的"数据环境"按钮。

② 在表单设计器窗口中右击,在弹出的快捷菜单中选择"数据环境"命令。

③ 在菜单栏中选择"显示"→"数据环境"命令。

(2) 向数据环境中添加表或视图

在数据环境设计器中添加表或视图的操作步骤如下。

① 选择"数据环境"→"添加"命令,或在数据环境设计器的空白处右击,在弹出的快捷菜单中选择"添加"命令,打开"添加表或视图"对话框,如图 4.21 所示。

② 在"添加表或视图"对话框中,在"数据库"下拉列表中选择已经打开的数据库,在"数据库中的表"列表框中选择要添加的表或视图,单击"添加"按钮。

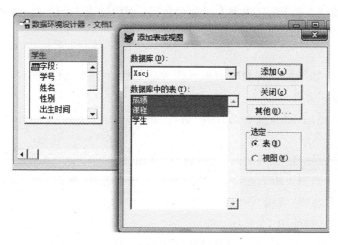

图 4.21 "添加表或视图"对话框

如果表所在的数据库没有打开或要添加一个自由表,则单击"其他"按钮,打开"打开"对话框,在其中选择要打开的表。

(3) 从数据环境移去表或视图

在"数据环境设计器"窗口中,选择要移去的表或视图,通过下列任一种方法可以将其移去。

① 选择"数据环境"→"移去"命令。

② 在空白处右击,在弹出的快捷菜单中选择"移去"命令。

③ 按键盘上的 Delete 键。

(4) 在数据环境中设置关联

如果在数据环境中添加了多个表,而这些表在数据库中设置了永久性关系,那么在数据环境中会自动地显示出这些表之间的关系。

如果数据表之间没有设置永久性关系,则可以根据需要在"数据环境设计器"中为其设置临时关系。可以直接把主表的某个字段直接拖动到子表的相匹配的索引标识上(即子表是以与主表中的同名字段建立的索引)。如果子表上没有与其相匹配的索引标识,也可以将主表字段拖动到子表中与其关联的某个字段上,然后根据系统的提示确认创建所需的索引。

表之间的关联用一条线来表示,如图 4.22 所示。

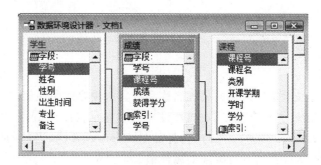

图 4.22 "数据环境设计器"窗口

要解除这种关联,可以先选中表示关联的连线,再按键盘上的 Delete 键。

3. "属性"窗口

在设计表单时,如果用户要设置表单或控件的属性,应在"属性"窗口中进行。

(1) 打开"属性"窗口

打开表单设计器后,通常会自动打开"属性"窗口。如果没有打开,可以通过下列任意一种方法打开。

① 单击"表单设计器"工具栏的"属性窗口"按钮。

② 在表单设计器窗口中右击,在弹出的快捷菜单中选择"属性"命令。

③ 在菜单栏中选择"显示"→"属性"命令。

(2) "属性"窗口的使用

"属性"窗口如图 4.23 所示。该窗口包括对象框、属性设置框和属性列表框。

① 对象框

对象框用于显示当前被选定对象的名称。单击对象框右侧的下拉箭头,可以看到包含当前表单及其所有控件的下拉列表,如图 4.24 所示。可以从中选择需要设置属性的对象。

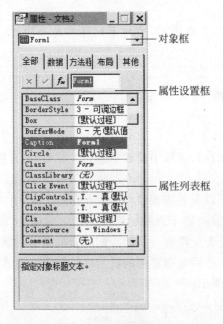

图 4.23　"属性"窗口

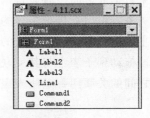

图 4.24　对象框

② 属性设置框

属性设置框用于显示选定对象的属性名称和对其所设置的属性值。当用户选择了一个属性,该属性以蓝色的高亮状态显示,在属性设置框中显示其属性值,在"属性"窗口底部显示此属性的说明。如图 4.23 所示,用户选择的是 Caption 属性,当前的属性值是 Form1。用户可以通过属性设置框来对其设置新的属性值。

③ 属性列表框

属性列表框用于显示和更改属性列表中所选属性的属性值。

- 有些属性是以文本的形式进行输入，如 Caption 属性用来设置标题文本，用户可直接在属性设置框中输入新的标题。如果用户要通过表达式对属性赋值，可以单击设置框左侧的函数按钮 f_x 打开表达式生成器。
- 有些属性的设置需要从系统提供的一组属性值中选定，如 AutoCenter 属性只有 .T. 和 .F. 两种值，如图 4.25 所示。用户可以单击设置框右侧的下拉箭头，从下拉列表中选择属性值，也可以在属性列表中双击属性值，使属性值在各选项之间进行切换。

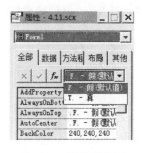

图 4.25　属性设置框

- 有些属性值在设计时为只读状态，不能修改，则属性列表中属性值的字形为斜体，选择此类属性后，属性设置框为不被激活的状态。

④ 选项卡

由于每个对象有多个属性，用户在属性列表框中选择要设置的属性要花很长时间。单击"属性"窗口的选项卡，在属性列表框中就只显示出相应类别的属性。

选项卡的分类方式如下。

- 全部：显示选定对象全部属性、方法和事件。
- 数据：显示选定对象的属性。
- 方法程序：显示选定对象的方法和事件。
- 布局：显示选定对象的布局相关的属性。
- 其他：显示其他属性和用户自定义的属性。

4. "代码"窗口

在"代码"窗口中可以编写或查看表单及表单控件等任何一个对象的事件和方法程序代码。通过下列任一种方法可以打开"代码"窗口。

（1）单击"表单设计器"工具栏的"代码窗口"按钮。

（2）在表单设计器窗口中右击，在弹出的快捷菜单中选择"代码"命令。

（3）在表单或其他对象上双击。

（4）在菜单栏中选择"显示"→"代码"命令。

（5）在属性窗口中选择"方法程序"选项，在"属性列表"中双击。

"代码"窗口的对象框用来显示当前被选定对象的名称，用户可以单击对象框右侧的下拉箭头，从下拉列表中选择要编辑代码的对象。过程框显示当前所编辑的事件或方法的名称，用户也可以从列表中选择要编辑代码的事件或方法。然后，在下面的文本框中输入对所选中对象的指定事件所编写的代码。

5. "表单控件"工具栏

表单中使用的控件是 Visual FoxPro 系统提供给用户的基本标准化图形界面的多功能、多任务操作工具，可以创建和完成信息的输入、输出，实现与用户的交互功能。

打开表单设计器的同时通常会自动打开"表单控件"工具栏。如果没有打开，可以通过"表单设计器"工具栏的"表单控件工具栏"按钮，或通过选择"显示"菜单中的"工具栏"命令将其打开。"表单控件"工具栏如图 4.26 所示。该工具栏包含 21 种控件和 4 个辅助按钮。

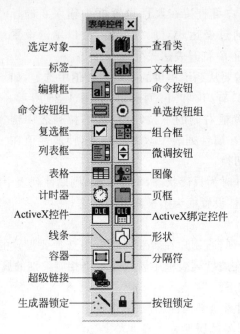

图 4.26 "表单控件"工具栏

6. "调色板"工具栏

此工具栏用于设置对象的背景色或前景色。使用时先选择对象,然后选择"调色板"工具栏指定颜色。"调色板"工具栏如图 4.27 所示。

图 4.27 调色板工具栏

7. "布局"工具栏

"布局"工具栏是排列表单控件的基本工具,其中包括很多按钮,用于调整各控件的相对位置和相对大小。"布局"工具栏如图 4.28 所示。要快速而整齐地排列表单中的控件,可以在选中控件后,选择"格式"菜单中的相应命令或单击"布局"工具栏中的按钮来实现。

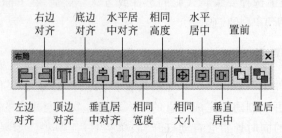

图 4.28 "布局"工具栏

8. 表单生成器

当由系统自动生成表单时,根据用户选择的表按当前默认的格式在当前表单中自动生成字段对象。表单生成器如图 4.18 所示。

9. 自动格式

利用它改变当前表单中控件对象的外观显示格式。

4.2.2 表单控件的布局

在表单窗口中创建控件的操作相当简单,打开表单设计器后,只要单击"表单控件"工具栏中某个控件按钮,然后单击窗口内某处,就会产生一个这样的控件。下面介绍"表单控件"工具栏的基本操作方法。

1. 添加控件

当用户需要在表单中添加控件时,首先在"表单控件"工具栏中单击相应的控件按钮,然后将光标移至表单上单击即可。此时,加入表单的控件按系统的默认大小显示。如果要在添加控件时设置其大小,可以在单击控件按钮时,在表单中拖曳鼠标,此时表单上会画出一个矩形。当矩形被拖曳到合适的大小时,释放鼠标,表单中就会增加一个与矩形大小相同的控件。

2. 常规操作方法

在表单上添加了控件后,通过下列方法可以对其进行一些常规操作。

(1) 选定对象

① 选定一个控件:单击某个控件,可以选定该控件,被选定的控件四周将会出现 8 个控制点。

② 选定多个控件:按住 Shift 键,依次单击各控件可选定多个控件。或在表单的空白处按下鼠标左键,拖曳出一个虚线框,凡在虚线框内的控件都将被选中。

③ 取消控件的选定:单击表单的空白处,可以取消对控件的选定。

(2) 调整控件大小

选中控件,用鼠标拖动控件四周的 8 个控制点,可以改变控件的宽度和高度,或在选中控件后,按住 Shift 键,利用键盘的方向键对控件的大小进行调整。

(3) 移动控件

选中控件后,用鼠标将该控件拖曳到需要的位置上,或在选中控件后,利用键盘的方向键移动控件。

(4) 删除控件

选中控件后,按 Delete 键或在菜单栏中选择"编辑"→"剪切"命令。

(5) 复制控件

先选定控件,再选择"编辑"菜单中的"复制"命令,然后选择"编辑"菜单中的"粘贴"命令,最后将复制产生的新控件拖曳到需要的位置。

4.3　表单的属性和方法

4.3.1　表单的属性

表单的属性用来定义表单对象的特征或行为。表单及其包含的对象的属性通过"属性"窗口定义和修改,表单的常用属性如表4.8所示。

表 4.8　表单的常用属性

属　　性	功　　能
AlwaysOnTop	控制表单是否总是处在其他打开窗口之上
AutoCenter	控制表单初始化时是否让表单自动地在 Visual FoxPro 主窗口中居中
BorderStyle	决定表单是否有边框:0—无边框,1—单线边框,2—固定对话框,3—可调边框(默认)
Caption	决定表单标题栏显示的文本
Closable	控制用户是否能通过双击"关闭"按钮来关闭表单
MaxButton	控制表单是否具有"最大化"按钮
MinButton	控制表单是否具有"最小化"按钮
Movable	控制表单是否能移动到屏幕的新位置
Name	指定表单对象名,可以通过引用表单对象名来引用表单
Visible	指定表单等对象是可见的还是隐藏的
WindowState	控制表单是 0—普通,1—最小化,2—最大化
WindowType	控制表单是无模式还是模式表单
	0—无模式:用户不必关闭表单就可访问其他界面
	1—模式:用户必须关闭表单才可访问其他界面

4.3.2　表单的事件与方法

1. 表单的事件

表单中常用的事件如表4.9所示。

表 4.9　表单的常用事件

事件	触　发　事　件
Activate	当激活表单时发生
Click	在表单上单击时发生
DblClick	在表单上双击时发生
Destroy	当释放一个对象的实例时发生
Init	在创建表单对象时发生,一般存放表单的初始化代码
Error	当某方法(过程)在运行出错时发生
Load	在创建表单对象前发生,因为此时表单中的任何控件尚未建立,所以该事件代码不能处理表单控件
Unload	当对象释放时发生

2. 表单的方法

表单的常用方法如表 4.10 所示。

表 4.10 表单的常用方法

方 法	功 能	方 法	功 能
AddObject	运行时,在容器对象中添加对象	Refresh	重画表单或控制,并刷新所有值
Move	移动一个对象	Release	从内存中释放表单
Print	在表单对象上显示一个字符串	Show	显示一张表单

4.3.3 表单文件的执行

运行表单就是根据表单文件的内容产生表单对象。可以采用下列任意一种方法运行表单。

1. 通过项目管理器运行表单

在项目管理器中,选定"文档"选项卡中的"表单"选项,选中需要运行的表单,单击"运行"按钮(如图 4.7 所示),系统将运行表单。

2. 启动表单设计器后运行表单

如果要运行的表单已打开"表单设计器"窗口,单击常用工具栏上的 ! 按钮,或在菜单栏中选择"表单"→"执行表单"命令,系统将运行表单。

3. 通过菜单运行表单

(1) 在菜单栏中选择"程序"→"运行"命令,打开"运行"对话框。

(2) 在"运行"对话框的"查找范围"下拉列表中定位到表单所在的文件夹,在"文件类型"下拉列表中选择"表单",文件列表中显示出此文件夹下的表单文件。

(3) 双击要运行的表单文件,或者选中它后,再单击"运行"按钮,即可运行此表单文件。

4. 通过命令运行表单

格式:DO FORM <表单文件名>

功能:运行指定名称的表单文件。

表单运行时,可以通过单击常用工具栏上的"修改表单"按钮 ,切换到"表单设计器"窗口来结束运行状态,进行修改表单。

4.4 常用基本型控件

控件是面向对象程序设计的基本操作单元。系统提供的控件在表单中用于获取用户的输入信息,显示输出信息。通过表单控件工具栏可以创建的控件大致可分为五类。

（1）输出类：标签、图像、线条和形状控件。其中标签控件用于显示用户不会改变的信息，利用图像、线条、形状控件可以美化表单。

（2）输入类：文本框、编辑框、微调按钮、列表框、组合框控件。文本框、编辑框可以让用户输入数据；列表框、组合框可以让用户从预先设定的数据中进行选择。

（3）控制类：命令按钮、命令按钮组、复选框、选项按钮组、计时器控件。利用命令按钮或命令按钮组执行指定的程序；利用复选框、选项按钮组也可以让用户从预先设定的数据中进行选择；利用计时器在指定时间间隔重复地执行指定的程序。

（4）容器类：表格、页框、Container 容器。其中利用表格以表格的形式显示或编辑数据；容器可以将多个控件组织在一起，统一进行操作；页框可以在一个表单中显示多个页面，适用于控件较多的表单。

（5）连接类：ActiveX 控件、ActiveX 绑定控件、超级链接控件。利用 ActiveX 控件在表单中添加 OLE 对象；利用 ActiveX 绑定控件，与表的通用字段绑定；利用超级链接可以链接到一个指定对象上。

下面介绍各种控件的使用方法。

4.4.1　标签控件

标签控件（Label）用于显示文本，一般用于显示提示信息。显示文本的格式由标签的属性设置。其常用属性如表 4.11 所示。

表 4.11　标签控件的常用属性

属　性	功　能
Alignment	指定文本在标签中的对齐方式：0—左，1—右，2—居中
Autosize	指定标签是否可随其中的文本的大小而改变
BackColor	指定标签控件的背景颜色
Backstyle	指定标签的背景是否透明：0—透明，1—不透明
Caption	显示文本内容，最多允许 256 个字符
Fontbold	标签中文本是否加粗
Fontname	标签中文本的字体
Fontsize	标签中文本的字号大小
Forecolor	指定标签中文本的颜色
Left	标签左边界与表单左边界的距离
Name	标签控件的名称
Visible	指定标签是否可见
Width	设定对象的宽度
WordWrap	标签显示文本是否换行

1. Caption 属性

标签的 Caption 属性用于指定该标签的标题，是用于显示的文本内容。如图 4.29(a)中的 Label1 标签。若要将标签的标题改为"用户名："可用如下三种方法之一来实现。

（1）在"属性"窗口修改该控件的 Caption 属性，如图 4.29(b)所示。应注意的是，

Caption 属性是字符型数据,但在属性窗口中输入时不要加引号。

（2）可在某一事件的代码中写入命令 thisform. label1. caption＝"用户名："。

（3）若 mc 是一个公共变量,且 mc＝"用户名：",则修改该属性的命令可以写为：

```
thisform. label1. caption = mc
```

注意："用户名："是标签显示的文本,由 Caption 属性决定,而代码引用的过程中的
"label1"是标签的名称,由 Name 属性决定。

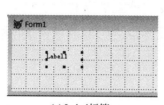 

(a) Label标签　　(b) 修改标签的Caption属性

图 4.29 标签的 Caption 属性

2. Name 属性

Name 属性是控件的名称。用户在创建标签控件时,系统默认指定的 Name 属性依次
是 Label1、Label2 等。用户可以通过设置 Name 属性来改变控件的名称。注意,在同一个
作用域内的两个对象（如一个表单内的两个标签）,不能有相同的 Name 属性值。

此外,由于标签只能显示数据,不能输入数据,所以,在运行表单时,标签不能被选中,即
不能通过鼠标或 Tab 键来获得焦点。

例 4.2　标签控件示例。

示例一：显示、隐藏标签对象。

（1）新建一个表单,在表单中添加三个命令按
钮 Command1～Command3,一个标签控件 Label1,分
别设置三个命令按钮的 Caption 属性值为"显示 1"、
"显示 2"和"隐藏",如图 4.30 所示。

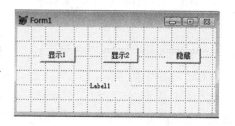

图 4.30　显示、隐藏标签

（2）添加事件代码。

① 表单的 Init 事件

```
thisform. autocenter = . t.
thisform. caption = "标签控件演示"
thisform. label1. autosize = . t.
thisform. label1. visible = . f.
```

② "显示 1"命令按钮的 Click 事件

```
thisform. label1. forecolor = rgb(0, 255, 0)
thisform. label1. visible = . t.
thisform. label1. caption = "你好"
thisform. label1. fontsize = 10
```

③ "显示 2"命令按钮的 Click 事件

```
thisform.label1.foreColor = rgb(255,0,0)
thisform.label1.visible = .t.
thisform.label1.caption = "Hello!"
thisform.label1.fontsize = 18
```

④ "隐藏"命令按钮的 Click 事件

```
thisform.label1.visible = .f.
```

（3）保存并运行该表单，分别单击三个命令按钮，观察效果。

示例二：在屏幕上移动的字幕。

（1）新建一个表单，在表单上添加一个标签 Label1，设置该标签的属性如下：

```
caption = "大家好"
fontname = "楷体_GB2312"
fontbold = .T.
forecolor = RGB(255,0,0)
alignment = 2
```

（2）编写事件代码。

标签 Label1 的 Click 事件代码如下：

```
FOR i = 1 TO thisform.width STEP 10
    this.left = i
    = inkey(1)                          && 延时 1 秒
NEXT i
```

（3）保存并运行该表单，单击标签控件，观察效果。

示例三：用标签产生特殊效果。

（1）字排多行：在需换行的地方加 chr(13)回车符，例如，

```
caption = "你" + chr(13) + "好"
```

（2）改变字的方向：设 Fontname 属性为带@的字体名。

（3）字从小到大：用一个循环不断改变标签的 Fontsize 属性值，同时调整 Top 和 Left 属性，每次增加一个步长值，直到最大时停止。

```
FOR i = 8 to 72 STEP 4
    this.fontsize = i
    = inkey(1)
    this.top = thisform.height/2 – this.fontsize/2
NEXT i
```

（4）立体字：设计两个标签，将其中一个标签的相对位置略加移动，Forecolor 属性设置不同的颜色，另一个标签的 BackStyle 属性值取 0—透明，就可以产生立体字的效果，如图 4.31 所示。

图 4.31　立体字

4.4.2　命令按钮和命令按钮组

命令按钮(CommandButton)在应用程序中起控制作用,通常用来完成某些功能。例如确认、取消、执行、完成等操作,其操作代码常放置在命令按钮的 Click 事件中。

当一个表单需要多个命令按钮时,可以使用命令按钮组(CommandGroup),这样可使事件代码更简洁,界面更加整洁和美观。命令按钮组中各命令按钮的排列方向和位置可根据用户的需要进行调整,操作步骤如下。

(1) 单击选中表单中的命令按钮组。

(2) 右击命令按钮组,在弹出的快捷菜单中选择"编辑"命令。

(3) 选中命令按钮后,根据需要进行相关操作。

命令按钮(组)的常用属性如表 4.12 所示。

表 4.12　命令按钮(组)的常用属性

属　　性	功　　能
Caption	标题文本,若含"\<"字符,输入该字符可选择该命令按钮
Picture	标题图像
Default	为.T.时,按 Enter 键可选择此命令按钮
Cancel	为.T.时,按 Esc 键可选择此命令按钮
Value*	命令按钮组中被选中的命令按钮的序号
Buttoncount*	命令按钮组中命令按钮的个数

说明:带 * 的项为命令按钮组特有的属性。

命令按钮标题既可以是文字,内容由 Caption 属性指定;也可以是图像,图像文件名由Picture 属性指定。例如制作如图 4.32 所示的表单。

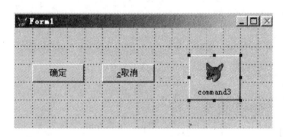

图 4.32　命令按钮的标题

操作步骤如下。

(1) 首先在表单中添加三个命令按钮 Command1、Command2、Command3。

(2) 选中 Command1,在"属性"窗口中选中 Caption 属性,在上方文本框中输入"确定"。

(3) 选中 Command2,在"属性"窗口中选中 Caption 属性,在上方文本框中输入"\<c取消",并将其 Cancel 属性设为.T.,则在运行时,单击该按钮,按 C 键或按 Esc 键,均可执行此按钮的 Click 事件代码。

(4) 选中 Command3,在"属性"窗口中双击其 Picture 属性,在弹出的对话框中选择"d:\Visual FoxPro98\fox.bmp"即可。

命令按钮中用得最多的事件就是 Click 事件,命令按钮组也有 Click 事件。当选择命令按钮组中的命令按钮时,如果命令按钮本身包含 Click 事件代码,则优先执行该代码;如命令按钮本身不包含 Click 事件代码,则执行命令按钮组的 Click 事件代码。

例 4.3 命令按钮组实例。

(1) 新建表单,如图 4.33 所示。添加一个命令按钮组。

图 4.33　添加命令按钮组

(2) 按表 4.13 设置命令按钮组 CommandGroup1 的属性。

表 4.13　命令按钮组 CommandGroup1 的属性

对　象	属 性 名	属 性 值
CommandGroup1	Buttoncount	5
CommandGroup1	Auotsize	. T.
Command1	Caption	第一个
Command2	Caption	上一个
Command3	Caption	下一个
Command4	Caption	最后一个
Command5	Caption	退出

(3) 编写代码。

命令按钮组 CommandGroup1 的 Click 事件代码如下:

```
sel = this.value          && 变量 sel 表示命令按钮组中被选中的命令按钮的序号
DO CASE
CASE sel = 1
go top
CASE sel = 2
IF !bof()
skip − 1
ENDIF
CASE sel = 3
IF !eof()
skip
ENDIF
CASE sel = 4
go bottom
```

```
CASE sel = 5
thisform.release
ENDCASE
thisform.refresh
```

4.4.3 文本框控件

文本框(TextBox)用于显示、修改和输入数据。文本框只能显示或编辑单行的文本。所有编辑功能，如剪切、复制和粘贴，在文本框中都可以使用。

1. 文本框的常用属性

文本框的常用属性如表 4.14 所示。

表 4.14 文本框的常用属性

属性	功 能
PassWordChar	口令字符。此属性赋值后，文本框中的内容均用此内容显示，但实际内容并没有变化
ReadOnly	是否只读。设置为只读后，文本框只能显示 Value 属性中的内容，不能修改
Value	存放值。设计时可用此属性赋初值，初值类型决定文本框的数据类型
InputMark	控制输入数据的格式和显示方式。参数及意义如下。 控制输入的：X—任意字符，9—数字和＋、－号，♯—数字、＋、－号和空格； 控制显示的：＄—货币符号，＄＄—浮点货币符号，＊—数值左边显示"＊"， .—指示小数点位置，,—小数点左边的数字用","分隔
ControlSource	指定与文本框绑定的数据源
SelStart	文本框中被选择的文本的起始位置
SelLength	文本框中被选择的文本的字符数
SelText	文本框中被选择的文本
SelectEntry	当文本框得到焦点时是否自动选中文本框中的内容
Format	指定 Value 属性数据输入输出数据格式。参数及意义如下： A—字符(非空格标点) D—当前日期格式 E—BRITISH 日期数据 K—光标移入选择整个内容 L—数值数据加前导 0 M—InputMask 属性中可放入输入选项表 T—去头尾空格 ！—转换为大写字母 ^—用科学计数法显示数据 ＄—显示货币符 R—屏蔽字符不放入控制源中

(1) Value 属性

该属性返回当前文本框中的实际内容。Value 属性所存放值的数据类型，取决于在设计时给其赋予的初值。如果初值不能确定，则可使用下列值。

① 字符型：""；

② 数值型：0；

③ 日期型：{}；

④ 逻辑型：.F.。

如果 ControlSource 属性指定了字段或内存变量，则 Value 属性将与 ControlSource 属性指定的变量具有相同的数据类型。如果没有设置 ControlSource 属性，用户也没有编辑文本框时，Value 属性的默认值是空串。而当用户编辑文本框后，Value 属性返回文本框的当前内容，其数据类型为字符型。

该属性同样也适用于编辑框、复选框、组合框、选项按钮组等控件。

（2）ControlSource 属性

文本框的值除了可以通过直接输入或通过设置 Value 属性来得到外，还能通过数据绑定来取得数据。所谓控件的数据绑定就是指将控件与某个数据源联系起来。实现数据绑定需要为控件指定数据源，而数据源则由控件的 ControlSource 属性来指定。

要设置文本框的数据绑定时，先在数据环境中添加表或视图，然后选择文本框的 ControlSource 属性，在属性设置框的下拉列表中进行选择即可，如图 4.34 所示。

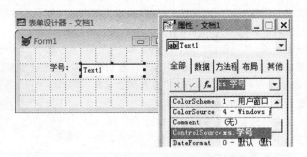

图 4.34　文本框的数据绑定

（3）InputMask 属性

该属性用于指定控件中数据的输入格式和显示方式。其属性是一个由一些模式符组成的字符串，每个模式符规定了相应位置上数据的输入和显示行为。例如，在输入图书的条形码的文本框中，设置其 InputMask 属性为 A9999999，表示此控件在输入数据时，只能在第 1 位输入英文字符，后 7 位输入数字字符。运行表单时，如果用户在此文本框中输入的不是规定模式的数据，文本框不会接收用户的输入。

2．文本框常用的事件

文本框常用的事件如表 4.15 所示。

表 4.15　文本框常用的事件

事　件	发 生 时 间	事　件	发 生 时 间
When	在得到焦点之前发生	Valid	在失去焦点前发生
GotFocus	在得到焦点时发生	LostFocus	在失去焦点时发生

例如,可在 When 事件的代码中保存文本框中原来的内容,可在 Valid 事件代码中验证文本框中输入内容的正确性。若 Valid 事件中的 Return 返回.F.,则文本框不会失去焦点。表单释放时,忽略 Return 值的影响。

3. 文本框的 SetFocus 方法

应用程序会包含很多对象,但某个时刻仅允许一个选定的对象被操作。某个对象被选定,该对象就获得了焦点。焦点的标志可以是文本框内的光标、命令按钮中的虚线框等。焦点可以通过用户操作来获得,例如,按 Tab 键来切换对象,或单击对象使之激活等;同样,焦点也可以用代码方式来获得。

方法程序的格式：Control. SetFocus

功能：对指定的控件设置焦点。

例如,thisform. text1. setfocus,表示使当前表单的 Text1 文本框获得焦点。

注意：若要为控件设置焦点,则其 Enabled 与 Visible 属性值均必须为.T.。对某对象而言,其 Enabled 属性决定该对象能否对用户触发的事件作出反应,即该对象是否可用；Visible 属性则表示对象是可见还是被隐藏。

例 4.4　调用表单 login. scx 进行用户登录,如果用户名和密码正确,则调用主表单 xsxx. scx；不正确时继续保持登录页面不变。

(1) 制作表单 login. scx 并设置属性

表单 login. scx 包含下列对象：标签 Label1~Label2 作提示信息；文本框 Text1 用于输入用户名,文本框 Text2 用于输入密码；“确定”命令按钮用于提交登录,“取消”命令按钮用于取消登录。界面如图 4.35 所示。

依照界面设置命令按钮和标签的 Caption 属性,并将表单的 Caption 属性设为“用户登录”,AutoCenter 属性设为.T.；将文本框 Text2 的 PassWordChar 属性设为“＊”。将表单保存在 d:\vfp 下。

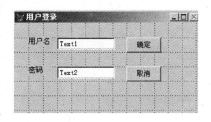

图 4.35　用户登录表单

(2) 编写代码

① 表单的 Activate 事件代码

```
this.text2. enabled = .f.          && 输入用户名后才能输入密码
this.text1. setfocus               && 表单启动后光标先定位到"用户名"文本框
```

② “用户名”文本框 Text1 的 KeyPress 事件代码

```
IF nKeycode = 13 .and. !empty(this.value)      && 输入完用户名按 Enter 键即进入密码输入
thisform. text2. enabled = .t.
thisform. text2. setfocus
ENDIF
```

③ 命令按钮“确定”的 Click 事件代码

```
name = thisform. text1. value
yes = .f.                        && 全局变量 yes,用于传回登录信息。合法用户登录,yes 置为.t.
```

```
DO CASE
CASE name = "guest" .and. alltrim(thisform.text2.value)== "123456"
yes = .t.                               && 第一个用户为 guest,密码是 123456
CASE name = "human" .and. alltrim(thisform.text2.value)== "45678"
yes = .t.                               && 第二个用户为 human,密码是 45678
ENDCASE
IF yes                                  && 此条件为真,说明提交的是正确的用户名和密码
messagebox("登录成功!")
ELSE
messagebox("用户名或密码不正确!")
ENDIF
thisform.release
clear events
```

④ "取消"按钮的 Click 事件代码

```
thisform.release
clear events
```

⑤ 主程序 main.prg 的代码

```
public yes                              && 用于检查登录信息的正确性
set default to d:\vfp
DO FORM login
read events
IF yes                                  && 此条件为真,说明登录的是合法用户
DO FORM xsxx
read events
ENDIF
cancel
```

4.4.4 编辑框控件

编辑框(EditBox)与文本框的功能类似,都是用于显示、输入和修改数据。它们之间的区别是文本框在一行中显示数据,当输入的内容超过文本框宽度时,会自动向左移动;而编辑框为若干行的一个区域,当编辑框的 ScrollBars 属性设为.T. 时,还可包含滚动条,适合编辑较多内容的文本。

此外,编辑框的 IntegraHeight 属性可控制编辑框的高度是否可自动调整,以便其最后一项的内容能否被完全显示。

编辑框的属性和事件大多与文本框类似,见文本框的属性和事件。

例 4.5 将左边编辑框中的内容复制到右边文本框中。

(1) 新建表单,包含一个编辑框、一个文本框、一个命令按钮,将命令按钮的 Caption 属性值设为"->",如图 4.36 所示。

(2) 编写命令按钮"->"的 Click 事件代码:

```
thisform.text1.value = thisform.edit1.seltext
thisform.refresh
```

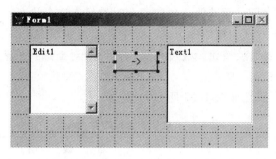

图 4.36　编辑框实例

（3）保存并运行表单,在左边的编辑框输入一些文本(可以换行),选择这些文本,单击中间的命令按钮,被选取内容即被复制到右侧的文本框中。

4.4.5　复选框控件

复选框(CheckBox)通常代表一个逻辑值。复选框由一个方框和一个标题组成,一般情况下,用空框表示该复选项未被选中,而当用户选中某一个复选框时,其方框中会出现一个√标记。

复选框的常用属性如表 4.16 所示。

表 4.16　复选框的常用属性

属　　性	说　　明
Caption	指定复选框的标题
ControlSource	确定复选框的数据源,一般为表的逻辑型字段。字段值为.T.,则复选框被选中;字段值为.F.,则复选项未被选中;字段值为.NULL.,则复选框以灰色显示
DisbaleBackColor	确定复选框失效时的背景色
DisableForeColor	确定复选框失效时的前景色
Picture	设定一个图像作为复选框的标题
Style	确定显示风格:0—标准状态,1—图形状态
Value	表示当前复选框的状态:0—未选中,1—选中,2—禁用;也可设置.T.为选中,.F.为未选中,.NULL.或 NULL 为禁用

复选框的三种状态如图 4.37 所示。

图 4.37　复选框的三种状态

4.4.6　选项按钮组控件

选项按钮组(OptionGroup)是包含选项按钮的容器控件。选项按钮组可包含多个选项按钮,但用户只能从中选择一个按钮。当用户单击某个选项按钮时,该按钮呈选中状态,按钮前的圆圈内显示一个黑点,而其他选项按钮此时均呈未选中状态。

　　在选项按钮组中选取选项按钮的方法:选中选项按钮组右击,在弹出的快捷菜单中选择"编辑"命令,选中所要选项按钮。也可在属性窗口的对象选择列表框中直接选择选项按钮组中各选项按钮对象名。

　　选项按钮组的常用属性如表 4.17 所示。

表 4.17　选项按钮组的常用属性

属　性	说　明
ButtonCount	设置选项按钮组的数目
Caption	设置选项按钮组的标题
ControlSource	确定选项按钮组的数据来源
DisableBackColor	确定选项按钮组失效时的背景色
DisableForeColor	确定选项按钮组失效时的前景色
Value	确定哪一个选项按钮被选中:0—未选中,1—被选中

　　ButtonCount 属性用来设置选项按钮组中选项按钮的个数,默认值为 2,即选项按钮组包含两个选项按钮 Option1 和 Option2。用户可以通过设置此属性来改变选项按钮的个数。

　　例 4.6　复选框和选项按钮组的联合运用。

　　(1) 新建一个表单,设置其 Width 属性为 300,Height 为 130,Autocenter 为.T.。

　　(2) 向表单中添加一个标签 Label1,一个选项按钮组 OptionGroup1 及两个复选框 Check1、Check2,如图 4.38 所示。

　　(3) 右击选项按钮组控件,在弹出的快捷菜单中选择"编辑"命令,进入编辑状态,然后单击选中其中的 Option1,如图 4.39 所示。在"属性"窗口中将 Option1 的 Caption 属性设为"红",如图 4.40 所示。

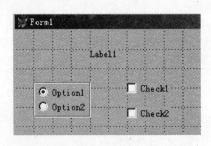

图 4.38　复选框和选项按钮组的实例

图 4.39　选项按钮组图

　　用同样的方法,将 Option2 的 Caption 属性设置为"绿"。

　　(4) 将 Check1 的 Caption 属性设为"粗体",Check2 的 Caption 属性设为"斜体",Label1 的 Caption 属性设为"大家好",并将 Label1 的 Autosize 属性设为.T.。

　　(5) 上述属性设置完毕后,界面如图 4.41 所示。

图 4.40　Option1 的 Caption 属性设置

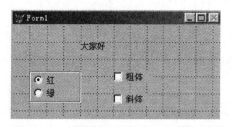

图 4.41　属性设置完毕后的界面

（6）编写代码。

分析：标签的 Fontbold 和 Fontitalic 属性，即"加粗"和"倾斜"属性，这两个属性都有两个值——.T. 和.F.；而复选框的 Value 属性也有.T. 和.F. 两个值，选中时为.T.，否则为.F.。本例巧妙地利用了这个特点。

① Check1 的 Click 事件：

```
thisform.label1.fontbold = thisform.check1.value
```

② Check2 的 Click 事件：

```
thisform.label1.fontitalic = thisform.check2.value
```

③ 单选按钮 Option1 的 Click 事件：

```
thisform.label1.forecolor = rgb(255,0,0)
```

单选按钮 Option2 的 Click 事件：

```
thisform.label1.forecolor = rgb(0,255,0)
```

注意：单选按钮组 OptionGroup1 包括两个单选按钮，要想为其中的 Option1 设置 Click 事件代码，需要先双击选项按钮组 OptionGroup1，在弹出的代码窗口的左侧下拉列表框中选择 Option1，然后在右侧下拉列表框中选择 Click 事件，如图 4.42 所示。

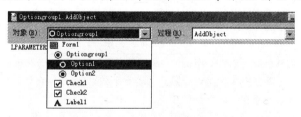

图 4.42　编写 Option1 的事件代码

（7）保存并运行表单，运行时分别单击复选框和单选按钮，可以看到标签的颜色和加粗及倾斜现象会随之发生变化。

4.4.7　列表框和组合框控件

列表框（ListBox）提供有一组条目，供用户从中选择某一项。一般情况下，列表框显示其中的若干条目。当用户需要的选项不在列表框中，可以通过列表框右边的滚动条浏览其他条目。组合框是由一个文本框和下拉列表框组成的。列表框在屏幕占用一个区域,而组合框则占用一行。

1. 列表框(组合框)的常用属性

列表框(组合框)的常用属性如表 4.18 所示。

表 4.18　列表框(组合框)的常用属性

属　　性	作　　用
BoundColumn	在列表框包含多项时指定哪一列作为 value 属性的值
ColumnCount	列表框中列对象的数量
DisplayValue	选择值
IntegralHeight	列表框的高度是否可自动调整
IncrementalSearch	确定在键盘操作时是否支持增量搜索。值为.T.,当用键盘选择列表项时,用户按一个键,系统将自动定位到与输入字母相应的项前
List(i)	i 行的值
ListCount	列表框中数据项的数目
MultiSelect	是否可以同时选取多项
MoverBars	项目是否可以移动
RowSource	列表项内容从何处来(来源)
RowSourceType	列表项内容来源的类型,详见表 4.19
Selected(i)	i 行是否被选中
Sorted	当 RowSourceType 为 0 和 1 时,列表项是否按字母大小排序
Style	指定组合框的类型。参数如下: 0—下拉组合框,也可在文本框直接输入;2—下拉列表框,只能下拉选择

(1) RowSourceType 属性与 RowSource 属性

RowSourceType 属性指明列表框中各条目数据源的类型,RowSource 属性指定列表框中各条目的数据源。RowSourceType 属性的取值范围以及相应情况下 RowSource 属性的说明如表 4.19 所示。

表 4.19　RowSourceType 属性可指定的值

属性值	说　　明
0	无(默认值)。运行时,通过 AddItem 方法添加条目,通过 RemoveItem 方法移去列表条目
1	值。RowSource 属性中指定用逗号隔开的若干个数据项,作为在列表中显示的条目,将列表框的内容在设计时直接写在该属性中
2	表别名。RowSource 属性指定数据表,在列表中显示其字段的值。由 ColumnCount 确定表中选择的字段。当用户选择列表框时,记录指针将自动移到该记录上
3	SQL 语句。RowSource 属性指定一个 SQL 语句,列表框显示 SQL 语句的执行结果
4	查询文件名。RowSource 属性指定一个查询文件,列表框显示其查询结果
5	数组。RowSource 属性指定一个数组,列表框显示数组的内容
6	字段名表。RowSource 属性指定数据表的一个或多个字段名称,列表框显示字段的值
7	文件名描述框架。将某个目录下的文件名作为列表框的条目,可包含"＊"和"?"来描述在列表框中显示的文件名
8	结构。RowSource 属性指定数据表,在列表中显示数据表的字段名
9	弹出式菜单。将弹出式菜单项作为列表框条目

（2）MultiSelect 属性

该属性用来指定用户能否从列表框中一次选择一个以上的项。当该属性值为.F. 时，用户一次只能从列表框选择一项；当该属性值为.T. 时，用户可按住 Ctrl 键，用鼠标依次单击，一次从列表框选择多项。该属性的默认值为.F.。

（3）Selected 属性

该属性用来指定列表框中某个条目是否为选定状态。例如，在运行表单时，若要将表单的列表框对象 List1 的第 1 项设为选定状态，可在事件中使用下面的命令：

```
Thisform.List.Selected(1) = .T.
```

该属性在设计时不可用，在运行时可以读写。

（4）ColumnCount 属性

该属性用来指定列表框的列数，即一个条目中包含的数据项的数目。该属性在设计和运行时都可用，还可以用于表格控件，用来指定表格的列数。

（5）Value 属性

该属性返回列表框的值，即被选中的条目。如果 ControlSource 是数值型，则 Value 属性是被选中条目在列表中的序号；如果 ControlSource 是字符型或没有指定 ControlSource 属性，则 Value 属性是被选中的条目的内容。若列表框的列数大于1，则 Value 属性是由 BoundColumn 属性所指定的列的数据项。

2. 列表框（组合框）常用方法

列表框的常用方法如表 4.20 所示。

表 4.20　列表框（组合框）的常用方法

方　　法	作　　用
AddiItem	增加列表项
RemoveItem	移去列表项
Clear	移去所有列表项
Requery	当 RowSourceType 为 3 和 4 时，根据 RowSource 中的最新数据重新刷新列表项

3. 列表框常用事件

列表框的常用事件为 Click（单击）事件和 Dbclick（双击）事件。

例 4.7　列表框练习。

（1）新建表单，添加一个文本框 Text1，三个命令按钮 Command1～Command3，三个命令按钮的 Caption 属性依次设为“加入”、“移出”和“全部移出”，一个列表框 List1。

（2）设置属性：将表单的 Caption 属性设为“列表框练习”，AutoCenter 属性设为.T.；将列表框 List1 的 MoverBars 属性设为.T.，MultiSelect 属性设为.T.。

（3）编写代码

① “加入”命令按钮 Command1 的 Click 事件

```
qm = thisform.text1.value
```

```
IF !empty(qm)
no = .t.
FOR i = 1 to thisform.list1.listcount
IF thisform.list1.list(i) = qm      && 如果文本框中输入的内容和列表框中已存在的内容相同,则
                                    && 不添加
no = .f.
ENDIF
NEXT i
IF no
thisform.list1.additem(qm)
thisform.refresh
ENDIF
ENDIF
```

② "移出"按钮 Command2 的 Click 事件

```
IF thisform.list1.listindex > 0
thisform.list1.removeitem(thisform.list1.listindex)
ENDIF
```

③ "全部移出"按钮 Command3 的 Click 事件

```
thisform.list1.clear
```

④ 列表框 List1 的 Init 事件

```
thisform.list1.additem("杨过")
thisform.list1.additem("小龙女")
thisform.list1.additem("东方不败")
```

⑤ 列表框 List1 的 Dbclick 事件

```
thisform.command2.click()              && 调用 command2("移出"按钮)的 Click 事件代码
```

说明:运行后,列表框中自动添加了 3 条记录,如图 4.43 所示。

这三条记录是在表单的 Init 代码中添加的。在文本框中输入任意文本,如果与列表框中的内容不同,单击"加入"按钮,该内容会加入到列表框中;否则不添加。在列表框中选中一条数据,单击"移出"按钮,则该数据被删除。在列表框中直接双击某条数据,则在列表框的 Dbclick 事件中调用"移出"按钮的 Click 事件代码,将双击的数据删除。

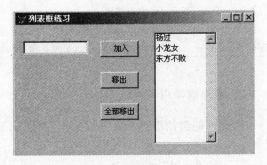

图 4.43　列表框练习实例

例 4.8　组合框示例。

修改表单 xsxx.scx,使用组合框控件展示其中的"专业"字段的内容。

(1) 打开表单 xsxx.scx。

(2) 该表单中,"专业"字段的内容原先使用的是文本框控件。首先选中这个文本框,将其删除。然后再添加一个组合框,用于展示"专业"字段的值,如图 4.44 所示。

（3）选中 Combo1，在"属性"窗口中将其 RowSourceType 属性值改为"6-字段"，将 RowSource 属性值改为"Student. 专业"，并将 Combo1 的 ControlSource 属性值设为"Student. 专业"。

图 4.44　添加组合框对象

（4）运行修改后的 xsxx. scx 表单，如图 4.45 所示。

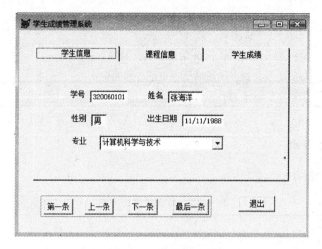

图 4.45　组合框示例

可以看到，单击"上一条"、"下一条"等命令按钮时，每条记录的"专业"字段值的不同。单击 Combo1，在列表中选择一个值，程序即用该值来更改表中相应字段的值。

4.4.8　表格控件

表格（Grid）类似于一个浏览器，是按行和列操作并显示的容器类控件，类似于使用 Browse 命令弹出的 Browse 窗口。在实际应用中，可用表格来浏览或编辑表文件记录内容。若浏览或编辑表中的记录，须在主程序中打开表文件。用表格显示记录时，表格的每一行显示一条记录，每列显示一个字段。运行时，在表格中通常使用鼠标单击定位，然后可对选择的内容进行编辑或修改，修改后的内容自动保存到表文件中。如果表格的宽度不足以显示全部字段，可用鼠标拖动表格下面的滚动条或单击表格下面的左右箭头进行调整。

一个表格对象包含一个表头（Header）对象和一个或多个列数据操作对象。表头对象用于设置列的标题的显示内容和格式。数据操作对象是对列数据进行操作时所选用的控件。在设计阶段，系统自动加入一个文本框对象作为列数据操作对象，用户可加入其他控件对象。例如，某列对象与表中的逻辑型字段绑定，即在该列中以检查框的形式编辑和显示，则应在该列中加入一个检查框（Check）控件。一个列中如果有一个以上的数据操作对象，则应设置列对象的 Currentcontrol 属性确定当前使用哪一个。

1. 表格的常用属性

表格的常用属性如表 4.21 所示。

表 4.21　表格的常用属性

属　性	作　用
ColumnCount	列数。如 ColumnCount 为－1,运行时表格将具有和记录源中字段一样多的列
DeleteMark	是否具有删除标记
RecordSourceType	表格中显示记录的类型（记录源类型）。参数如下：0—表,1—别名,2—查询（.qpr）,3—提示,4—sql 说明
RecordSource	对应 RecordSourceType 的名称（记录源）
ChildOrder	与父表主关键字相连的子表中的外部关键字
LinkMaster	表格中显示子表的父表

2. 表格的常用方法

表格常用的方法如表 4.22 所示。

表 4.22　表格常用的方法

方　法	作　用
ActiveCell(行,列)	激活指定单元格
AddColumn(列号)	在指定位置添加一列,但 ColumnCount 属性值不变
AddObject	在列中添加对象

3. 表格中列对象的常用方法

表格中列对象的常用方法如表 4.23 所示。

表 4.23　表格中列对象的常用方法

属　性	作　用
ControlSource	列控制源
CurrentControl	列接收和显示数据使用的控件
Sparse	CurrentControl 指定的控件是否影响整个列 .T.—只有在列中的活动单元格才以 CurrentControl 指定的控件接收和显示数据,其他单元格用文本框显示 .F.—列中所有单元格均以 CurrentControl 指定的控件显示数据,活动单元格接收数据

说明：列还可用 InputMark、Format 和 Alignment 等属性控制数据的输入内容、显示格式和对齐方式。如果要进行有条件的格式编排,可以使用一组动态格式设置属性。例如,Dynamicfontname、Dynamicfontsize、Dynamicforecolor 设置动态字体、字号和颜色。

4. 表头对象常用属性

表头对象的常用属性如表 4.24 所示。

表 4.24　表头对象常用属性

属　　性	作　　用
Caption	列标题文本
Alignment	列标题文本的对齐方式

在表格中不仅能显示字段数据,还可以在表格的列中嵌入文本框、复选框、下拉列表框、微调按钮及其他控件。例如,假设表中有一个逻辑型字段,当运行表单时,使用复选框显示其值为. T. 或. F. ,比使用文本框更加直观,修改这些字段的值只需设置或清除复选框即可。

用户可在“表单设计器”窗口中交互地在表格中增删列和在列中交互式添加控件和删除已加入列中的控件。

5．表格中列的选择

(1) 选择表格,右击表格,在弹出的快捷菜单中选择“编辑”命令,此时表格进入编辑状态。

(2) 在表格的编辑状态下,单击列的表头区,即选择列的表头对象,若单击列的非表头区则选择该列。

(3) 可设置列的 ControlSource 属性为表中的相应字段名。

6．表格中列的增删及移动

在表格的编辑状态下,按 Delete 键即删除该列。列删除后,表格的 ColumnCount 属性值会自动减一。

7．在表格中增加列

选中表格,在“属性”窗口中,改变表格的 ColumnCount 属性值即可。

8．在表格的列中增加控件

(1) 右击表格,在弹出的快捷菜单中选择“编辑”命令,使表格进入编辑状态。

(2) 在表格的编辑状态下,单击表格中某一列的非表头区,即选择了该列。

(3) 选中“表单控件工具”栏中的某一个控件,然后单击该列对象,即将该控件加入到该列中。

9．删除列中的控件

(1) 在“属性”窗口的“对象”列表框选择要移动的控件。

(2) 按 Delete 键即可将该控件删除。

10．通过编写代码添加控件

除了交互式向表格中添加控件外,也可以通过编写代码在运行时添加控件。使用 AddColumn 方法向表格中添加列,使用 AddObject 方法向表格列中添加对象,使用

RemoveObject 方法删除表格中的对象。设置 AllowHeaderSizing 和 AllowRowSizing 属性为. T. ,使运行时能够改变表头和行的高度。

11. 设置表格的记录源

如果需要在表格中显示或修改表文件的内容,必须在设计时为表格指定数据源,方法如下。

(1) 选中表格,然后在"属性"窗口中选择 RecordSourceType 属性。

(2) 如果我们将表格的 RecordSourceType 属性设为"1—别名",然后选择 RecordSource 属性,输入一个表文件名作为属性值,则在包含该表格的程序运行时,该表文件自动打开,其中的记录显示在表格中。

12. 设置列数据源

如果在列中显示一个指定的字段,则可为该列单独设置数据源。首先,右击表格,在弹出的快捷菜单中选择"编辑"命令,然后选中要设置数据源的列,在"属性"窗口中将属性 ControlSource 设置为相应的字段名。

13. 添加记录

表格控件有一个非常重要的属性——AllowAddNew。在设计阶段,如果我们将表格的 AllowAddNew 属性设为. T. ,则在运行时,当用户选中了表格中显示的一条记录,并且按一下键盘上的"↓"方向键,则在作为表格数据源的表文件中就会添加一条空白记录。如果在程序代码中使用 APPEND BLANK 或 INSERT 等命令来添加新记录,则应将表格的 AllowAddNew 属性设为. F. 。

14. 创建一对多表单

表格常见的用途之一是当表单中的文本框显示父表记录时,表单显示子表记录;当用户在父表中浏览记录时,表格中显示的子表的记录也随之变化。

(1) 具有数据环境的一对多表单

① 从"数据环境"中的父表将需要的字段拖动到表单中。

② 从"数据环境"中将相关的子表拖到表单中。

(2) 没有数据环境的一对多表单

① 在表单中加入若干个文本框,分别设置文本框的 ControlSource 属性为主表的相应字段。

② 在表单中添加一个表格,将表格的 RecordSource 属性设置为相关子表的名称。

③ 设置表格的 LinkMaster 属性为主表的名称。

④ 设置表格的 ChildOrder 属性为相关表中索引标识的名称,索引标识名和主表中的关系表达式相对应。

⑤ 将表格的 RelationExpr 属性设为联接相关表和主表的表达式。例如:如果 ChildOrder 标识以"KHXM"建立的索引,应将 RelationExpr 也设置为相同的表达式。

15. 表格生成器

（1）右击表单上的表格控件，在弹出的快捷菜单中选择"生成器"命令，可以启动"表格生成器"窗口，如图 4.46 所示。

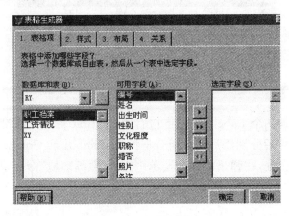

图 4.46　表格生成器

（2）在"表格生成器"窗口的"表格项"选项卡中，可以在"数据库和表"下拉列表中选择一个默认目录中的数据库或表；若想打开其他目录中的数据库或表，可单击该列表框右侧的"▨"按钮，在弹出的"打开"对话框中选择一个表打开。打开表后，Visual FoxPro 会自动将其所有字段放入"表格项"选项卡的"可用字段"列表中，用户可以选择所需字段添加到"选定字段"列表中。使用其中的双箭头 ▶▶ 按钮可将所有可用字段一次全部添加到选定字段列表中。

（3）在"样式"选项卡中，Visual FoxPro 提供了 5 种样式，其默认值为"保留当前样式"，另外 4 种样式分别为专业型、标准型、浮雕型和账务型，当选择其中一项时，在对话框左侧会预览出其效果，如图 4.47 所示。

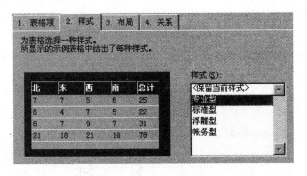

图 4.47　表格样式预览

（4）在"布局"选项卡中，可以调整和设置行与列，如图 4.48 所示。拖动列标题的右边线可调整列宽；拖动行的下边线可调整行高；在"标题"文本框中可为列设置其 Caption 属性；在"控件类型"列表框中可以改变列的控件类型。

例 4.9　按性别和专业过滤编辑"学生"表的数据。

（1）新建一个表单，将其 Caption 属性设为"表格的应用"，AutoCenter 设为 .T.。

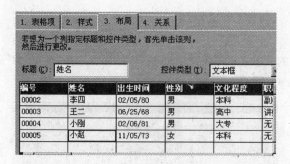

图 4.48　表格布局

（2）向表单中添加两个 Label 控件，将它们的 Caption 属性分别设为"性别"和"专业"，然后在两个 Label 控件后分别添加两个组合框控件 Combo1 和 Combo2，如图 4.49 所示。

（3）右击表单空白处，在弹出的快捷菜单中选择"数据环境"命令，将表"student.dbf"添加到表单的数据环境中，如图 4.50 所示。

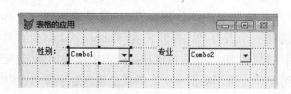

图 4.49　添加组合框控件　　　　　　图 4.50　向数据环境中添加表

（4）在数据环境中，拖动表 student.dbf 的标题栏到表单空白处，即自动生成一个表格。注意：此处一定要拖动数据环境中表的标题栏，如果拖动的是表中的字段，则在表单上生成的是文本框和标签。

（5）在表单中适当调整表格的大小，并将该表格的 Name 属性改为 Grid1，调整后的界面如图 4.51 所示。

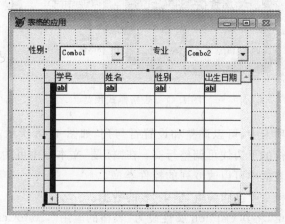

图 4.51　调整表格大小

（6）选中组合框 Combo1,在"属性"窗口中将其 RowSourceType 属性改为"1—值",再选中 RowSource 属性,在上方文本框中输入值:"男,女",如图 4.52 所示。

用同样方法,将 Combo2 的 RowSourceType 属性设为"1—值",将 RowSource 属性设为"计算机科学与技术,电气自动化,市场营销"。注意:输入 RowSource 属性值时,逗号分隔的是要在组合框中显示的每一个选项,且必须用英文标点。

图 4.52　设置 Combo1 的
RowSource 属性

（7）编写代码。

① Combo1 的 InterActiveChange 事件代码

```
SET FILTER TO Student.性别 = alltrim(thisform.combo1.value)
thisform.grid1.refresh
```

② Combo2 的 InterActiveChange 事件代码

```
SET FILTER TO Student.专业 = alltrim(thisform.combo2.value)
thisform.grid1.refresh
```

（8）保存并运行表单,可以发现,当我们在组合框中选择时,比如在 Combo1 中选择了"男",则在表格中就将"student. dbf"中的男生记录列出来。

（9）此例中,从数据环境中拖动所需的表到表单上,即自动生成表格,且该表格的 RowSourceType 和 RowSource 等属性都不必再设置,系统自动将其 RecordSourceType 和 RecordSource 属性设置为生成这个表格的表文件 student. dbf。

4.4.9　页框控件

页框(PageFrame)是页(Page)的容器,一个页框可以包含多个页。页框和页的关系类似于 Windows 操作系统中的对话框和选项卡之间的关系。页本身也是一种容器,一个页内也可包含若干个对象。通过页框和页,大大展宽了表单的大小,并方便分类组织对象。在页框中通过页面标题来选择页面,当前被选中的页面就是活动页面。

页框的常用属性如表 4.25 所示。

表 4.25　页框常用属性

属　性	作　用
PageCount	页数
ActivePage	指定活动页面
Tabs	指定页面标题是否显示
TabStyle	指定页面标题排列方式:0—两端排列,1—非两端排列
TabStrech	页面标题内容较长时指定所有页的标题排列方式:0—单行排列,1—多行排列

（1）PageCount 属性

该属性指定页框中所包含页面的数目,默认值为 2。

（2）ActivePage 属性

该属性指定页框中的当前活动页面，或返回当前活动页面的页号。

例如，使用语句

```
thisform.pageframe1.activepage = 2
```

可设置页框的第 2 页为当前活动页。

（3）Tabs 属性

该属性指定是否显示页面的标签栏。默认值为.T.，在页面中显示标签栏（选项卡）；设置其为.F.时则页面中不显示标签栏。

（4）Caption 属性

页面通过 Caption 属性设置标题的显示文本。在每个页面上可加入不同的对象。

在页面上加入和选择对象的步骤如下。

① 右击页框，在弹出的快捷菜单中选择"编辑"命令，此时页框四周出现绿色阴影，进入编辑状态。

② 单击页框中各页面的标签，即选中此页面，此时可向该页添加对象，或在"属性"窗口中设置该页面的各种属性。

例 4.10　通过页框控件同时操作 XSCJ 数据库中的三个表。

（1）新建一个表单，将 student、score 和 course 三个表加入数据环境中，建立临时关系。

（2）向表单中添加一个页框 PageFrame1，并将其 PageCount 属性设为 3，即该页框内有三个页面。设置完毕后，界面如图 4.53 所示。

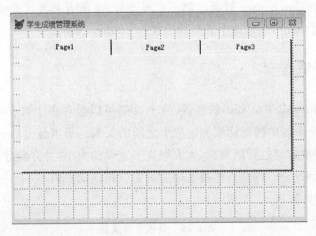

图 4.53　添加页框

（3）设置其中的 Page1。

① 右击页框，在弹出的快捷菜单中选择"编辑"命令，此时页框四周出现绿色阴影，进入编辑状态，如图 4.54 所示。

② 在页框的编辑状态下，选中 Page1 标签，在"属性"窗口中将其 Caption 属性设为"学生信息"，然后将数据环境中 student 表中的所有字段拖曳到 page1 中，如图 4.55 所示。

利用同样方法，在页框的编辑状态下，选中 Page2、Page3 标签，在"属性"窗口中将Page2 的 Caption 属性改为"课程信息"，Page3 的 Caption 属性改为"学生成绩"。分别向Page2 和 Page3 中拖曳表 course 和表 score 的字段。

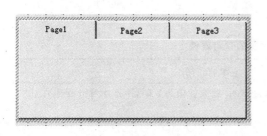

图 4.54 页框的编辑状态

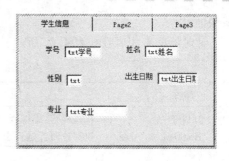

图 4.55 向页 Page1 中添加信息

（4）添加命令按钮组和"退出"命令按钮，如图 4.56 所示。

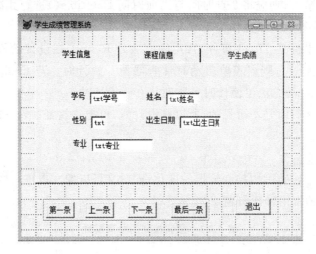

图 4.56 学生成绩管理系统的表单

（5）编写事件代码。

① Page1 对象的 Click 事件代码

```
SELECT Student
this.refresh
```

② Page2 对象的 Click 事件代码

```
SELECT Course
this.refresh
```

③ Page3 对象的 Click 事件代码

```
SELECT Score
this.refresh
```

4.4.10 计时器和微调按钮控件

1. 计时器

计时器（Timer）可提供计时功能，它能每隔指定的时间产生一次 Timer 事件，用于控制某些进程。

计时器的常用属性如表 4.26 所示。

表 4.26　计时器的常用属性

属性	作　用
Interval	计时间隔(单位为 ms,即毫秒)。此属性值为 0 时,不产生 Timer 事件
Enabled	控制计时器是否启动

计时器的计时间隔一般不能太小,否则会频繁产生 Timer 事件,因而降低系统的效率。计时器不能自动直接实现定时中断,而是每隔一定的时间间隔产生一次 Timer 事件。例如希望 8 点产生定时事件,则应将 8 点时间与当前时间 Datetime() 进行相减——即求出两者的时间间隔,然后换算成毫秒值作为 Interval 属性值。

计时器常用的事件是 Timer 事件,常用的方法是 Reset。在设计阶段,设置 Interval 值大于 0,Enabled 值为 .T.,则当表单启动时计时器便开始计时。若 Enabled 值为 .F.,则计时器不启动,调用 Reset 方法可使计时器重新从 0 开始计时。

计时器控件在运行时是不可见的,所以在设计时,可把它放置在表单的任意位置。

2. 微调按钮

微调按钮可在一定范围内控制数据的变化,同时又可以像文本框一样输入数据。

(1) 微调按钮的常用属性如表 4.27 所示。

表 4.27　微调按钮的常用属性

属　性	作　用
Increment	设置微调按钮向上和向下的微调量,默认值为 1.00
InputMask	设置微调值,与 Increment 属性配合使用可设置带小数的值
SpinnerLowValue	通过鼠标控制数值的下限值
SpinnerHighValue	通过鼠标控制数值的上限值
KeyboardLowValue	通过键盘输入数值的下限值
KeyboardHighValue	通过键盘输入数值的上限值

(2) 微调按钮的常用事件。

① DownClick 事件：在单击"↓"箭头时产生。

② UpClick 事件：在单击"↑"箭头时产生。

③ InterActiveChange 事件：微调按钮数值改变时发生。

例 4.11　制作一个显示时间的模拟时钟,并且使刷新的时间可自动调节。

(1) 新建表单,添加一个文本框 Text1 用于显示时间,一个微调按钮 Spinner1 用于控制刷新时间间隔;一个命令按钮 Command1 用于启动时间显示,并将其 Caption 属性值设为"启动";一个计时器 Timer1 用于刷新时间间隔;两个标签,标签的 Caption 属性值分别设为"当前时间"和"秒刷新"。界面如图 4.57 所示。

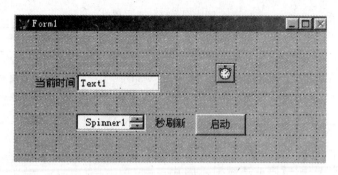

图 4.57 模拟时钟实例

（2）设置对象的属性。按表 4.28 的值进行设置。

表 4.28 对象属性

控 件 名	要设置的属性名	要设置的属性值
text1	value	{}
spinner1	spinnerlowvalue	1
spinner1	spinnerhighvalue	60
spinner1	keyboardlowvalue	1
spinner1	keyboardhighvalue	60

（3）编写事件代码。

① Command1 的 Click 事件

```
thisform.timer1.interval = thisform.spinner1.value * 1000
```

② Timer1 的 Timer 事件

```
thisform.text1.value = time()
```

微调控件的值通常都是数值型,但是也可以将微调控件和文本框组合使用来微调多种类型的数值,使微调控件的功能大大扩展。比如,可将微调控件与文本框组合使用,使之能微调一定范围内的日期。首先,将微调控件的大小进行调整,使之不显示自身的数值框,然后在微调按钮旁边放置一个文本框,将文本框的属性 Value 设为日期型。在微调控件的 UpClick 和 DownClick 事件中输入代码,将文本框的值加减一个数值再送到文本框中,以实现用微调控件微调日期数据。

4.4.11 图形和图像控件

图像框（Image）用于显示图片文件,以加强程序的界面效果。在图像框中使用的图片文件的格式通常为 BMP 格式或 JPEG 格式。

图像框的常用属性如表 4.29 所示。

表 4.29　图像框的常用属性

属性	作　　用	属性	作　　用
Top	距父对象上方的距离	Enabled	设置对象是否可用
Left	距父对象左方的距离	Visible	设置对象是否可见
Height	对象的高度	Picture	指定对象中显示的图片
Width	对象的宽度		

例 4.12　设计一个程序,要求按顺序显示图片,并可放大、缩小图片,暂停或连续显示图片。运行界面如图 4.58 所示。

(1) 新建表单,添加一个图像框 Image1,一个选项按钮组 Optiongroup1,一个计时器控件 Timer1,三个命令按钮 Command1、Command2 及 Command3。

(2) 设置对象属性

① 将三个命令按钮 Command1～Command3 的 Caption 属性依次设为"缩小"、"放大"及"结束"。

图 4.58　图像框实例

② 将单选按钮组 OptionGroup1 中的两个单选按钮 Option1 和 Option2 的 Caption 属性依次设为"连续显示"和"暂停显示"。

③ 计时器控件 Timer1 的属性:Enabled 属性设为.T.,Interval 属性设为 300(300 毫秒即 3 秒,每 3 秒显示一幅图片,此处如改为 100,则为每隔 1 秒显示一幅图片)。

(3) 编写代码

① 表单的 Load 事件

```
public xh                          && 定义全局变量,用于存放图片的文件名
xh = 1                             && 赋初值
```

② 单选按钮"连续显示"的 Click 事件

```
thisform.optiongroup1.option2.value = .F.
this.value = .T.
xh = 1
thisform.timer1.enabled = .T.
```

③ 单选按钮"暂停显示"的 Click 事件

```
thisform.optiongroup1.option2.value = .F.
this.value = .T.
thisform.timer1.enabled = .F.
```

④ 计时器控件 Timer1 的 Timer1 事件

```
xh = xh + 1
IF xh > 3
xh = 1
ENDIF
```

```
xh0 = Alltrim(str(xh))
xp = xh0 + ".jpg"
thisform.image1.picture = "&xp"
```

⑤ "缩小"按钮的 Click 事件

```
thisform.image1.height = thisform.image1.height/1.2
thisform.image1.width = thisform.image1.width/1.2
```

⑥ "放大"按钮的 Click 事件

```
thisform.image1.height = 1.2 * thisform.image1.height
thisform.image1.width = 1.2 * thisform.image1.width
```

⑦ "结束"按钮的 Click 事件

```
thisform.timer1.enabled = .F.
thisform.release
```

说明：制作此例时，必须找三个.jpg格式的文件，将它们分别命名为 1.jpg、2.jpg 和 3.jpg，然后将它们复制到默认目录中。

4.5 多重表单

在 Visual FoxPro 的应用程序中，通常要同时打开多个相关的表单。此时可采用多重表单的方式，在一个表单中通过 DO FORM 命令调用其他表单。

4.5.1 表单的类型

在 Visual FoxPro 中，有两种类型的表单：顶层表单和子表单。

1. 顶层表单

将表单的 ShowWindow 属性设置为"2—作为顶层表单"，则此表单成为顶层表单。顶层表单通常用作应用程序的父表单，如主界面表单，顶层表单最小化时其图标显示在 Windows 任务栏中。

2. 子表单

将表单的 ShowWindow 属性设置为 0 或者 1，即为子表单。当子表单最小化时，将显示在父表单的底部。如果父表单被最小化，则子表单也被最小化；如果父表单被关闭，则子表单也被关闭。

当表单的 ShowWindow 属性设置为"0—在屏幕中"时，该子表单的父表单为 Visual FoxPro 主窗口；当表单的 ShowWindow 属性设置为"1—在顶层表单中"时，该子表单的父表单为顶层表单。

4.5.2　主从表单之间的参数传递

1. 主表单向子表单传递数据

格式：DO FORM ＜表单文件名＞ WITH ＜实参列表＞

功能：主表单在调用子表单时，使用此命令，实现从主表单向子表单传递参数。

在子表单的 Init 事件代码中写如下代码来接收数据。

PARAMETERS ＜形参列表＞

＜实参列表＞与＜形参列表＞中参数用逗号分隔，＜形参列表＞中的参数数目不能少于＜实参列表＞中的参数数目。多余的参数变量将初始化为.F.。

2. 接收子表单返回的值

格式：DO FORM ＜表单文件名＞ TO ＜实际参数＞

功能：主表单在调用子表单时，使用此命令，可以从子表单传递结果给主表单。

在子表单的 Unload 事件代码中通过"RETURN ＜形式参数＞"来返回结果。从子表单返回的值存放于＜实际参数＞中，在主表单中可以被使用。

3. 通过公共变量传递参数

通过使用公共变量，也可以在表单之间传递参数。

习题四

一、单项选择题

1. 设置文本框显示内容的属性是（　　）。

A. value　　　　　　B. Caption　　　　　　C. Name　　　　　　D. Inputmask

2. 表单文件的扩展名（　　）。

A. frm　　　　　　　B. prg　　　　　　　　C. scx　　　　　　　D. vcx

3. 为了隐藏在文本框中输入的信息，用占位符代替显示用户输入的字符，需要设置的属性是（　　）。

A. value　　　　　　B. ControlSource　　　C. InputMask　　　　D. PasswordChar

4. 假设某表单的 visible 属性的初值为.F.，能将其改为.T. 的方法是（　　）。

A. Hide　　　　　　B. Show　　　　　　　C. Release　　　　　D. SetFocus

5. 在 Visual FoxPro 中，下面关于属性、方法和事件的描述错误的是（　　）。

A. 属性用于描述对象的状态，方法用于表示对象的行为

B. 基于同一个类产生的两个对象可以分别设置自己的属性值

C. 事件代码也可以像方法一样被显示调用

D. 在创建一个表单时，可以添加新的属性、方法和事件

6. 让隐藏的 MeForm 表单显示在屏幕上的命令是（　　）。

A. MeForm. Display   B. MeForm. show

C. MeForm. List   D. MeForm. See

7. 在表单中为表格控件指定数据源的属性是( )。

A. DataSource   B. RecordSource

C. DataFrom   D. RecordFrom

8. 将当前表单从内存中释放的正确语句是( )。

A. ThisForm. Close   B. ThisForm. . Clear

C. ThisForm. Release   D. ThisForm. Refresh

9. 下面属于表单方法名(非事件名)的是( )。

A. Init   B. Release   C. Destroy   D. Caption

10. 下列表单的哪个属性设置为真时,表单运行时将自动居中?( )

A. AutoCenter   B. AlwaysOnTop   C. ShowCenter   D. FormCenter

11. 表单里有一个选项按钮组,包含两个选项按钮 Option1 和 Option2,假设 Option2 没有设置 Click 事件代码,而 Option1 以及选项按钮组和表单都设置了 Click 事件代码,那么当表单运行时,如果用户单击 Option2,系统将( )。

A. 执行表单的 Click 事件代码   B. 执行选项按钮组的 Click 事件代码

C. 执行 Option1 的 Click 事件代码   D. 不会有反应

12. 下面关于命令 DO FORM XX NAME YY LINKED 的陈述中,正确的是( )。

A. 产生表单对象引用变量 XX,在释放变量 XX 时自动关闭表单

B. 产生表单对象引用变量 XX,在释放变量 XX 时并不关闭表单

C. 产生表单对象引用变量 YY,在释放变量 YY 时自动关闭表单

D. 产生表单对象引用变量 YY,在释放变量 YY 时并不关闭表单

13. 表单名为 myForm 的表单中有一个页框 myPageFrame,将该页框的第 3 页 (Page3)的标题设置为"修改",可以使用代码( )。

A. `myForm.Page3.myPageFrame.Caption = "修改"`

B. `myForm.myPageFrame.Caption.Page3 = "修改"`

C. `Thisform.myPageFrame.Page3.Caption = "修改"`

D. `Thisform.myPageFrame.Caption.Page3 = "修改"`

14. 在 Visual Foxpro 中,Unload 事件的触发时机是( )。

A. 释放表单   B. 打开表单   C. 创建表单   D. 运行表单

15. 假设在表单设计器环境下,表单中有一个文本框且已经被选定为当前对象。现在从属性窗口中选择 Value 属性,然后在设置框中输入:

= {^2001 − 9 − 10} − {^2001 − 8 − 20}

则经过以上操作后,文本框 Value 属性值的数据类型为( )。

A. 日期型   B. 数值型   C. 字符型   D. 以上操作出错

16. 在表单设计中,经常会用到一些特定的关键字、属性和事件。下列各项中属于属性的是( )。

A. This   B. ThisForm   C. Caption   D. Click

17. 在 Visual FoxPro 中调用表单 mf1 的正确命令是（　　）。

A. DO mf1 　　　　　　　　　　　　　B. CREATE FROM mf1

C. DO FORM mf1 　　　　　　　　　　D. RUN mf1

18. 在 Visual FoxPro 中，释放表单时会引发的事件是（　　）。

A. UnLoad 事件　　B. Init 事件　　　　C. Load 事件　　　D. Release 事件

19. 在命令按钮 Command1 的 Click 事件中，改变该表单的标题 Caption 属性为"学生管理"，下面正确的命令为（　　）。

A. Myform.Caption = "学生管理"　　　　B. This.Parent.Caption = "学生管理"

C. Thisform.Caption = "学生管理"　　　　D. This.Caption = "学生管理"

二、填空题

1. 命令按钮的 Cancel 属性的默认值是_____。

2. 可以使编辑框的内容处于只读状态的两个属性是 ReadOnly 和_____。

3. 在 Visual FoxPro 表单中，当用户单击命令按钮时，会触发命令按钮的_____事件。

4. 在 Visual FoxPro 中，假设表单上有一个选项按钮组：○男 ○女，该选项按钮组的 Value 属性值为 0。当其中的第一个选项按钮"男"被选中时，该选项组的 Value 属性值为_____。

5. 在 Visual FoxPro 表单中，用来确定复选框是否被选中的属性是_____。

6. 为使表单运行时在主窗口中居中显示，应设置表单的 AutoCenter 属性值为_____。

7. 已知表单文件名 myform.scx，表单备注文件名 myform.sct，运行这个表单的命令是_____。

8. 在 Visual FoxPro 中，如果要改变表单上表格对象中当前显示的列数，应设置表格的_____属性值。

9. 如果要设置控件的焦点，则该控件的_____和 Enabled 属性值应为真。

10. 在 Visual FoxPro 中，用来确定复选框是否被选中的属性是_____。

查询和视图

数据检索是应用程序对数据进行处理的重要任务之一。在所有数据处理的任务中,数据检索占有很大的比重。在 Visual FoxPro 中,主要利用查询和视图两种方式实现对数据库中的数据进行检索操作。本章主要介绍查询和视图的概念、建立和使用方法,并比较二者的区别。

5.1 查询

所谓查询,就是从数据库的一个表或关联的多个表中,检索出符合条件的信息,并可对查询结果分组或排序存储于指定的文件中。查询能够形成查询文件,其扩展名为 qpr,独立存放于磁盘上。实际上,查询文件是一个由 SELECT-SQL 语句和输入定向有关的语句组成的文本文件,用户也可以使用文本编辑工具(如记事本)来编辑它。查询只能从表中提取数据,但不能修改数据。如果既要查询数据,又要修改数据,可以使用视图。

1. 查询的创建

创建查询的方法有三种:一是使用查询向导,二是使用查询设计器,三是直接编写 SELECT-SQL 语句。不管是使用查询向导还是使用查询设计器创建查询,结果都是生成一条 SELECT-SQL 语句,是 SELECT-SQL 命令的可视化设计方法。这里介绍使用查询设计器创建查询。

(1) 使用查询设计器创建查询的基本步骤

① 启动查询设计器。

② 向数据环境中添加需要的表。

③ 设置表之间的关联。

④ 选择在查询结果中要显示的字段。

⑤ 设置筛选记录的条件。

⑥ 设置查询结果的排序依据。

⑦ 设置查询结果的分组依据。

⑧ 设置查询结果的输出去向。

(2) 启动查询设计器

启动查询设计器有下面几种方法。

① 在项目管理器中切换到"数据"或"全部"选项卡,文件类型选择"查询",然后单击"新建"按钮,弹出"新建查询"对话框,如图 5.1 所示。在"新建查询"对话框中单击"新建查询"按钮,弹出"查询设计器"窗口,如图 5.2 所示。

② 选择"文件"→"新建"→"查询"命令,或者单击"常用"工具栏的"新建"按钮。

③ 使用 CREATE QUERY 命令。

打开查询设计器后,系统同时打开"查询设计器"工具栏,并且还自动增加了一个"查询"菜单项。

图 5.1　"新建查询"对话框

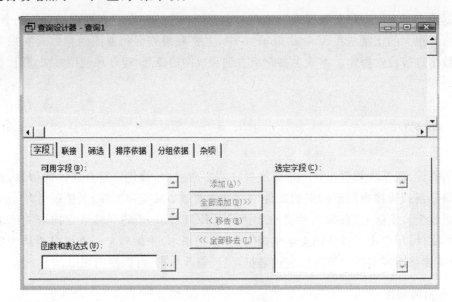

图 5.2　"查询设计器"窗口

(3) 查询设计器简介

① 数据环境

查询设计器的上半部分是数据环境显示区,用于显示所选择的表或视图,可采用右击其空白处,在弹出的快捷菜单中选择"添加表"或"移去表"命令实现向数据环境添加表或从数据环境中移去表的操作。如果是多表查询,还可以在表之间可视化地建立关系,这种关系用表之间的连线表示。

若用户已经打开数据库,则启动查询设计器后,系统将自动打开"添加表或视图"对话框。否则,在数据环境中任意位置右击,在弹出的快捷菜单中选择"添加表"命令,在打开的数据库 xscj 中添加 student、score、course 三个表后,这 3 个表之间的永久关系被带入数据环境中,表之间有连线显示,如图 5.3 所示。

② "字段"选项卡

在"查询设计器"窗口中,切换到"字段"选项卡,在"可用字段"列表框中列出了查询数据环境中选择的数据表的所有字段;在"选定字段"下面的列表框中设置在查询结果中要输出的字段或表达式;"函数和表达式"文本框用于建立查询结果中输出的表达式。"选定字段"

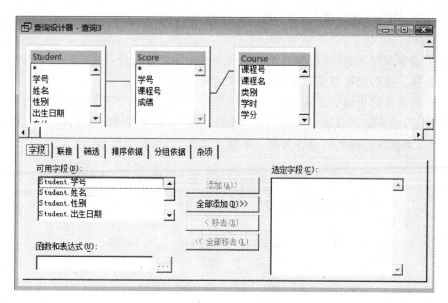

图 5.3　添加表之后的数据环境

列表框中行的顺序就是查询结果中列的顺序。

在"可用字段"列表框和"选定字段"列表框之间有 4 个按钮："添加"、"全部添加"、"移去"和"全部移去"按钮,用于选择或取消选定的字段。

在"可用字段"列表框中选取 score 表中的"学号"字段后,单击"添加"按钮,"Score.学号"就出现在"选定字段"中。用同样的方法向"选定字段"中添加其他字段,如图 5.4 所示。

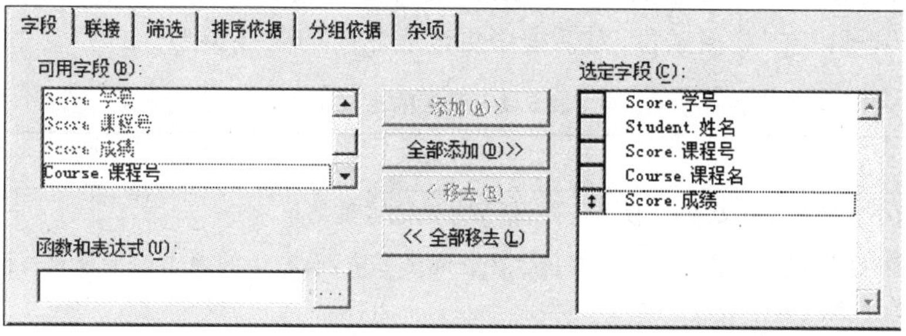

图 5.4　"字段"选项卡

在"函数和表达式"文本框中,可以输入一个表达式,也可以单击 ▦ 按钮,打开"表达式生成器"对话框,生成一个表达式,单击"添加"按钮,表达式就出现在"选定字段"列表框中。此外,还可以给选定的字段或表达式起一个别名,方法是在"函数和表达式"文本框中字段名或表达式后输入"AS 别名",查询结果中就以别名作为该列的标题。

例如,在 student 表中有出生日期字段,为了输出年龄,可以在"选定字段"框中加入下列表达式:

```
year(date()) - year(Student.出生时间) + 1   AS 年龄
```

在该表达式中,用当前系统日期的年份减去出生时间的年份,得到了学生的年龄,并给该表达式起了一个别名"年龄"。

　　③ "联接"选项卡

　　进行多表查询时,需要把所有有关的表或视图添加到查询设计器的数据环境中,并为这些表建立联接。这些表可以是数据表、自由表或视图。

　　当向查询设计器中添加多张表时,如果新添加的表与已存在的表之间在数据库中已经建立永久关系,则系统将以该永久关系作为默认的联接条件;否则,系统会打开"联接条件"对话框,并以两张表的同名字段作为默认的联接条件,如图 5.5 所示。

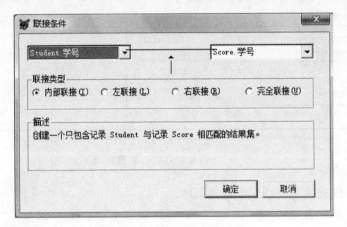

图 5.5　"联接条件"对话框

　　在该对话框中有四种联接类型:内部联接(Inner Join)、左联接(Left Outer Join)、右联接(Right Outer Join)和完全联接(Full Join),其含义如表 5.1 所示。系统默认的联接类型是"内部联接",可以在"联接条件"对话框中更改表之间的联接类型。

表 5.1　联接的含义

联接类型	说　明
内部联接	两个表中的字段都满足联接条件,记录才选入查询结果
左联接	联接条件左边的表中的记录都包含在查询结果中,而右边的表中的记录只有满足联接条件时,才选入查询结果
右联接	联接条件右边的表中的记录都包含在查询结果中,而左边的表中的记录只有满足联接条件时,才选入查询结果
完全联接	两个表中的记录不论是否满足联接条件,都选入查询结果

　　两表之间的联接条件也可以通过"查询设计器"窗口中的"联接"选项卡来设置和修改,如图 5.6 所示。在"类型"下拉列表框中选择"联接"的类型,在"字段名"、"条件"、"值"下拉列表框中选择需要联接的字段、对应条件和对应的值,如有需要,还应选择联接条件之间满足的逻辑关系。

　　④ "筛选"选项卡

　　查询时既可查询所有记录,也可以查询所有满足条件的记录。指定选取记录的条件可使用"查询设计器"的"筛选"选项卡,如图 5.7 所示。

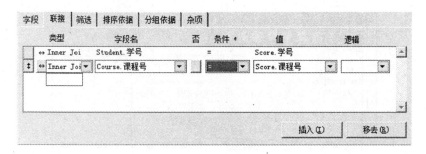

图 5.6 "联接"选项卡

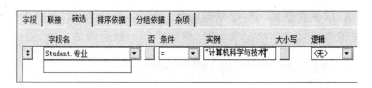

图 5.7 "筛选"选项卡

其中,"字段名"下拉列表框用于选择要比较的字段;"条件"下拉列表框用于设置比较的类型,如表 5.2 所示。"实例"文本框用于指定比较的值;"大小写"文本框用于指定比较字符值时,是否区分大小写。"逻辑"下拉列表框用于指定多个条件之间的逻辑运算关系。如果用"逻辑与"运算符 AND 连接两个条件组成筛选条件,则只有同时满足这两个条件的记录才能出现在查询结果中;如果用逻辑运算符 OR 连接两个条件组成筛选条件,则满足这两个条件的任何一个的记录就能出现在查询结果中。"筛选"中的一行就是一个关系表达式,所有的行构成一个逻辑表达式。

表 5.2 "条件"下拉列表框的取值及含义

条件类型	说　明
＝	字段值等于实例值
Like	字段值与实例值匹配
＝＝	字段值与实例值严格匹配
＞(＞＝)	字段值大于(或大于等于)实例的值
＜(＜＝)	字段值小于(或小于等于)实例的值
Is Null	字段值为"空"值
Between	字段值在某个值域内。值域由实例给出,实例中给出两个值,两值之间用逗号分开
In	字段值在某个值表中。值表由实例给出,实例给出若干个值,值与值之间用逗号分开

⑤"排序依据"选项卡

使用查询设计器可以对查询结果中输出的记录排序。例如,使查询结果按"课程号"升序输出,或按"成绩"的高低顺序输出。还可以使输出结果按多个字段排序输出,"排序条件"列表框中的顺序决定了排序的优先权。排序可以是升序,也可以是降序。例如,查询结果选择按"课程号"升序排序,相同的课程再按"成绩"降序排序,如图 5.8 所示。

⑥"分组依据"选项卡

在"查询设计器"窗口中还有一个"分组依据"选项卡。所谓分组即将一组类似的记录压

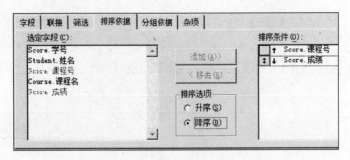

图 5.8　"排序依据"选项卡

缩成一个结果记录,以便完成这一组记录的计算。例如,在 score 表中查询每一门课程的选课人数,就可以按课程号对表中的记录分组,然后求每一组记录的个数,如图 5.9 所示。

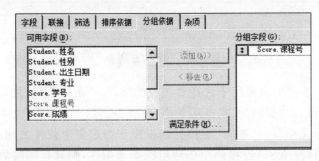

图 5.9　"分组依据"选项卡

⑦ "杂项"选项卡

在"查询设计器"窗口的"杂项"选项卡中,可设置一些特殊的查询条件,如图 5.10 所示。

选中"无重复记录"复选框,则查询结果中将排除所有相同的记录;否则,将允许重复记录的存在。

选中"交叉数据表"复选框,将把查询结果以交叉表的格式传送给 Microsoft Graph、报表或表。注意,只有当"选定字段"刚好为 3 项时,才可以选中"交叉数据表"复选框,选定的 3 项代表 X 轴、Y 轴和图形的单元值。

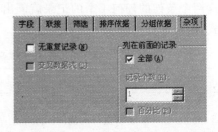

图 5.10　"杂项"选项卡

如果选中"全部"复选框,则满足查询条件的所有记录都包括在查询结果中,这是查询设计器的默认设置。只有在取消对"全部"复选框的选中的情况下,才可以设置"记录个数"和"百分比"。"记录个数"用于指定查询结果中包含多少条记录。当没有选中"百分比"复选框时,"记录个数"微调框中的整数表示只将满足条件的前多少条记录包括到查询结果中;当选中"百分比"复选框时,"记录个数"微调框中的整数表示只将最先满足条件的百分之多少个记录包括到查询结果中。

⑧ 选择查询结果的去向

查询结果可输出到不同的目标位置。在"查询去向"对话框中,根据需要可以把查询结果输出到如表 5.3 所示的不同目标位置。如果没有选定输出目标位置,系统默认把查询结果显示在浏览器窗口中。

表 5.3 查询结果输出的去向

输出去向	说 明
浏览	将查询结果显示在"浏览"窗口中
临时表	将查询结果存储在一张命名的临时表中
表	将查询结果保存在一张表中
图形	将查询结果用于 Microsoft Graph 应用程序
屏幕	将查询结果显示在 Visual FoxPro 主窗口或当前活动窗口中
报表	将查询结果输出到一个报表文件
标签	将查询结果输出到一个标签文件

在菜单栏中选择"查询"→"查询去向"命令,或在"查询设计器"工具栏中单击"查询去向"按钮,屏幕上将出现"查询去向"对话框,如图 5.11 所示,在其中可选择一个去向。

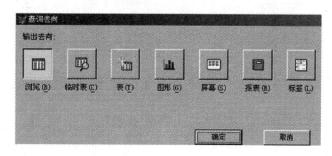

图 5.11 查询去向

2. 生成 SQL 语句

不论是使用向导还是查询设计器建立查询,其结果都是生成一条 SQL 语句。通过选择"查询"菜单(或者快捷菜单)中的"查看 SQL"菜单项或单击"查询设计器"工具栏上的 SQL 按钮,即可看到所生成的 SELECT-SQL 语句。

一般情况下,用查询设计器创建查询的目的是通过交互设置,生成 SQL 命令,然后复制下来,粘贴到应用程序中或保存到查询文件中。用户如果对 SELECT-SQL 比较熟悉,完全可以不使用查询设计器。

3. 生成查询文件

查询创建完成后,单击"常用"工具栏上的"保存"按钮或"文件"菜单中的"保存"命令,输入文件名,比如 Query1,系统自动为该文件加上扩展名 qpr,即生成了查询文件 Query1.QPR。该文件中保存的是 SQL 语句。

4. 运行查询

(1)在项目管理器打开的情况下,选择查询文件,单击项目管理器中的"运行"按钮。

(2)在查询文件打开的情况下,单击"常用"工具栏上的"运行"按钮或"查询"菜单中的"运行查询"命令,即可运行查询。

(3)在命令窗口或应用程序中用 DO 命令运行查询,例如:DO Query1.QPR。

例 5.1 查询每个学生的各科总成绩及平均成绩,并按平均成绩降序排序,要求查询输出必须包括学号、姓名、人数、总成绩和平均成绩信息。

分析:本例按学号进行分组,即把所有学号相同的记录压缩成一个记录。利用 Count()、Sum()和 Avg()函数可以对每一组记录进行计数、求和及求平均值。

(1) 新建一个查询,选择 student、score 和 course 表,在"查询设计器"对话框的"字段"选项卡中将下列字段和表达式设置到"选定字段"列表框中,如图 5.12 所示。

向"选定字段"列表框添加表达式"COUNT(*) as 人数"的方法:在"函数和表达式"文本框中输入表达式"COUNT(*) as 人数",然后单击右侧的"添加"按钮即可,如图 5.13 所示。

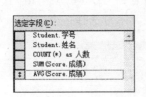

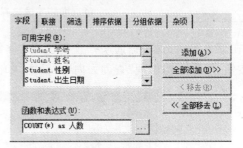

图 5.12 "选定字段"列表框　　　　图 5.13 向"选定字段"列表添加表达式

这里,给表达式"COUNT(*)"起了一个别名"人数"。

(2) 在"排序依据"选项卡中,选择"Avg(Score. 成绩)"作为排序条件,设置为降序排序。

(3) 在"分组依据"选项卡中,把"可用字段"列表框中的"Score. 学号"字段添加到"分组字段"列表框中。

(4) 如果在分组的基础上,还要对查询结果记录进行筛选,可以单击"分组依据"选项卡中的"满足条件"按钮,打开"满足条件"对话框,例如输入"Avg(Score. 成绩)<60"。

5.2 视图

查询可以很方便地从表中检索出所需的数据,但不能修改所查出的数据。如果既要查询数据,又要修改数据,可以使用视图(View)。视图是数据库的一部分,与数据库表有很多相似的地方。视图是一个虚表,其中存放的是数据库表的定义,本身并不存储数据。在大多数场合下,对视图的操作等同于表。例如,可以给视图的字段设置标题、添加注释、设置字段的有效性规则等。

但是视图和查询也有所区别。首先查询是独立存在的文件,而视图是属于数据库的对象。其次,查询可以定义各种不同的输出去向,而视图只能在浏览窗口中显示。再次,在查询中只能显示查询得到的数据,无法修改数据。而在视图中,可以通过修改数据来更新所对应的源数据表。

在 Visual FoxPro 中,有两种类型的视图:本地视图和远程视图。本地视图能够更新存放在本地计算机中的表,远程视图能够更新存放在远程服务器中的表。

5.2.1 创建本地视图

1. 使用命令创建视图

格式：CREATE [SQL] VIEW 视图名 AS SELECT-SQL 语句
例如，创建视图 XSXX，选择 Student 表的全部信息，命令如下：

```
CREATE SQL VIEW XSXX AS SELECT * FROM Student
```

也可以使用已有的 SELECT-SQL 语句来创建视图。
例如，上面创建视图的命令，可以改成下列格式：

```
x = "SELECT * FROM Student"
CREATE SQL VIEW XSXX AS &x
```

2. 使用视图设计器创建视图

使用视图设计器创建视图的步骤如下：
（1）启动"视图设计器"。
（2）添加表或视图。
（3）建立表间的关联。
（4）选择字段。
（5）筛选记录。
（6）排序记录。
（7）设置更新条件。
"视图设计器"窗口与"查询设计器"窗口相类似，这里不再介绍。

3. 启动视图设计器

（1）在项目管理器中切换到"全部"或"数据"选项卡，选择"本地视图"选项，单击"新建"
按钮，弹出"新建本地视图"对话框，如图 5.14 所示。

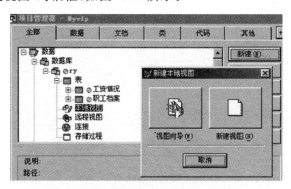

图 5.14 "新建本地视图"对话框

（2）在"新建本地视图"对话框中单击"新建视图"按钮，进入"视图设计器"窗口，与"查询设计器"窗口相比较，除了多一个"更新条件"选项卡之外，其他都是相同的。

4. 设置更新条件

视图是由基本表派生的虚拟表。修改基本表的数据后,再次打开视图,视图中的数据将被改变。而修改视图中的数据,默认情况下,不会影响到基本表中的数据。但是,通过设置"视图设计器"窗口中的"更新条件"选项卡,可以使用视图来更新基本表的数据。在"更新条件"选项卡中,选中"发送 SQL 更新"复选框,并设置更新字段,即可使用视图更新基本表中的数据,如图 5.15 所示。

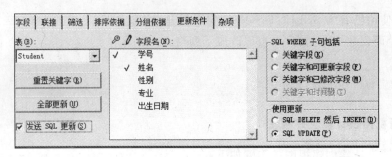

图 5.15　设置更新条件

5.2.2　视图的使用

1. 视图的打开

视图不作为单独的文件存在,而是数据库的一部分。要打开视图,必须先打开数据库,格式:

OPEN DATABASE 数据库名

USE 视图名

BROWSE

2. 显示视图的结构

如只需要打开视图并显示其结构,而不必下载数据时,可使用带 NODATA 子句的 USE 命令。格式:

USE 视图名 NODATA

BROWSE

3. 关闭视图

关闭视图,用下列命令:

SELECT 视图名
USE

关闭数据库中所有表和视图,用下列命令:

CLOSE TABLES

关闭数据库,则库中的表和视图也一起关闭:

CLOSE DATABASE

习题五

一、单项选择题

1. 以下关于"查询"的描述正确的是(　　)。

A. 查询文件的扩展名为 prg 　　　　　B. 查询保存在数据库文件中

C. 查询保存在表文件中 　　　　　　　D. 查询保存在查询文件中

2. 以下关于查询的描述正确的是(　　)。

A. 不能根据自由表建立查询 　　　　　B. 只能根据自由表建立查询

C. 只能根据数据库表建立查询 　　　　D. 可以根据数据表和自由表建立查询

3. 以下关于"视图"的描述正确的是(　　)。

A. 视图独立于表文件 　　　　　　　　B. 视图不可更新

C. 视图只能从一个表派生出来 　　　　D. 视图可以删除

4. 查询"教师表"的全部记录并存储于临时文件 one.dbf 中的 SQL 命令是(　　)。

A. SELECT ＊ FROM 教师表 INTO CURSOR ONE

B. SELECT ＊ FROM 教师表 TO CURSOR ONE

C. SELECT ＊ FROM 教师表 INTO CURSOR DBF ONE

D. SELECT ＊ FROM 教师表 TO CURSOR DBF ONE

5. 下面关于视图的描述中正确的是(　　)。

A. 视图和表一样包含数据 　　　　　　B. 视图物理上不包含数据

C. 视图定义保存在命令文件中 　　　　D. 视图定义保存在视图文件中

6. 在查询设计器环境中,"查询"菜单中的"查询去向"命令指定了查询结果的输出去向,输出去向不包括(　　)。

A. 临时表 　　　　B. 表 　　　　C. 文本文件 　　　　D. 屏幕

7. 在视图设计器中存在,而在查询设计器中不存在的选项卡是(　　)。

A. 排序依据 　　B. 更新条件 　　C. 分组依据 　　　D. 杂项

8. 使用查询设计器创建查询,为了指定在查询结果中是否包含重复记录(对应于 DISTINCT),应该使用的选项卡是(　　)。

A. 排序依据 　　　B. 联接 　　　C. 筛选 　　　　D. 杂项

9. 在 SQL SELECT 语句中,为了将查询结果存储到临时表应该使用短语(　　)。

A. TO CURSOR 　　　　　　　　　B. INTO CURSOR

C. INTO DBF 　　　　　　　　　　D. TO DBF

10. 可以运行查询文件的命令是(　　)。

A. DO 　　　　　　　　　　　　　B. BROWSE

C. DO QUERY 　　　　　　　　　　D. CREATE QUERY

二、填空题

1. 删除视图 MyView 的命令是_____。

2. 查询设计器中的"分组依据"选项卡与 SQL 语句的_____短语对应。

3. 已知查询文件 queryone. qpr,要执行该查询文件可使用命令_____。

4. 在数据库中可以设计视图和查询,其中_____不能独立存储为文件。

5. 在 Visual FoxPro 中为了通过视图修改基本表中的数据,需要在视图设计器的
_____选项卡中设置有关属性。

6. 查询文件的扩展名是_____。

7. Visual FoxPro 的视图有_____和_____两类。

8. 在 Visual FoxPro 的查询设计器中"筛选"选项卡对应的 SQL 子句是_____。

9. 查询设计器中的"排序依据"选项卡与 SQL 语句的_____短语对应。

10. 视图是一张虚表,其定义保存在_____中,它可以用_____命令
打开。

第6章 关系数据库标准语言SQL

SQL(Structured Query Language)是结构化查询语言的缩写,是关系数据库系统为用户提供的对关系模式进行定义、对关系实例进行操纵的一种语言。目前,SQL 已经成为一种工业标准化的数据库查询语言,正是由于 SQL 语言的标准化,所以大多数关系型数据库系统都支持 SQL 语言,它已经发展成为多种平台进行交互操作的底层会话语言。

SQL 语言由数据定义语言(DDL)、数据操纵语言(DML)、数据控制语言(DCL)3 部分组成,Visual FoxPro 支持前两部分。数据控制语言用于控制用户访问数据库,实现授权(GRANT)和收回(REVOTE)授权功能,由于 Visual FoxPro 自身在安全控制方面的缺陷,它没有提供数据控制功能。

SQL 语言中语句并不多,但每条语句的功能都很强大,通常一条 SQL 语句可以代替多条 Visual FoxPro 命令。有些 SQL 语句结构比较复杂,从实用角度出发,本章主要介绍关于数据定义、数据查询和数据更新的 SQL 语句的功能和使用方法。

6.1 SQL 概述

6.1.1 SQL 的发展过程

1970 年 6 月,IBM 公司的 San Jose 实验室的研究员 Edgar Frank Codd,在杂志 Communication of ACM(ACM 通信——ACM 即"美国计算机协会")上发表了题为《大型共享数据库的关系模型》的论文,在其中首次提出了关系数据模型,开创了关系数据库理论和方法的先河,为关系数据库技术的应用和发展奠定了理论基础。在此基础上,许多公司开始了关系数据库系统的理论、产品和应用研究。20 世纪 70 年代中期,IBM 公司在研制 System R 关系数据库系统的过程中,开发了世界上最早的 SQL 语言。1979 年,Oracle 公司最先提出了商用的 SQL 语言,后来在其他几种数据库系统中得以实现。

由于 SQL 广泛地被多种关系数据库管理系统支持和使用,为避免 SQL 语言的不兼容,以便基于 SQL 语言的程序容易移植,于是在权威机构多年的工作和努力下,制定了不断完善的 SQL 标准。1986 年 10 月,美国国家标准协会(American National Standards Institute,ANSI)的数据库委员会批准了 SQL 作为关系数据库语言的美国标准,同年公布了标准的 SQL 文本,这个文本称为 SQL-86。1987 年 6 月,国家标准化组织(International Organization for Standardization,ISO)将其采纳为国际标准。SQL-86 在 1989 年进行了升级和改进,并于 1989 年 4 月推出了 SQL-89。1992 年,由 ANSI 和 ISO 合作,对 SQL-89 做了较大改动和完善,并于 1992 年 8 月推出了 SQL-89 的升级版本 SQL-92,也称 SQL2,这是目前绝大多数商用 RDBMS 支持的版本。随后的 SQL3 也于 1999 年上半年正式推出,表示该标准是第三代 SQL 语言,它是在 SQL-92 的基础上引入了递归、触发器和对象等概念和机制。

本章将参照 ANSI SQL-92 标准,以 Visual FoxPro 6.0 关系数据库系统为背景,来介绍 SQL 的语言概貌。由于不同的关系数据库系统只是遵循 SQL-92 的大部分特性,有时为了提高系统性能,还提供了针对各自系统的、特定的、非标准的 SQL 语句,因此读者在使用实际的关系数据库管理系统时,一定要参考相关的技术手册。

6.1.2　SQL 语言的特点

SQL 语言是基于关系模型的数据库查询语言,它不仅具有查询功能,还具有数据定义、数据的增加、删除、修改功能和安全以及事务的控制功能。SQL 语言是一种非结构化的程序语言,在具体应用中不需要用户考虑如何做,只需要写出做什么的语句即可。写出的语句一般称为查询,将此查询交给关系数据库管理系统去解释执行,就可以得到所需要的查询结果。

SQL 语言是一个综合的、通用的、功能强大的关系数据库语言,综合起来,它具有以下四个特点。

1. 功能一体化

非关系模型的数据语言一般分为模式 DDL、子模式 DDL、内模式 DDL 以及 DML。它们各自完成模式、子模式、内模式定义和数据存取、处理功能。而 SQL 语言能完成关系模式定义、数据录入以及数据库的建立、查询、更新、维护、重构、安全性控制等一系列操作,它具有 DDL、DML、DCL 为一体的特点,用 SQL 语言就可以实现数据库生命期内的全部活动。

另外,由于关系模型中实体以及实体之间的联系均由关系来表示,这种数据结构的单一性带来了数据库操纵符的统一性。由于信息仅仅以一种方式表示,因此所有操作都只需要一种操作符。

2. 使用方式灵活

SQL 语言没有任何屏幕处理或用户输入输出的能力,它只提供访问数据库的标准方法,因此在实际使用中必须和其他工具或语言配合使用才能完成具体的应用任务。SQL 语言有两种使用方式:一种是直接以命令方式交互使用(如 Visual FoxPro 6.0 的命令窗口以及 Access 2000 的查询分析器);另一种是嵌入到某种高级语言(如 C、Visual Basic、Java、ASP、JSP 等)的程序中,以程序方式来实现对数据库的操作。前一种方式下,SQL 语言为自含式语言,借助第三方工具的交互式界面可以独立使用,Visual FoxPro 就是如此;后一种方式下,SQL 语言作为嵌入式语言,它依附于宿主语言。前一种方式适用于非计算机专业人员,后一种方式适用于程序员。这两种使用方式为用户提供了灵活的选择余地。尽管 SQL 的使用方式不同,但是 SQL 语言的语法结构是基本一致的。

3. 高度非过程化

保证数据库过程化的语言要求用户在程序设计中不仅要指明程序做什么,而且需要程序员按照一定的算法编写出怎样做的程序。而对于 SQL 语言来说,只要求用户提出目的即做什么,而不用指出如何去实现目的。在 SQL 语言的两种使用方式中均是如此,用户不必了解存取路径,存取路径的选择以及 SQL 语句操作的过程都交给关系数据库管理系统来完成。

4. 简洁易学

尽管 SQL 语言功能强大,又有两种使用方法,但由于其巧妙的设计,语言十分简洁,因此易于学习和使用。SQL 完成核心功能一共只用了 9 个动词(其中标准 SQL 是 6 个)。表6.1 列出了表示 SQL 功能的命令动词。另外,SQL 语言的语法也非常简单,很接近英语的口语,因此容易学习、掌握。而且,目前几乎所有的关系数据库管理系统都支持 SQL 语言,所以使用标准 SQL 语言的程序可以方便地从一种关系数据库管理系统移植到另一种关系数据库管理系统上。

表 6.1　SQL 命令动词

SQL 功能	命 令 动 词	SQL 功能	命 令 动 词
数据查询	SELECT	数据操纵	INSERT,UPDATE,DELETE
数据定义	CREATE,DROP,ALTER	数据控制	GRANT,REVOKE

6.1.3　SQL 数据库的体系结构

SQL 语言支持关系数据库三级模式结构,如图 6.1 所示。其中外模式对应于视图(View)和部分基本表(Base Table),模式(即概念模式)对应于基本表,内模式对应于存储文件。

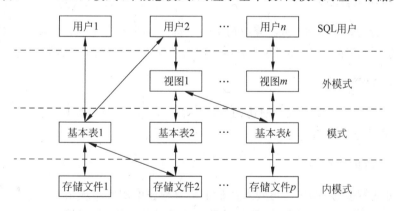

图 6.1　SQL 语言对关系数据库的支持

用户可以用 SQL 语言对基本表和视图进行查询或其他操作,基本表和视图一样,都是关系。基本表是本身独立存在的表;视图是从基本表或其他视图导出的表。视图本身不独立存储在数据库中,即数据库中只存放视图的定义而不存放视图对应的数据,这些数据仍存放在导出视图的基本表中,因此视图是一个虚表。

一个基本表可以跨一个或多个存储文件,而一个存储文件也可以存放一个或多个基本表。一个基本表可以有多个索引,索引也存放在存储文件中。存储文件的逻辑结构组成了关系数据库的内模式；存储文件的物理结构是任意的，对用户透明。

SQL 用户可以是终端用户，也可以是应用程序。SQL 用户可以使用交互方式或者嵌入式方式与数据库进行连接操作。

6.1.4　SQL 语言的语句结构

不管是操作人员直接输入的还是嵌入到宿主语言的某个程序中，SQL 语句都是从动词开始的，紧跟其后的是动词"应该做什么"的确切信息，语句的末尾必须有一个结束符，SQL 语言标准的语句结束符为空白。不同的 SQL 产品使用的语句结束符也是不同的，如 Oracle SQL 为分号"；"，而 Visual FoxPro 为空白。如果动词是对某个表的动作（即动词要求使用某个表），则该表的名称必须出现在语句中。

SQL 语言和其他计算机语言一样，保留一些字作为本系统专用。SQL 对它的保留字规定有确切的含义和用法，用户只能按照 SQL 的规范使用其保留字，不能用它们作为表名、列名等。一些常用的 SQL 标准规定的保留字有：SELECT、FROM、WHRER、CREATE、TABLE、DROP、INSERT、UPDATE、DELETE 等。

6.1.5　SQL 语言的命令分类

SQL 语言的命令可以分为以下四类。

1. 数据定义语言 DDL

DDL 命令用来创建数据库中的各种对象，包括模式、表、视图、索引等。

2. 数据操纵语言 DML

DML 命令分为数据查询和数据修改两类。数据查询是 SQL 语言的核心，用来对已经存在于数据库中的数据按照指定的条件进行检索。数据修改又可以分为插入、删除、更新三种操作。

3. 数据控制语言 DCL

DCL 命令用来完成授予或收回访问数据库的某种特权、控制数据操纵事务的发生时间及效果、对数据库进行监视等动作。

4. 嵌入式 SQL 的使用

这一部分内容涉及 SQL 语句嵌入在宿主语言程序中的使用规则。

由于 Visual FoxPro 这个数据库应用开发工具已将 SQL 语言直接融入到自身的语言之中，使用起来很方便。也就是说在 Visual FoxPro 环境中，可以在命令窗口、程序、查询或视图中执行 SQL 语句。在执行 SQL 语句（删除表 DROP 语句除外）对表进行操作之前，如果表处于打开状态，则系统不会改变其所在的工作区；如果没有打开表，则系统将在目前空闲的、编号最小的工作区中打开所涉及的表及其相关文件（如备注型文件和索引文件等）。执行完 SQL 语句时，这些文件仍处于打开状态。

但由于 Visual FoxPro 自身在安全控制方面的缺陷，它没有提供数据控制语言 DCL 功能，只提供了数据定义语言 DDL 和数据操纵语言 DML 的功能，所以本章只讲述数据定义语言和数据操纵语言。对于数据控制语言和嵌入式 SQL,读者可参考相关书籍。

6.2 SQL 的数据定义

标准 SQL 的数据定义功能非常广泛,一般包括数据库的定义、表的定义、视图的定义、存储过程的定义、规则的定义和索引的定义等若干部分。本节介绍的 SQL 数据定义语言主要用于建立(CREATE)、修改(ALTER)和删除(DROP)数据库中的各类对象。下面主要介绍有关数据库、表的定义、修改和删除的 SQL 语句格式及其功能。

6.2.1 数据库的定义和删除

1. 数据库的定义

在 Visual FoxPro 中,除了通过系统菜单中的"新建"对话框建立数据库的方法外,还可以通过 SQL 语言的 CREATE DATABASE 命令创建数据库。

语句格式: CREATE DATABASE 数据库名

说明:

① "数据库名"为要创建的数据库的名字,数据库名称在服务器中必须唯一,并且符合标识符的规则。

② 该命令被执行后,系统并不直接进入数据库设计器,仅建立一个空数据库,此时以"数据库名"命名的数据库文件已经在磁盘上建立。

③ 用此命令创建的数据库文件存放在当前默认的文件夹中。默认的文件夹可由用户通过"SET DEFAULT TO "命令设定。

例 6.1   用 SQL 语句建立教学管理数据库,数据库名为 Jxgl,然后利用数据库设计器来检验此数据库。

在命令窗口中输入下列 SQL 语句:

```
CREATE DATABASE Jxgl
```

该命令执行完后,在当前默认的文件夹中可以查看到 Jxgl. DBC、Jxgl. DCT 和 Jxgl. DCX 三个文件。也可以使用 MODIFY DATABASE Jxgl 命令打开如图 6.2 所示的数据库设计器界面,标题栏中显示的信息说明 Jxgl 数据库已创建。

2. 数据库的删除

当某个数据库不再需要时,特别是测试结束,测试的数据库不再需要时,则可以使用 SQL 语句的 DROP DATABASE 或 DELETE DATABASE 命令删除该数据库。

图 6.2   Jxgl 数据库设计器界面

语句格式 1: DROP DATABASE   数据库名

语句格式 2: DELETE DATABASE   数据库名

说明：

① 这里用的 DROP 是标准的 SQL 删除命令，DELETE 是 Visual FoxPro 支持的删除命令。

② DROP(或 DELETE)DATABASE 直接从磁盘上删除"数据库名"所对应的全部文件，则数据库中的所有对象将不再存在，因此删除数据库时要特别小心。

在实际应用中，由于各种原因，有些数据库会损坏或处于置疑状态(比如创建了一个数据库，然后想把其他数据库导入进来，此时很容易发生数据库的置疑)，此时可以用 DROP 或 DELETE 语句删除数据库。

例 6.2 针对教学管理系统，删除数据库 Jxgl。

在命令窗口中输入下列 SQL 语句：

```
DELETE DATABASE Jxgl
```

6.2.2 表的定义

在 Visual FoxPro 中，用于存储数据的表有自由表和数据库表两种。将不属于任何数据库的表称为自由表；将属于某个数据库的表称为数据库表。下面分别介绍这两种表的创建方法。

1. 建立自由表

在第 3 章中介绍了通过系统菜单或 CREATE 命令打开表设计器，利用表设计器建立自由表的方法。现在介绍怎样利用 SQL 语句建立自由表。

语句格式：CREATE TABLE | DBF 表名 [FREE]

(字段名 1　字段类型(字段宽度[，小数位数]) [NULL | NOT NULL]

…

[，字段名 n　字段类型(字段宽度[，小数位数]) [NULL | NOT NULL]]

)

说明：此语句用于建立自由表，具体说明如下。

① TABLE 和 DBF 是等价的，前者是标准 SQL 的关键词，后者是 Visual FoxPro 的关键词。其中竖条"|"将 TABLE 和 DBF 分开，在具体的 SQL 语句中必须选用其中的一个。但竖条"|"不是语法的一部分，不要将其包含在 SQL 语句中。此说明在本章中都适用。

② 表名用于指定需要建立自由表的名称，即 DBF 文件主名，其中也可以指定盘符和路径。

③ FREE 子句限定建立的表不添加到当前数据库中，即建立一个自由表。其中方括号"[ ]"在语句中表示此项是可选项，在没有当前数据库的情况下，FREE 可以省略。但方括号"[ ]"不是语法的一部分，不要将其包含在 SQL 语句中。此说明在本章中都适用。

④ 字段类型用于指定对应字段的数据类型。字段的数据类型见表 6.2。

例如，某字段是数值类型，字段类型写成 N (10,2)，若是字符型写成 C (6)。对于一些固定宽度的数据类型，只说明数据类型符号，不指定宽度，例如，日期型只写 D。

⑤ NULL 或 NOT NULL：在输入数据时，NOT NULL(默认)指明该字段不允许存放空值；而 NULL 允许存放空值。

表 6.2　字段的数据类型说明

字段类型	字段宽度	小数位	说　　明
C	n	—	字符型字段的宽度为 n
D	—	—	日期类型(Date)
T	—	—	日期时间类型(DateTime)
N	n	d	数值字段类型,宽度为 n,小数位为 d(Numeric)
F	n	d	浮点数值字段类型,宽度为 n,小数位为 d (Float)
I	—	—	整数类型(Integer)
B	—	d	双精度类型(Double)
Y	—	—	货币类型(Currency)
L	—	—	逻辑类型(Logical)
M	—	—	备注类型(Memo)
G	—	—	通用类型(General)

例 6.3　建立包含学号、姓名、出生日期和入学年份信息的自由表 Student,其中出生日期字段的值可以为空。

在 Visual FoxPro 的命令窗口下输入下列 SQL 语句:

```
CREATE TABLE Student FREE (学号 C(8), 姓名 C(8), 出生日期 D NULL, 入学年份 N(4,0))
```

此语句执行后,在默认的工作文件夹中,可以找到 Student. DBF 表文件。此文件中只有 Student 表结构,没有数据记录。在向 Student 表中输入数据时,出生日期字段的值可以不填(允许空)。

显示 Student 表结构可以使用命令:

```
LIST STRUCTURE
```

此命令执行后,结果如下:

```
表结构:              G:\FOXBOOK\STUDENT.DBF
数据记录数:           0
最近更新的时间:        08/12/10
代码页:              936
  字段   字段名      类型      宽度     小数位   索引   排序   Nulls
    1    学号       字符型      8                               否
    2    姓名       字符型      8                               否
    3    出生日期    日期型      8                               是
    4    入学年份    数值型      4                               否
**  总计 **                   30
```

2. 建立数据库表

在打开数据库的情况下,可以使用 SQL 语句建立数据库表。数据库表不仅包含表结构,而且还包含字段的有效性规则和主键等信息。因此,在建立自由表语句的基础上还需要进一步扩充,才能构成建立数据库表的语句。

语句格式:CREATE TABLE | DBF 表名

　　　　(字段名 1 字段类型(字段宽度[,小数位数]) [NULL | NOT NULL]

　　　　[CHECK 逻辑表达式 1 [ERROR 字符表达式 1]]

　　　　[DEFAULT 表达式]

　　　　[PRIMARY KEY | UNIQUE]

　　　　[REFERENCES 主表名 [TAG 主表索引标识]]

[NOCPTRANS]

　⋮

　［，字段名 n 字段类型（字段宽度［，小数位数］）［NULL | NOT NULL］…］

　［，PRIMARY KEY 索引关键字表达式 TAG 索引标识［FOR 过滤条件］］

　［，UNIQUE 索引关键字表达式 TAG 索引标识［FOR 过滤条件］］

　［，FOREIGN KEY 索引关键字 TAG 索引标识 REFERENCES 主表名
　［TAG 主表索引标识］］

　［，CHECK 逻辑表达式 2［ERROR 字符表达式 2］］

　）

　| FROM ARRAY 包含表结构的数组名

说明：该语句用于建立数据库表，其中字段名及字段类型描述部分与建立自由表语句的对应部分完全相同，其他短语说明如下。

① CHECK 逻辑表达式 1［ERROR 字符表达式 1］：任选项，用于设置当前字段的有效性规则，即用于控制存入表中的数据的合法性，提高数据的安全性。在输入或修改数据时，如果逻辑表达式的值为真(.T.)，则表示数据正确，通过合法性检查；如果逻辑表达式的值为假(.F.)，则表示数据不正确，此时系统提示出错信息或显示 ERROR 选项中字符表达式的值。

② DEFAULT 表达式：任选项，在增加新记录时，系统自动将字段的值设为表达式的值。如果字段设置了有效性规则，则默认值应该符合这个规则。

例 6.4　在 Jxgl 数据库中，建立包含学号、姓名、民族、日期和入学年份信息的表 Student2，其中日期字段的值可以为空；对表增加新记录时，系统自动将 2010 填到入学年份字段中；输入或修改数据时，如果入学年份的值超出范围(2000,2021)，则系统将提示“入学年份应该在 2001～2020 之间”。

SQL 语句如下：

```
CREATE DATABASE Jxgl
OPEN DATABASE Jxgl
CREATE TABLE Student2(学号 C(8), 姓名 C(8), 民族 C(10), 日期 D NULL, ;
    入学年份 N(4,0) DEFAULT 2010 CHECK 入学年份> 2000 AND 入学年份< 2021;
    ERROR "入学年份应该在 2001～2020 之间")
```

注意：这里的分号是续行符号，下同。

③ PRIMARY KEY | UNIQUE：任选项，其中 PRIMARY KEY 用于将字段设为主索引关键字（主键），索引标识名为本字段名。一个表中只能有一个主键；UNIQUE 将字段设为候选索引关键字，索引标识名为字段名，一个表中可以有多个候选索引关键字。这里的候选索引并不是通过 Visual FoxPro 的 INDEX … UNIQUE 命令建立的唯一索引。

④ REFERENCES 主表名［TAG 主表索引标识］：任选项，指定建立永久关系的父表。父表不能是自由表。如果省略 TAG 子句，就用父表的主索引关键字建立关系。如果父表没有主索引，则 Visual FoxPro 产生错误。

⑤ NOCPTRANS：防止字符字段和备注字段转换到另一个代码页。如果要将表转换到其他代码页，则指定了 NOCPTRANS 的字段不转换。只能为字符字段和备注字段指定

NOCPTRANS。

⑥ PRIMARY KEY 索引关键字表达式 TAG 索引标识［FOR 过滤条件］：任选项，用索引关键字表达式建立主索引，关键字可以是多个字段构成的表达式。此选项不能与字段中的 PRIMARY KEY 选项同时使用。

⑦ UNIQUE 索引关键字表达式 TAG 索引标识［FOR 过滤条件］：任选项，用索引关键字表达式建立候选索引，关键字可以是多个字段构成的表达式。

⑧ FOREIGN KEY 索引关键字 TAG 索引标识 REFERENCES 主表名［TAG 主表索引标识］：任选项，用于设置关联表记录参照完整性。该命令在建立表结构的同时，以索引关键字建立索引，并以 TAG 后的"索引标识"作为索引名，与 REFERENCES 后指定的主表中的索引（无"TAG 主表索引标识"项，则为主表的主索引）建立永久关系。

⑨ CHECK 逻辑表达式 2［ERROR 字符表达式 2］：任选项，指定表的有效性规则。其中"表达式"的使用方法参照(2)的字段有效性规则中的说明。

⑩ FROM ARRAY：任选项，根据指定数组的内容建立表，数组的元素依次是字段名、类型等，建议不使用此方法。

在 CREATE TABLE 语句中，建立的索引存放在结构化复合索引文件(CDX)中。

例 6.5 在 Jxgl 数据库中，建立包含学号、姓名、出生日期和入学年份信息的表 Student1，其中学号设为主键；出生日期字段的值可以为空。

SQL 语句如下：

```
OPEN DATABASE Jxgl
CREATE TABLE Student1(学号 C(8) PRIMARY KEY, 姓名 C(8), 出生日期 D ;
NULL, 入学年份 N(4,0) )
```

此语句执行完后，在默认的工作文件夹中，可以找到 Student1.DBF 表文件和 Student1.CDX 索引文件。其中 Student1.CDX 索引文件存放了以学号为关键字建立的主索引，其索引标识为学号。

例 6.6 建立包含学号、课程号、成绩三项信息的表 Score1，同时与表 Student1 建立永久关系。

SQL 语句如下：

```
CREATE TABLE Score1(学号 C(8), 课程号 C(8), 成绩
N(3,0) ;
CHECK 成绩> = 0 AND 成绩< = 100 ERROR "成绩应该在
0～100 之间" , ;
FOREIGN KEY 学号 TAG 学号 REFERENCES Student1 )
```

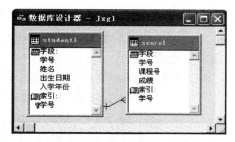

图 6.3 表之间的关联

此语句执行完后，可以在数据库设计器中看到如图 6.3 所示的界面。

从中可以看出通过 SQL CREATE 命令不仅可以创建表，同时还可以建立表之间的联系。

6.2.3　修改表结构

通过修改表结构命令 ALTER TABLE,可以增加、删除和修改表的结构信息,如字段名、字段的数据类型、字段宽度、字段有效性规则和主键等信息。该命令有三种用法。

1．增加字段及属性

语句格式：ALTER TABLE 表名 ADD 字段名 字段类型(字段宽度[,小数位数])
　　　　　 [NULL | NOT NULL]　[CHECK 逻辑表达式 [ERROR 字符表达式]]
　　　　　 [DEFAULT 表达式]　[PRIMARY KEY | UNIQUE]

说明：此语句可以在表中添加新的字段,同时还可以定义该字段的默认值(DEFAULT)、有效性规则(CHECK)和主键(PRIMARY KEY)等信息。

例 6.7　为 Student2 表增加一个字符类型、长度为 20、名字为“生源地”的字段。
SQL 语句如下：

```
OPEN DATABASE Jxgl
ALTER TABLE Student2 ADD 生源地 C(20)
```

例 6.8　为 Student2 表增加一个年龄字段,年龄范围为 18～24 岁,可以为空值。
SQL 语句如下：

```
OPEN DATABASE Jxgl
ALTER TABLE Student2 ADD 年龄 N(2,0) NULL ;
    CHECK 年龄>= 18 AND 年龄<= 24 ERROR "年龄应该在 18～24 之间"
```

2．修改字段及属性

语句格式 1：
ALTER TABLE 表名 ALTER [COLUMN] 字段名 字段类型(字段宽度[,小数位数])
　　　　　 [NULL | NOT NULL]　[CHECK 逻辑表达式 [ERROR 字符表达式]]
　　　　　 [DEFAULT 表达式]　[PRIMARY KEY | UNIQUE]

说明：此语句可以修改表中已有字段的字段类型、字段宽度、是否允许空值、默认值(DEFAULT)、有效性规则(CHECK)和主键(PRIMARY KEY)等信息。

语句格式 2：
ALTER TABLE 表名 ALTER [COLUMN] 字段名 [NULL | NOT NULL]
　　　　　 [SET CHECK 逻辑表达式 [ERROR 字符表达式]][DROP CHECK]
　　　　　 [SET DEFAULT 表达式][DROP DEFAULT]

说明：此语句主要用于设置(SET)或删除(DROP)表中字段的默认值(DEFAULT)、有效性规则(CHECK)。

例 6.9　将 Student2 表中的姓名字段的宽度由原来的 8 改为 15,可以为空值。
SQL 语句如下：

```
OPEN DATABASE Jxgl
```

```
ALTER TABLE Student2 ALTER 姓名 C(15) NULL
```

例 6.10　修改 Student2 表中的"入学年份"字段的有效性规则，入学时间应该在 2008 年之后。

SQL 语句如下：

```
OPEN DATABASE Jxgl
ALTER TABLE Student2 ALTER 入学年份 N(4,0) CHECK 入学年份> 2008 ERROR "入学应该在 2008 年之后"
```

或

```
ALTER TABLE Student2 ALTER 入学年份 SET CHECK 入学年份> 2008 ERROR "入学应该在 2008 年之后"
```

例 6.11　删除 Student2 表中的"入学年份"字段的有效性规则。

SQL 语句如下：

```
OPEN DATABASE Jxgl
ALTER TABLE Student2 ALTER 入学年份 DROP CHECK
```

3. 删除字段、增加或删除索引、更改字段名

语句格式：ALTER TABLE 表名 ［DROP ［COLUMN］字段名］

　　　　　　［ADD PRIMARY KEY 索引关键字表达式 TAG 主索引标识名］

　　　　　　［DROP PRIMARY KEY ］

　　　　　　［ADD UNIQUE 索引关键字表达式 TAG 候选索引标识名］

　　　　　　［DROP UNIQUE TAG 候选索引标识名］

　　　　　　［RENAME 原字段名 TO 新字段名］

说明：该语句主要作用如下。

(1) 增加表中主索引（ADD PRIMARY KEY）、候选索引（ADD UNIQUE）。

(2) 删除表中的字段（DROP 字段名）、主索引（DROP PRIMARY KEY）、候选索引（DROP UNIQUE）。

(3) 为字段改名（RENAME）。

例 6.12　将 Student2 表中的"生源地"字段删除，并且将字段"日期"改为"出生日期"。

SQL 语句如下：

```
ALTER TABLE Student2 DROP COLUMN 生源地 RENAME 日期 TO 出生日期
```

例 6.13　将 Score1 表的学号和课程号定义为一个候选索引，索引名为 xh_kch。

SQL 语句如下：

```
ALTER TABLE Score1 ADD UNIQUE 学号 + 课程号 TAG xh_kch
```

使用命令"MODIFY STRUCTURE"打开表 Score1 的设计器，切换到"索引"选项卡，则能看到如图 6.4 所示的结果。

例 6.14　删除 Score1 表的候选索引 xh_kch。

SQL 语句如下：

ALTER TABLE Score1 DROP UNIQUE TAG xh_kch

使用命令"MODIFY STRUCTURE"打开表 Score1 的设计器,切换到"索引"选项卡,则能看到如图 6.5 所示的结果。

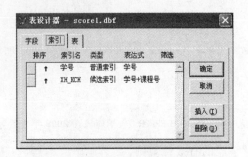

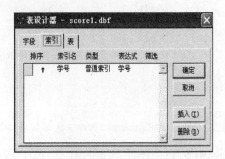

图 6.4   建立"xh_kch"候选索引的结果   图 6.5   删除"xh_kch"候选索引的结果

6.2.4   删除表

执行 SQL 的删除表命令时,系统除删除表文件外,还删除表的结构化复合索引文件(.cdx)和备注文件(.fpt)。如果当前打开了表所在的数据库,则同时删除数据库中表的相关信息。

语句格式:DROP TABLE 表名 | ? [RECYCLE]

说明:

① "DROP TABLE 表名"语句表示系统删除指定的表。

② "DROP TABLE   ?"语句表示系统弹出一个窗口,允许用户从窗口中选择要删除的表。

③ 上述两种语句格式中,如果使用任选项 RECYCLE,则系统将删除的表及复合索引文件送入 Windows 的回收站。

④ 使用此命令删除表时,如果表处于打开状态,则系统自动先将其关闭,然后再进行删除。

例 6.15

```
OPEN DATABASE Jxgl
DROP TABLE Student2 RECYCLE
DROP TABLE Student
```

第一条 DROP 语句从数据库 Jxgl 中删除表 Student2,并将 Student2 及相关的文件送入 Windows 的回收站。

第二条 DROP 语句将永久性地删除表 Student。

6.3   SQL 的数据查询

数据查询是 SQL 语言的核心内容,通过 SELECT 语句可以从一个或多个表中提取数据进行数据查询、排序、汇总和表联接等操作。前面用查询设计器和视图设计器所做的工作,本质上都是生成一个 SELETE-SQL 命令。单击查询设计器中的 SQL 按钮,即可随时查看 Visual FoxPro 在后台建立的 SQL 命令。Visual FoxPro 的 SELECT 查询语句的一般格式如下:

　　SELECT [ALL | DISTINCT] [TOP n [PERCENT]] 列名 1 [,列名 2 …]

　　FROM 表名 1 [[AS] 表别名 1] [,表名 2 [[AS] 表别名 2],…]

　　| [INNER | LEFT | RIGHT | FULL JOIN 表名 ON 联接条件]

　　[WHERE 条件表达式]

　　[GROUP BY 列名 1 [,列名 2 …] [HAVING 条件表达式]

　　[ORDER BY 表达式 [ASC/DESC] …]

　　[[INTO ARRAY 数组名 | CURSOR 临时表名 | DBF 表名 | TABLE 表名]

　　| [TO FILE 文件名 [ADDITIVE] | TO PRINT [PROMPT] | TO SCREEN]]

　　说明:SELECT 查询语句的格式主要有 SELECT 子句、FROM 子句、INTO 子句和 TO 子句、WHERE 子句、GROUP BY 子句和 ORDER BY 子句。其中 SELECT 和 FROM 子句是每个 SQL 查询语句所必需的,其他子句是任选的。SELECT 查询语句的格式与查询设计器各选项卡的对比见表 6.3。

表 6.3　SELECT 语句与查询设计器各选项卡的对比

功　　能	SQL 查询语句	查询设计器
设置数据源表	FROM 子句	定义数据环境
设置表间的联接条件	…JOIN…ON…子句	"联接"选项卡
设置输出字段	SELECT 子句	"字段"选项卡
筛选源表记录	WHERE 子句	"筛选"选项卡
设置结果顺序	ORDER BY 子句	"排序依据"选项卡
设置记录的分组和筛选分组	GROUP BY 子句	"分组依据"选项卡
指定有无重复记录	ALL/DISTINCT	"杂项"选项卡
指定结果的范围	TOP n [PERCENT]	"杂项"选项卡
设置输出类型	INTO 和 TO 子句	设置查询去向

各子句具体说明如下。

① SELECT 子句指明查询输出的项目(称为列)也可以是表达式。利用表达式可以查询表中未直接存储但可以由表中数据计算出的结果。为了构造表达式,SQL 提供了加(＋)、减(－)、乘(＊)、除(/)四种运算符和一些函数。在表达式中,若以 ＊ 代替列名,则表示查询表的所有列。

②.FROM 子句指明要查询的数据来自哪些表或视图,可以对单个表或视图进行查询,也可以对多个表或视图进行查询,还可以为表定义别名。

③ WHERE 子句说明查询的条件。满足条件的查询结果可能不止一个,在 SELECT 子句中有 DISTINCT 选项,加了这个选项后,则要求消除查询结果中的重复项。

④ GROUP BY 子句将表按列值分组,列的值相同的分在一组,HAVING 后面的子句是选择组的条件,符合条件的组才能输出。

⑤ ORDER BY 子句可对查询结果按子句中指定的列进行值排序,ASC 表示升序,DESC 表示降序。

⑥ INTO 子句指明查询结果保存在何处。可以是数组、临时表或表。

⑦ TO 子句指明查询结果输出到何处。可以是文件、打印机或 Visual FoxPro 主窗口。如果在同一个查询语句中同时包含了 INTO 子句和 TO 子句,则 TO 子句不起作用。

以上子句是学习和理解 SQL 语言的 SELECT 查询语句必须要掌握的。虽然 SELECT 查询语句的格式看起来比较复杂,但使用起来比较灵活,用它可以构造各种各样的查询。SELECT-SQL 语句在操作表时,不需要先打开表,即能从表中查询出数据。

本节将通过大量的实例来介绍 SELECT 查询命令的使用,在例子中再具体解释各个短语的含义。本节的例子,既可在命令窗口中逐条输入运行,也可以将每个例子中的代码存入一个命令文件中,然后运行该命令文件。

本节查询的例子将全部基于第 3 章建立的学生成绩管理数据库,为了方便读者对照和验证查询的结果,下面给出该数据库中各表的具体数据。学生信息表(Student)中的具体数据如图 6.6 所示;课程表(Course)中的具体数据如图 6.7 所示;成绩表(Score)中的具体数据如图 6.8 所示。

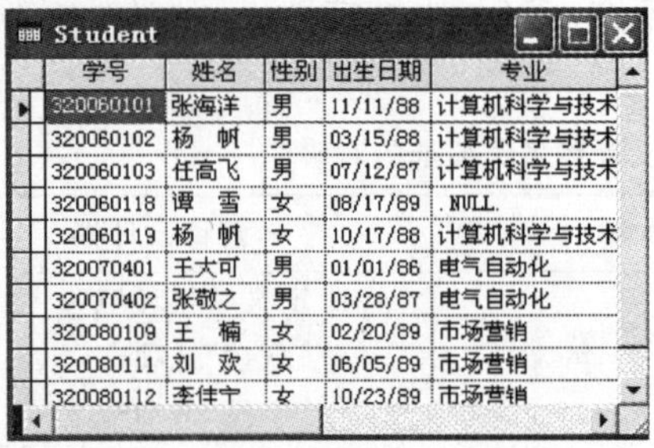

学号	姓名	性别	出生日期	专业
320060101	张海洋	男	11/11/88	计算机科学与技术
320060102	杨　帆	男	03/15/88	计算机科学与技术
320060103	任高飞	男	07/12/87	计算机科学与技术
320060118	谭　雪	女	08/17/89	.NULL.
320060119	杨　帆	女	10/17/88	计算机科学与技术
320070401	王大可	男	01/01/86	电气自动化
320070402	张敬之	男	03/28/87	电气自动化
320080109	王　楠	女	02/20/89	市场营销
320080111	刘　欢	女	06/05/89	市场营销
320080112	李佳宁	女	10/23/89	市场营销

图 6.6　学生信息表(Student)

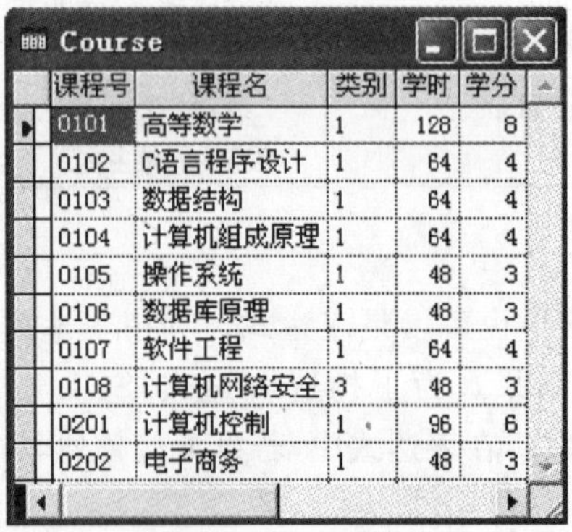

课程号	课程名	类别	学时	学分
0101	高等数学	1	128	8
0102	C语言程序设计	1	64	4
0103	数据结构	1	64	4
0104	计算机组成原理	1	64	4
0105	操作系统	1	48	3
0106	数据库原理	1	48	3
0107	软件工程	1	64	4
0108	计算机网络安全	3	48	3
0201	计算机控制	1	96	6
0202	电子商务	1	48	3

图 6.7　课程表(Course)

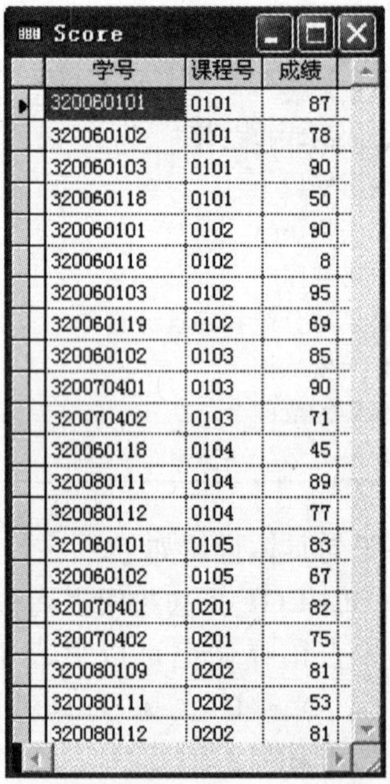

学号	课程号	成绩
320060101	0101	87
320060102	0101	78
320060103	0101	90
320060118	0101	50
320060101	0102	90
320060118	0102	8
320060103	0102	95
320060119	0102	69
320060102	0103	85
320070401	0103	90
320070402	0103	71
320060118	0104	45
320080111	0104	89
320080112	0104	77
320060101	0105	83
320060102	0105	67
320070401	0201	82
320070402	0201	75
320080109	0202	81
320080111	0202	53
320080112	0202	81

图 6.8　成绩表(Score)

6.3.1　简单查询

下面首先从几个最简单的查询开始介绍,这些查询基于单个表,可以有简单的查询条件。这样的查询由 SELECT 和 FROM 子句构成无条件查询,或由 SELECT、FROM、WHERE 子句构成条件查询。

1. 无条件查询

语法格式：SELECT [ALL | DISTINCT] 列名 1 [, 列名 2 …] | *　FROM 表名

说明：

① ALL：表示显示全部查询记录，包括重复记录。

② DISTINCT：表示显示无重复结果的记录。

③ "*"为通配符，代表所有列，如要查询其中的几列，必须指出列的名字且之间用逗号隔开。

例 6.16　从课程表中检索所有学分值。

SQL 语句如下：

```
SELECT  学分  FROM  course
```

查询结果如图 6.9 所示。从运行的结果可看出有重复的学分值，如果需查出不同的学分值，需在学分前加 DISTINCT 关键字，去掉重复的学分值。

```
SELECT DISTINCT 学分 FROM  course
```

查询结果如图 6.10 所示。

图 6.9　查询结果 1

图 6.10　查询结果 2

例 6.17　检索学生信息表中的所有记录。

SQL 语句如下：

```
SELECT  *  FROM  student
```

该命令等同于：

```
SELECT 学号, 姓名, 性别, 出生日期, 专业 FROM  student
```

查询结果如图 6.11 所示。

例 6.18　检索学生的学号、姓名和年龄。

SQL 语句如下：

```
SELECT 学号, 姓名, YEAR(DATE()) - YEAR(出生日期) AS 年龄 FROM  student
```

其中，SELECT 关键字后面是列名。列可以是字段、字段组成的表达式或常数，AS 用来指定查询结果中列的标题。这里表达式"YEAR(DATE()) - YEAR(出生日期)"以"年龄"作

为列名显示。

查询结果如图 6.12 所示。

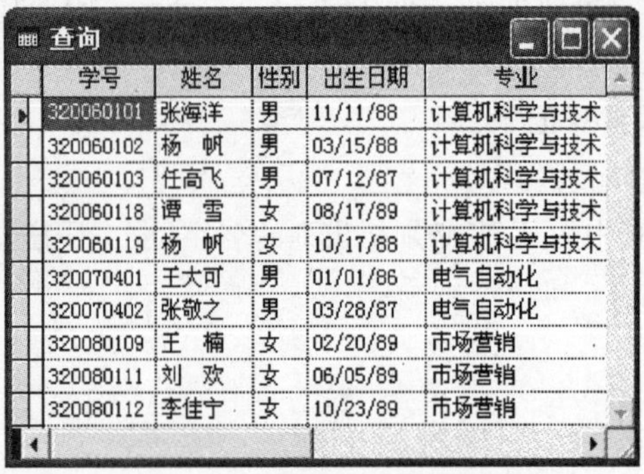

学号	姓名	性别	出生日期	专业
320060101	张海洋	男	11/11/88	计算机科学与技术
320060102	杨　帆	男	03/15/88	计算机科学与技术
320060103	任高飞	男	07/12/87	计算机科学与技术
320060118	谭　雪	女	08/17/89	计算机科学与技术
320060119	杨　帆	女	10/17/88	计算机科学与技术
320070401	王大可	男	01/01/86	电气自动化
320070402	张敬之	男	03/28/87	电气自动化
320080109	王　楠	女	02/20/89	市场营销
320080111	刘　欢	女	06/05/89	市场营销
320080112	李佳宁	女	10/23/89	市场营销

图 6.11　例 6.17 的查询结果

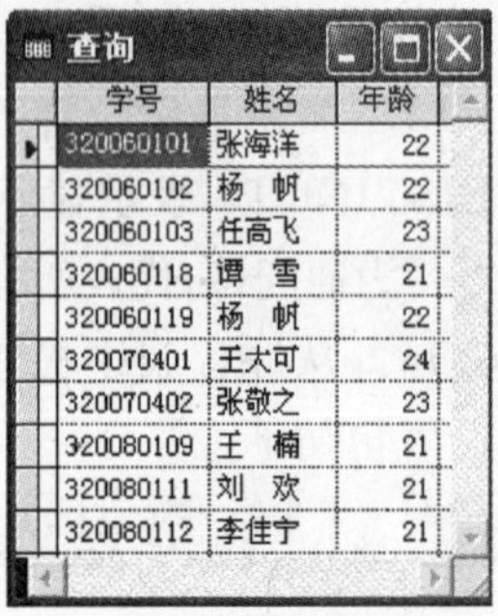

学号	姓名	年龄
320060101	张海洋	22
320060102	杨　帆	22
320060103	任高飞	23
320060118	谭　雪	21
320060119	杨　帆	22
320070401	王大可	24
320070402	张敬之	23
320080109	王　楠	21
320080111	刘　欢	21
320080112	李佳宁	21

图 6.12　例 6.18 的查询结果

2. 简单条件查询

语法格式：

SELECT [DISTINCT] 列名 1[，列名 2 …] | * FROM 表名 WHERE 条件表达式

说明：当条件表达式中有多个条件时，可以使用 SQL 提供的三种逻辑运算符：AND(逻辑与)、OR(逻辑或)、NOT(逻辑非)进行连接。

例 6.19　从成绩表(score)中检索出成绩大于 85 分的学生学号。

SQL 语句如下：

```
SELECT 学号 FROM  score  WHERE 成绩>85
```

查询结果如图 6.13 所示。

例 6.20　从成绩表(score)中检索出成绩大于 85 分的学生所选课程的课程号。

SQL 语句如下：

```
SELECT DISTINCT 课程号 FROM  score  WHERE 成绩>85
```

查询结果如图 6.14 所示。

例 6.21　检索成绩表(score)中课程号为“0101”或“0102”，且成绩大于 85 分的学生学号。

SQL 语句如下：

```
SELECT 学号 FROM  score  WHERE 成绩>85;
AND (课程号 = "0101" OR 课程号 = "0102")
```

查询结果如图 6.15 所示。

前面的几个例子在 FROM 之后只指定了一个表，也就是说这些查询只基于一个表。读者可以想象一下系统是怎样完成 SQL 命令的查询要求的，如果有 WHERE 子句，系统首先根据指定的条件依次检验表中的每个记录。如果没有指定 WHERE 子句，则不进行这样的检验，然后选出满足条件的记录(相当于关系的选择操作)，并显示 SELECT 子句中指定列的值(相当于关系的投影操作)。

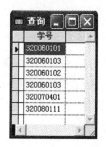

图 6.13 例 6.19 的查询结果 图 6.14 例 6.20 的查询结果 图 6.15 例 6.21 的查询结果

6.3.2 简单的联接查询

在日常事务中常常需要把两个以上的表联接起来,使查询的数据从多个表中检索取得,从而大大增强了其查询能力。联接查询是关系数据库中最主要的查询功能。在 SELECT 的 FROM 子句中写上所有有关的表名(可以定义简单的别名,用以指定同名字段用),就可以得到由几个表中的数据组合而成的查询结果。为了得到感兴趣的结果,一般在 WHERE 子句中给出联接条件。

注意: 在联接查询的多个表中,建立联接的两个表必须含有相同的列名,设置联接条件时,可以用表的主名指明列所在的表,也可以用表的别名指明列所在的表,表名和列名之间用"."或"—>"分隔。

1. 使用表的主名进行联接

格式:SELECT[ALL | DISTINCT]列名1[,列名2 …]FROM 表名1[,表名2 …]
　　　WHERE　条件表达式

例 6.22 查询成绩大于 85 分的学生姓名、专业和所选课程的课程名、成绩。

SQL 语句如下:

```
SELECT 姓名, 专业, 课程名, 成绩 FROM student, course, score;
WHERE 成绩> 85 AND student.学号 = score.学号 AND course.课程号 = score.课程号
```

查询结果如图 6.16 所示。

2. 使用表的别名进行联接

格式:SELECT[ALL | DISTINCT]列名1
　　　[,列名2 …]
　　　FROM 表名1[AS]表别名1[,表名2[AS]表别名2]
　　　WHERE　条件表达式

图 6.16 例 6.22 查询的结果

在例 6.22 的查询中,如果使用表的别名就会简单些,使用别名进行联接的 SQL 语句如下:

```
SELECT 姓名, 专业, 课程名, 成绩
FROM student AS X , course AS K , score AS C;
```

WHERE 成绩> 85 AND X.学号 = C.学号 AND K.课程号 = C.课程号

执行该语句的查询结果如图 6.16 所示。

在这个例子中,别名并不是必需的,但在表的自联接操作中,别名就是必不可少的。SQL 不仅可以对多个表进行联接操作,也可以将同一表与其自身进行联接,把这种联接称为自联接。在可以进行这种自联接操作的表上,存在着一种特殊的递归联系,即表中的一些记录,根据出自同一值域的两个不同的字段,可以与另外一些记录形成一种对应关系(一对多的联系)。

为了说明自联接,假设有一个雇员表如图 6.17 所示。

从图 6.17 所示的雇员表中的信息可知,雇员和经理两个字段出自同一个值域,同一记录的这两个字段值是"上、下级"的关系。一个经理可以领导多个员工。

例 6.23 根据雇员表列出员工之间关系的清单。

SQL 语句如下:

```
SELECT A.雇员姓名,"领导", B.雇员姓名 FROM 雇员 A, 雇员 B;
WHERE A.雇员号 = B.经理
```

执行该语句的查询结果如图 6.18 所示。

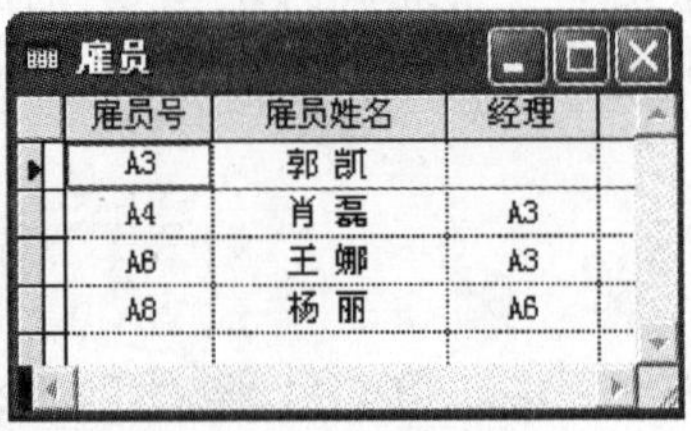

雇员号	雇员姓名	经理
A3	郭 凯	
A4	肖 磊	A3
A6	王 娜	A3
A8	杨 丽	A6

图 6.17　雇员信息表

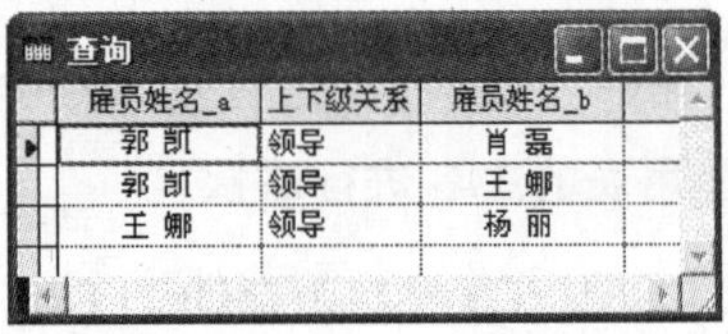

雇员姓名_a	上下级关系	雇员姓名_b
郭 凯	领导	肖 磊
郭 凯	领导	王 娜
王 娜	领导	杨 丽

图 6.18　雇员之间的关系

6.3.3　嵌套查询

在 SQL 语言中,一个 SELECT…FROM…WHERE 语句称为一个查询块,SQL 语言允许在一个查询块的 WHERE 子句中使用另一个查询块,我们把这类查询称为嵌套查询,把 WHERE 子句所在的 SELECT 语句称为主查询语句,把 WHERE 子句中出现的 SELECT 语句称为子查询,在 WHERE 子句中最多可以有两个同级(不是嵌套的)子查询。嵌套查询的执行过程是指在 SELECT 语句中,先用子查询查出一个表的值,主查询语句根据这些值再去查另一个表的内容。

嵌套查询也可以看做是一条 SQL SELECT、SQL INSERT、SQL UPDATE 或 SQL DELETE 语句的"WHERE 条件表达式"短语的条件表达式中使用另一个 SQL SELECT 语句,即在 SELECT、INSERT、UPDATE、DELETE 语句中可以使用子查询。

在编写嵌套查询语句时,要用小括号将每个子查询语句完整地括起来,作为表达式的可选部分出现在运算符的右边。如果子查询结果为一个数据,则在主查询语句中可用表达式与其进行比较运算(<、<= 和 >等);如果子查询结果为多个数据(多行或多列,也称集合),则在主查询语句中需要使用集合运算符(如 EXISTS 和 IN 等)对其进行操作。

在 Visual FoxPro 的 SQL 语句中,与子查询进行运算的表达式应该是列名或包含列名的表达式,而在子查询中不允许使用 SQL 语言的统计函数(见 6.3.7 小节中的表 6.4)。

例 6.24 查询哪些专业至少有 1 个学生成绩为 90 分。

SQL 语句如下:

```
SELECT DISTINCT 专业 FROM student WHERE 学号 IN (SELECT 学号;
FROM score WHERE 成绩 = 90)
```

查询结果如图 6.19 所示。

例 6.25 输出没有学生选的课程的课程号和课程名。

SQL 语句如下:

```
SELECT 课程号, 课程名 FROM course WHERE 课程号 NOT IN;
(SELECT 课程号 FROM score )
```

查询结果如图 6.20 所示。

例 6.26 检索出与 320070401 学号的学生选相同课程的学生学号及成绩。

SQL 语句如下:

```
SELECT 学号, 成绩 FROM score WHERE 课程号 IN;
(SELECT 课程号 FROM score WHERE 学号 = "320070401" )
```

查询结果如图 6.21 所示。

 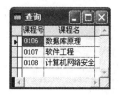 

图 6.19 例 6.24 的查询结果　　图 6.20 例 6.25 的查询结果　　图 6.21 例 6.26 的查询结果

6.3.4 带特殊运算符的条件查询

SQL 的查询条件除了使用三种逻辑运算符外,还可以使用几个特殊的运算符,它们分别是 BETWEEN … AND … 、LIKE、IN、ALL、ANY(SOME) 、EXISTS 等。下面通过例子来解释这些运算符的使用。

(1) BETWEEN … AND … 运算符

格式:WHERE 表达式1 [NOT] BETWEEN 表达式2 AND 表达式3

说明:在查询中,要求某列的数据在某个区间内,可用 BETWEEN … AND;而如果要求某列的数值不在某个区间内,可用 NOT BETWEEN … AND。

例 6.27 查询学号在 320060101 和 320060118 之间的学生的学号、姓名、性别。

SQL 语句如下:

```
SELECT 学号, 姓名, 性别 FROM student;
WHERE 学号 BETWEEN "320060101" AND "320060118"
```

查询结果如图 6.22 所示。

（2）LIKE 运算符

格式：WHERE 列名［NOT］LIKE 字符串常数

说明：在查询中，对字符串进行比较，LIKE 提供有两种字符串匹配方式，一种是使用下划线符"_"匹配任意一个字符；另一种是用百分号"％"匹配任意个字符的字符串。同样可以使用 NOT LIKE 表示与 LIKE 相反的含义。

例 6.28　查询姓"王"的学生的学号和姓名。

SQL 语句如下：

```
SELECT  学号, 姓名 FROM student WHERE 姓名 LIKE "王％"
```

查询结果如图 6.23 所示。

（3）IN 运算符

格式：WHERE 表达式［NOT］IN(取值清单│子查询)

说明：在查询中，要求表的列值是某几个值中的一个，这时可用 IN。同样可以使用 NOT IN 来表示与 IN 完全相反的含义。IN 相当于集合运算符∈。

例 6.29　查询计算机科学与技术专业和工商管理专业学生的姓名和专业。

SQL 语句如下：

```
SELECT 姓名, 专业 FROM student;
WHERE 专业 IN('计算机科学与技术','工商管理')
```

查询结果如图 6.24 所示。

图 6.22　例 6.27 的查询结果　　图 6.23　例 6.28 的查询结果　　图 6.24　例 6.29 的查询结果

（4）ALL 运算符

格式：WHERE 表达式 比较运算 ALL(子查询)

说明：如果表达式的值与子查询结果中的每个值比较运算都成立，则运算结果为真（.T.）；否则，运算结果为假(.F.)。

例 6.30　输出每门课程考试成绩最高分的学生学号、姓名、课程名和成绩。

SQL 语句如下：

```
SELECT student.学号, 姓名, 课程名, 成绩 FROM student, score AS A, course;
WHERE student.学号 = A.学号 AND course.课程号 = A.课程号 AND 成绩;
> = ALL (SELECT 成绩 FROM score AS B WHERE A.课程号 = B.课程号)
```

查询结果如图 6.25 所示。

（5）ANY(SOME)运算符

格式：WHERE 表达式 比较运算 ANY(或 SOME)(子查询)

说明：如果表达式的值与子查询结果中的每个值比较运算都不成立,则运算结果为假(.F.)；否则,运算结果为真(.T.)。即只要表达式的值与子查询结果中的某个(些)值比较运算成立,运算结果就为真(.T.)。

例 6.31　输出重名学生的学号、姓名、性别和专业。

SQL 语句如下：

```
SELECT 学号, 姓名, 性别, 专业 FROM student AS A WHERE 学号;
>= ANY(SELECT 学号 FROM student WHERE 姓名 = A.姓名 HAVING;
COUNT( * )>1)
```

查询结果如图 6.26 所示。

图 6.25　例 6.30 的查询结果　　　　图 6.26　例 6.31 的查询结果

例 6.32　输出所选课程都不及格的学生学号、姓名、课程名和成绩。

SQL 语句如下：

```
SELECT student.学号, 姓名, 课程名, 成绩 FROM student, score AS A, course;
WHERE student.学号 = A.学号 AND course.课程号 = A.课程号 AND 成绩 * 0 + 60;
> ALL (SELECT 成绩 FROM score AS B WHERE A.学号 = B.学号)
```

查询结果如图 6.27 所示。

(6) EXISTS 运算符

格式：WHERE EXISTS(子查询)

说明：如果子查询结果中没有数据行,则运算结果为假(.F.)；否则,运算结果为真(.T.)。这种运算的逻辑否定运算格式为：

WHERE NOT EXISTS(子查询)

例 6.33　输出未被学生选的课程信息。

SQL 语句如下：

```
SELECT * FROM course WHERE NOT EXISTS (SELECT * ;
FROM score WHERE course.课程号 = score.课程号)
```

查询结果如图 6.28 所示。

图 6.27　例 6.32 的查询结果　　　　图 6.28　例 6.33 的查询结果

6.3.5　超联接查询

在两个表的超联接查询中,首先保证一个表中满足条件的记录都在结果中,然后将满足联接条件的记录与另一个表中的记录进行联接,不满足联接条件的则将来自另一表的属性置为空值。

格式:SELECT ［ALL ｜ DISTINCT］ 列名 1［,列名 2 … ］;

FROM 表名 1　INNER | LEFT | RIGHT | FULL　JOIN 表名 2;

ON　联接条件

WHERE 条件表达式

说明:

① INNER JOIN:等价于 JOIN,在查询结果中只包含满足联接条件的记录,这种联接在 Visual FoxPro 中称为内部联接。这是常用的默认方式。

② RIGHT JOIN:右联接,显示右侧表所有记录以及左侧表中和右侧表匹配的记录。即满足联接条件的记录和第二个表中不满足联接条件的记录,这种联接称为右联接。

③ LEFT JOIN:左联接,显示左侧表所有记录以及右侧表中和左侧表匹配的记录。即满足联接条件的记录和第一个表中不满足联接条件的记录,这种联接称为左联接。

④ FULL JOIN:完全联接,显示两个表中所有的记录。即两个表中的记录不管是否满足联接条件将都在目标表或查询结果中出现,不满足联接条件的记录对应部分为 NULL。这种联接称为完全联接。

例 6.34　只检索出学生表和成绩表中学号相同的每个学生的选课情况,输出学号、姓名、课程号和成绩。

SQL 语句如下:

```
SELECT student.学号, 姓名, 课程号, 成绩;
FROM   student JOIN score ON student.学号 = score.学号
```

或

```
SELECT student.学号, 姓名, 课程号, 成绩;
FROM   student INNER JOIN score ON student.学号 = score.学号
```

或

```
SELECT student.学号, 姓名, 课程号, 成绩;
FROM   student, score WHERE student.学号 = score.学号
```

查询结果如图 6.29 所示。

例 6.35　用左联接检索出每个学生的选课情况,输出学号、姓名、课程号和成绩。

SQL 语句如下:

```
SELECT   student.学号, 姓名, 课程号, 成绩;
FROM   student LEFT JOIN score ON student.学号 = score.学号
```

查询结果如图 6.30 所示。

图 6.29 例 6.34 的查询结果   图 6.30 例 6.35 的查询结果

注意：Visual FoxPro 的 SQL SELECT 语句的联接格式只能实现两个表的联接，如果实现多个表的联接，还需使用标准格式。

例 6.36 基于 3 个表的联接查询。

SQL 语句如下：

SELECT score.学号, 姓名, 专业, score.课程号, 课程名, 成绩;
FROM student, score, course;
WHERE score.学号 = student.学号 AND score.课程号 = course.课程号

查询结果如图 6.31 所示。

图 6.31 例 6.36 的查询结果

6.3.6 排序

使用 SQL SELECT 命令可以将查询结果排序，排序的短语是 OEDER BY，具体格式如下：

SELECT ［ALL | DISTINCT］ 列名 1［，列名 2 …］ FROM 表名
WHERE 条件表达式 ORDER BY 排序列 ［ASC | DESC］

说明：

① 排序列可以是查询结果中的列名或列序号。

② 可按升序（ASC，默认）或降序（DESC. 排序），允许按一列或多列排序。当有多个排序列时，仅当前面排序列的值相同时，才按后面排序列的值进行排列。

③ ORDER BY 对最终的查询结果进行排序，不能在子查询中使用此短语。

例 6.37　输出计算机科学与技术专业和市场营销专业的学生学号、姓名、专业、课程名和成绩,课程名相同时,按成绩由高到低排序;课程名和成绩均相同时,再按学号由小到大排序。

SQL 语句如下:

```
SELECT score.学号, 姓名, 专业, 课程名, 成绩 FROM student, score , course;
WHERE score.学号 = student.学号 AND score.课程号 = course.课程号;
AND 专业 IN ('计算机科学与技术', '市场营销');
ORDER BY 课程名, 成绩 DESC, 1
```

查询结果如图 6.32 所示。

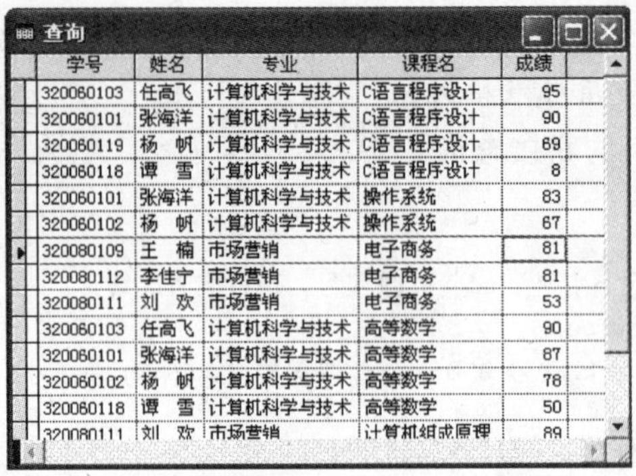

学号	姓名	专业	课程名	成绩
320060103	任高飞	计算机科学与技术	C语言程序设计	95
320080101	张海洋	计算机科学与技术	C语言程序设计	90
320060119	杨帆	计算机科学与技术	C语言程序设计	69
320060118	谭雪	计算机科学与技术	C语言程序设计	8
320080101	张海洋	计算机科学与技术	操作系统	83
320060102	杨帆	计算机科学与技术	操作系统	67
320080109	王楠	市场营销	电子商务	81
320080112	李佳宁	市场营销	电子商务	81
320080111	刘欢	市场营销	电子商务	53
320060103	任高飞	计算机科学与技术	高等数学	90
320080101	张海洋	计算机科学与技术	高等数学	87
320060102	杨帆	计算机科学与技术	高等数学	78
320060118	谭雪	计算机科学与技术	高等数学	50
320080111	刘欢	市场营销	计算机组成原理	89

图 6.32　例 6.37 的查询结果

6.3.7　分组统计查询与筛选

SELECT 语句不仅可以通过 WHERE 子句查找满足条件的数据,还可以通过表 6.4 中的函数对满足条件的数据进行统计、计算等操作。

表 6.4 中的统计函数通常是对一组中的数据进行计算,得到一个汇总信息,而 SQL 语言中的 GROUP BY 子句可以实现分组功能。

表 6.4　SQL SELECT 常用统计函数

函数名称	函数格式	功 能 说 明
计数	COUNT(列名)	对一列中的值计算个数,一般应该使用 DISTINCT 选项
	COUNT(*)	求记录总个数
求和	SUM(列名)	求一列数据的和,一般不使用 DISTINCT
求平均值	AVG(列名)	求一列数据的平均值
求最大值	MAX(列名)	求出列值中的最大值,列值的类型为字符、日期、数值型
求最小值	MIN(列名)	求出列值中的最小值,列值的类型为字符、日期、数值型

1. 统计查询

例 6.38　查询"高等数学"课程考试人数、最高分、最低分、平均分。

SQL 语句如下:

```
SELECT 课程名, COUNT( * ) AS 考试人数, MAX(成绩) AS 最高分, ;
MIN(成绩) AS 最低分, AVG(成绩) AS 平均分;
FROM course INNER JOIN score ;
ON course.课程号 = score.课程号 ;
WHERE 课程名 = '高等数学'
```

统计查询结果如图 6.33 所示。

2．分组统计查询

例 6.38 是对整个表的统计查询,而利用 GROUP BY 子句可以进行分组统计查询,使查询范围更加广泛。GROUP BY 短语的格式如下:

GROUP BY 分组列名 1〔,分组列名 2 … 〕

GROUP BY 子句将分组列值相同的数据记录分在一组,利用统计函数汇总成一行。分组列名可以是查询结果中的列名或列序号。可以使用多个分组列实现多级分组。

例 6.39 输出每门课程的课程名、选课人数、最高分、最低分、平均分和总分,查询结果按平均分由高到低排序。

SQL 语句如下:

```
SELECT 课程名, COUNT(学号) AS 选课人数, MAX(成绩) AS 最高分, ;
   MIN(成绩) AS 最低分, AVG(成绩) AS 平均分, SUM(成绩) AS 总分;
   FROM course INNER JOIN score ON course.课程号 = score.课程号 ;
   GROUP BY 课程名;
   ORDER BY 平均分 DESC
```

分组统计查询结果如图 6.34 所示。

图 6.33 例 6.38 的统计查询结果	图 6.34 例 6.39 的分组统计查询结果

3．筛选

在使用 GROUP BY 进行分组统计时,可以用"HAVING 条件表达式"短语对分组数据记录进行进一步筛选,使得查询结果中仅包含符合"条件表达式"的数据记录。

例 6.40 计算至少有三名学生所选课程的平均成绩。

SQL 语句如下:

```
SELECT score.课程号, 课程名, COUNT( * ) AS 人数, AVG(成绩) AS 平均成绩;
   FROM score, course WHERE score.课程号 = course.课程号;
   GROUP BY score.课程号 HAVING COUNT( * ) > = 3
```

查询结果如图 6.35 所示。

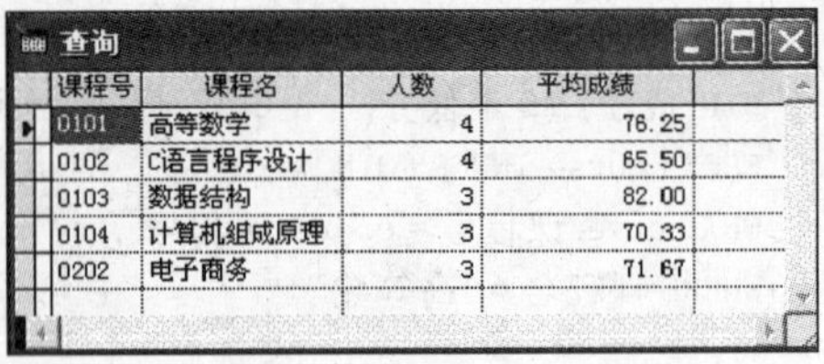

查询

课程号	课程名	人数	平均成绩
0101	高等数学	4	76.25
0102	C语言程序设计	4	65.50
0103	数据结构	3	82.00
0104	计算机组成原理	3	70.33
0202	电子商务	3	71.67

图 6.35 例 6.40 的查询结果

在 HAVING 短语的条件表达式中，可以包含 SQL 语言的统计函数（见表 6.4），HAVING 短语通常与 GROUP BY 结合使用，在没有 GROUP BY 的 SELECT 语句中使用 HAVING 短语时，其功能与 WHERE 相似，并且二者可以并列使用。在查询中，先用 WHERE 子句限定记录，然后对满足 WHERE 条件的记录进行分组，最后再用 HAVING 子句限定分组。即 WHERE 用于去掉不符合条件的若干记录，HAVING 用于去掉不符合条件的若干组。

6.3.8 空值查询

在 SQL 中，空值（NULL）的唯一含义是未知值。NULL 不能用来表示无形值、默认值、不可用值，即不能把它理解为任何意义的数据。

格式：WHERE 列名 IS [NOT] NULL

说明：

① 在定义数据表的结构时，应说明某个字段是否允许空值，只有允许空值的字段才可以进行空值查询。

② 在输入空值时，不是输入 NULL，而是输入 CTRL+0。

③ 在说明某个字段的值为空值时，不是使用"=NULL"，而是用"IS NULL"。

例 6.41 在学生表中找出缺少专业信息的学生。

SQL 语句如下：

```
SELECT * FROM student WHERE 专业 IS NULL
```

查询结果如图 6.36 所示。

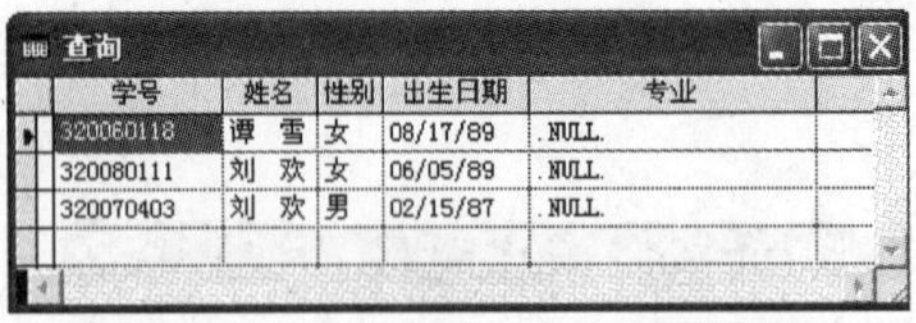

查询

学号	姓名	性别	出生日期	专业
320060118	谭 雪	女	08/17/89	.NULL.
320080111	刘 欢	女	06/05/89	.NULL.
320070403	刘 欢	男	02/15/87	.NULL.

图 6.36 例 6.41 的查询结果

6.3.9 输出合并

在 SQL 语言中可以将两个 SELECT 语句的查询结果通过并运算（UNION）合并成一个查询结果。需要注意的是，两个查询结果进行并操作时，它们必须具有相同的列数，并且对应的列具有相同的数据类型和长度（对应的列名可以不同）。并运算（UNION）能自动去掉重复记录，但不能合并嵌套查询的结果。只有最后的 SELECT 中可以包含 ORDER BY 子句，且必须按编号指出所输出的列。

格式：SELECT 语句 1 UNION SELECT 语句 2 [ORDER BY 列名或列序号]

例 6.42 查询成绩表中课程号为"0104"和"0105"的学生姓名。

SQL 语句如下：

```
SELECT  姓名, 课程号 FROM student, score ;
WHERE student.学号 = score.学号 AND 课程号 = "0104";
UNION;
SELECT  姓名, 课程号 FROM student, score;
```

WHERE student.学号 = score.学号 AND 课程号 = "0105";
ORDER BY 2 DESC

此语句的查询结果按课程号(第 2 列)降序排列,运行过程和查询结果如图 6.37 所示。

图 6.37　UNION 的操作过程及查询结果

6.3.10　查询结果输出

系统默认情况下,在"查询"窗口中浏览查询结果,但实际上查询结果也可以输出到表文件、临时文件、数组、打印机或文本文件中。指定查询结果的去向后,系统不再打开"查询"窗口或不在屏幕中显示查询结果。

1. 输出部分结果

格式:TOP n [PERCENT]
说明:
① n 是 1~32767 之间的整数,说明显示前几个记录。
② 当使用 PERCENT 时,n 是输出数据行数占查询结果总行数的百分比,即显示结果中前百分之几的记录。
③ 通常与子句 ORDER BY 一起使用。如果要输出的数据行与后面的数据行在排序时的值相同,那么输出结果的数据行数要多于 TOP 短语中定义的数据行数 n。
例 6.43　输出市场营销专业成绩前 2 名的学生学号、姓名、专业和成绩,并按成绩由大到小排序。
SQL 语句如下:

SELECT DISTINCT TOP 2 student.学号, 姓名, 专业, 成绩;
FROM student INNER JOIN score ON student.学号 = score.学号;
WHERE 专业 = '市场营销' ORDER BY 4 DESC

查询结果如图 6.38 所示。

2. 将结果存放在数组中

格式:INTO ARRAY 数组名
说明:将查询结果存于二维数组中,查询结果的记录总数(标题行除外)决定着数组的行数,查询结果的列数决定着数组的列数。当查询结果中没有数据时,不产生数组。
例 6.44　假设 xs 表已存在,结构为:学号 C(9),姓名 C(8),专业 C(16)。将查询到的学生信息(学号,姓名,专业)存放在数组 aa 中,并将数组 aa 中的数据添加到空表 xs 中。

SQL 语句如下：

```
SELECT 学号, 姓名, 专业 FROM student INTO ARRAY aa
CLOSE  ALL              && 关闭所有的表
DELETE  FROM  xs         && 逻辑删除 xs 表中已有数据
PACK                    && 彻底删除 xs 表中数据
INSERT INTO  xs  FROM  ARRAY  aa  && aa 中的数据添加到 xs 表中
```

xs 表中的数据如图 6.39 所示。

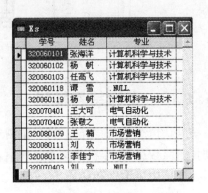

图 6.38　例 6.43 的查询结果　　　　图 6.39　xs 表中的数据信息

3. 将结果存放在临时表中

格式：INTO CURSOR 临时表名

说明：临时表是一个只读的 DBF 文件，当查询结束后该临时表是当前表文件，可以像操作数据库表一样操作临时表中的数据。在关闭临时表后，系统自动删除临时表。

例 6.45　查询成绩表中课程号为"0104"的学生姓名。

SQL 语句如下：

```
SELECT  姓名, 课程号 FROM student, score ;
WHERE student.学号 = score.学号 AND 课程号 = "0104";
INTO CURSOR tempk
```

临时表文件 temp.DBF 中的数据如图 6.40 所示。

4. 将结果存放在永久表中

格式：INTO TABLE 表名

说明：将查询结果存于自由表（DBF）中，通过该子句可实现表的复制。如果表文件已经存在，在系统处于 SET SAFETY OFF 状态下，自动覆盖表文件；在系统处于 SET SAFETY ON 状态下，将弹出对话框询问用户是否覆盖文件。

例 6.46　查询市场营销专业成绩前两名的学生学号、姓名、专业和成绩，并按成绩由大到小排序，最后将结果存于 cj2.DBF 中。

SQL 语句如下：

```
SELECT DISTINCT TOP 2 student.学号, 姓名, 专业, 成绩;
```

```
FROM student INNER JOIN score ON student.学号 = score.学号;
WHERE 专业 = '市场营销';
ORDER BY 4 DESC;
INTO TABLE cj2
```

永久表文件 cj2.DBF 中的数据如图 6.41 所示。

图 6.40 临时表 tcmp 中的数据信息 　　　　图 6.41 永久表 cj2 中的数据信息

5. 将结果存放到文本文件中

格式：TO FILE 文本文件名［ADDITIVE］［PLAIN］

说明：

① ADDITIVE：当文本文件已经存在时，如果使用 ADDITIVE，则将本次查询结果追加到文件尾部；如果没有使用 ADDITIVE，则系统可能覆盖原文件。

② PLAIN：使用 PLAIN 时，系统不输出列名称（列标题）行；不用 PLAIN 时，系统输出列标题行。它也可以与 TO PRINTER 或 TO SCREEN 组合使用。

例 6.47 输出各班（学号前 5 位为班级号）每门课程的课程名称、选课人数、最高分、最低分和平均分，查询结果按课程名升序、平均分降序排序，保存到文件 bjkc.TXT 中。

SQL 语句如下：

```
SELECT LEFT(学号,5) AS 班级, 课程名, COUNT(学号) AS 选课人数, ;
MAX(成绩) AS 最高分, MIN(成绩) AS 最低分, AVG(成绩) AS 平均分;
FROM score, course WHERE score.课程号 = course.课程号;
GROUP BY 1, 课程名 ORDER BY 课程名, 平均分 DESC TO FILE bjkc
```

形成的文本文件 bjkc.TXT 中的数据如图 6.42 所示。

```
bjkc - 记事本
文件(F) 编辑(E) 格式(O) 查看(V) 帮助(H)
班级   课程名          选课人数   最高分   最低分   最低分   平均分
32006  C语言程序设计        4        95        8        8       65.50
32006  操作系统            2        83       67       67       75.00
32008  电子商务            3        81       53       53       71.67
32006  高等数学            4        90       50       50       76.25
32007  计算机控制          2        82       75       75       78.50
32008  计算机组成原理       2        89       77       77       83.00
```

图 6.42 文本文件 bjkc 中的数据信息

6. 将结果直接输出到打印机

格式：TO PRINTER［PROMPT］

说明：如果使用了 PROMPT 选项，在开始打印之前会打开"打印机设置"对话框。

6.4 SQL 的数据修改

SQL 的数据修改主要包括数据的插入操作、删除操作和更新操作三个方面的内容。

6.4.1 插入记录

Visual FoxPro 支持两种 SQL 插入命令格式,第一种格式是标准格式,第二种格式是 Visual FoxPro 的特殊格式。

格式 1: INSERT INTO 表名 [(字段名表)] VALUES(表达式表)

说明:在指定表的尾部追加记录。"字段名表"指出要填写值的各个字段名,用"表达式表"中各个表达式的值填写对应字段的值,表达式与字段按前后顺序一一对应,并且,表达式的数据类型与对应字段的数据类型必须一致。如果省略"字段名表",则表示要填写表中的所有字段,并按表中字段的前后顺序与表达式一一对应。反复使用该命令可添加多行数据。

例 6.48 在命令窗口中输入下列语句:

```
INSERT INTO cj2 VALUES ( '320060104', '孙 武', '计算机科学与技术', 92 )
INSERT INTO cj2 ( 学号, 姓名, 成绩 ) VALUES ( '320060105', '季 平', 86 )
```

本例向表 cj2 中追加两条记录,前一条记录填写了全部 4 个字段的值,而后一条记录中没有填写专业字段的值。插入语句执行完的结果如图 6.43 所示。

格式 2: INSERT INTO 表名 FROM ARRAY 数组名

说明:在指定表的尾部追加记录,数据来源于数组,用数组中元素的值填写对应的字段值,表中字段与数组中元素按前后顺序对应。一次插入记录的个数与数组中元素的行数一致。

例 6.49 在命令窗口中输入下列语句:

```
DIMENSION bb (4)
bb(1) = '320080108'
bb(2) = '黎 明'
bb(3) = '市场营销'
bb(4) = 65
INSERT INTO cj2 FROM ARRAY bb
```

本例通过数组中的元素向表 cj2 中追加一条记录,并填写了这条记录中全部 4 个字段的值。插入语句执行完的结果如图 6.44 所示。

学号	姓名	专业	成绩
320080111	刘 欢	市场营销	89
320080109	王 楠	市场营销	81
320080112	李佳宁	市场营销	81
320060104	孙 武	计算机科学与技术	92
320060105	季 平		86

图 6.43 例 6.48 插入记录结果

学号	姓名	专业	成绩
320080111	刘 欢	市场营销	89
320080109	王 楠	市场营销	81
320080112	李佳宁	市场营销	81
320060104	孙 武	计算机科学与技术	92
320060105	季 平		86
320080108	黎 明	市场营销	65

图 6.44 例 6.49 插入记录结果

6.4.2 删除记录

SQL 从表中删除数据的命令格式如下：

DELETE FROM 表名 ［ WHERE 条件表达式 ］

说明：

① FROM：指定从哪个表中删除数据。

② WHERE：指定被删除的记录所满足的条件，如果不使用 WHERE 子句，则删除该表中的全部记录。

例 6.50 将表 cj2 中成绩小于 85 分的记录删除。

SQL 语句如下：

```
CLOSE  ALL
DELETE FROM cj2 WHERE 成绩< 85
PACK
```

删除语句执行后的结果如图 6.45 所示。

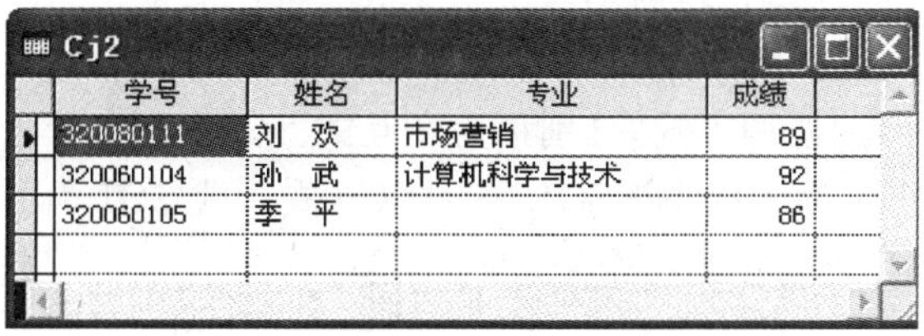

图 6.45 例 6.50 删除记录结果

注意：在 Visual FoxPro 中 SQL DELETE 命令同样是逻辑删除记录（加上删除标记），若将记录从表中真正删除，执行 DELETE 命令后再执行 PACK 命令即可。

6.4.3 更新记录

SQL 的数据更新命令格式如下：

UPDATE 表名 SET 字段名 1＝表达式 1［,字段名 2＝表达式 2 … ］

WHERE 条件表达式

说明：执行此语句时，用表达式的值更新对应字段的值。如果省略 WHERE 子句，则更新表中全部记录相关字段的值；如果使用 WHERE 子句，则仅更新满足条件表达式的记录。

例 6.51 将所有课程的学时都减 10 学时（如图 6.46 所示）。

```
UPDATE  course  SET 学时 = 学时 - 10
```

例 6.52 将学号为"320070403"的学生的专业改为"电气自动化"（如图 6.47 所示）。

```
UPDATE student SET 专业 = '电气自动化'  WHERE 学号 = '320070403'
```

图 6.46　例 6.51 更新记录结果　　　　　图 6.47　例 6.52 更新记录结果

习题六

一、单项选择题

1. SQL 语言是（　　）的语言,简单易学。

A. 过程化　　　　　B. 非过程化　　　　C. 格式化　　　　　D. 导航式

2. SQL 语言具有两种使用方式,分别称为交互式 SQL 和（　　）。

A. 提示式 SQL　　　B. 多用户 SQL　　　C. 嵌入式 SQL　　　D. 解释式 SQL

3. 若用如下的 SQL 语句创建一个 student 表:

```
CREATE TABLE student(NO C(4)NOT NULL,
                     NAME C(8)NOT NULL,
                     SEX C(2),
                     AGE N(2)
                     )
```

下面选项可以插入到 student 表中的是（　　）。

A.（'1031','曾华','男',23)　　　　　　　B.（'1031','曾华',NULL,NULL)

C.（NULL,'曾华',男,23)　　　　　　　　D.（'1031',NULL,'男',23)

4. SQL 语言的数据操纵语句包括 SELECT、INSERT、UPDATE 和 DELETE 等。其中最重要的,也是使用最频繁的语句是（　　）。

A. SELECT　　　　　B. INSERT　　　　　C. UPDATE　　　　　D. DELETE

5. SQL 语言是（　　）语言。

A. 层次数据库　　　B. 网络数据库　　　C. 关系数据库　　　D. 非数据库

6. SQL 语言中,实现数据检索的语句是（　　）。

A. SELECT　　　　　B. INSERT　　　　　C. UPDATE　　　　　D. DELETE

7. 下列 SQL 命令中,修改表结构的是（　　）。

A. ALTER　　　　　B. CREATE　　　　　C. UPDATE　　　　　D. INSERT

8. 在 SQL SELECT 语句中为了将查询结果存储到临时表应该使用短语（　　）。

A. TO CURSOR　　B. INTO CURSOR　　C. INTO DBF　　　D. TO DBF

9. 在 SQL 的 ALTER TABLE 语句中,为了增加一个新的字段应该使用短语（　　）。

A. CREATE　　　　B. APPEND　　　　C. COLUMN　　　　D. ADD

10. SQL 语言的更新命令的关键词是(　　)。

A. INSERT　　　　B. UPDATE　　　　C. CREATE　　　　D. SELECT

11. 以下不属于 SQL 数据操作命令的是(　　)。

A. MODIFY　　　　B. INSERT　　　　C. UPDATE　　　　D. DELETE

12. 在 SQL 的 SELECT 语句中,"HAVING<条件表达式>"用来筛选满足条件的(　　)。

A. 列　　　　　　B. 行　　　　　　C. 关系　　　　　D. 分组

13. 在 SQL 语句中,与表达式"年龄 BETWEEN 12 AND 46"功能相同的选项是(　　)。

A. 年龄>=12 OR <=46　　　　　　B. 年龄>=12 AND <=46

C. 年龄>=12 OR 年龄<=46　　　　D. 年龄>=12 AND 年龄<=46

14. 在 SELEC 语句中,以下有关 HAVING 短语的叙述正确的是(　　)。

A. HAVING 短语必须与 GROUP BY 短语同时使用

B. 使用 HAVING 短语的同时不能使用 WHERE 短语

C. HAVING 短语可以在任意的一个位置出现

D. HAVING 短语与 WHERE 短语功能相同

15. 在 SQL 的 SELECT 查询结果中,消除重复记录的方法是(　　)。

A. 通过指定主索引实现　　　　　B. 通过指定唯一索引实现

C. 使用 DISTINCT 短语实现　　　D. 使用 WHERE 短语实现

16. 在 Visual FoxPro 中,如果要将学生表 S(学号,姓名,性别,年龄)中的"年龄"属性删除,正确的 SQL 命令是(　　)。

A. ALTER TABLE S DROP COLUMN 年龄

B. DELETE 年龄 FROM S

C. ALTER TABLE S DELETE COLUMN 年龄

D. ALTEER TABLE S DELETE 年龄

17. 设有学生表 S(学号,姓名,性别,年龄),查询所有年龄小于等于 18 岁的女同学,并按年龄进行降序排列生成新的表 WS,正确的 SQL 命令是(　　)。

A. SELECT * FROM WHERE 性别='女' AND 年龄<=18 ORDER BY 4 DESC INTO TABLE WS

B. SELECT * FROM WHERE 性别='女' AND 年龄<=18 ORDER BY 年龄 INTO TABLE WS

C. SELECT * FROM WHERE 性别='女' AND 年龄<=18 ORDER BY '年龄' DESC INTO TABLE WS

D. SELECT * FROM WHERE 性别='女' OR 年龄<=18 ORDER BY '年龄' ASC INTO TABLE WS

18. 设有学生选课表 SC(学号,课程号,成绩),要检索同时选修课程号为 C1 和 C5 的学生的学号信息,正确的 SQL 命令是(　　)。

A. SELECT 学号 FROM SC WHERE 课程号='C1' AND 课程号='C5'

B. SELECT 学号 FROM SC WHERE 课程号='C1' AND 课程号=(SELECT 课程号 FROM SC WHERE 课程号='C5')

C. SELECT 学号 FROM SC WHERE 课程号＝'C1' AND 学号＝(SELECT 学号 FROM SC WHERE 课程号＝'C5')

D. SELECT 学号 FROM SC WHERE 课程号＝'C1' AND 学号 IN (SELECT 学号 FROM SC WHERE 课程号＝'C5')

19. 设有学生表 S(学号,姓名,性别,年龄),课程表 C(课程号,课程名,学分)和学生选课表 SC(学号,课程号,成绩),要检索学号、姓名和学生所选课程的名称和成绩,正确的 SQL 命令是( )。

    A. SELECT 学号,姓名,课程名,成绩 FROM S,SC,C WHERE S.学号＝SC.学号 AND SC.学号＝C.学号

    B. SELECT 学号,姓名,课程名,成绩 FROM (S JOIN SC ON S.学号＝SC.学号) JOIN C ON SC.课程号＝C.课程号

    C. SELECT S.学号,姓名,课程名,成绩 FROM S JOIN SC JOIN C ON S.学号＝SC.学号 ON SC.课程号＝C.课程号

    D. SELECT S.学号,姓名,课程名,成绩 FROM S JOIN SC JOIN C ON SC.课程号＝C.课程号 ON S.学号＝SC.学号

20. 在 SQL SELECT 语句的 ORDER BY 短语中如果指定了多个字段,则( )。

    A. 无法进行排序   B. 只按第一个字段排序

    C. 按从左至右优先依次排序   D. 按字段排序优先级依次排序

21. 学生表中有"学号"、"姓名"和"年龄"三个字段,SQL 语句"SELECT 学号 FROM 学生"完成的操作称为( )。

    A. 选择   B. 投影   C. 连接   D. 并

22. 在下面选项( )中不能使用 AVG 函数。

    A. SELECT 表达式   B. WHERE 表达式

    C. HAVING 表达式   D. 子查询

23. 下面选项与语句"SELECT * FROM 教师表 INTO DBF A"等价的是( )。

    A. SELECT * FROM 教师表 TO DBF A

    B. SELECT * FROM 教师表 TO TABLE A

    C. SELECT * FROM 教师表 INTO TABLE A

    D. SELECT * FROM 教师表 INTO A

24. 查询"教师表"的全部记录并存储于临时文件 one.dbf 中,其 SQL 命令是( )。

    A. SELECT * FROM 教师表 INTO CURSOR ONE

    B. SELECT * FROM 教师表 TO CURSOR ONE

    C. SELECT * FROM 教师表 INTO CURSOR DBF ONE

    D. SELECT * FROM 教师表 TO CURSOR DBF ONE

25. 在"教师表"中有"职工号"、"姓名"和"工龄"字段,其中"职工号"为主关键字,建立"教师表"的 SQL 命令是( )。

    A. CREATE TABLE 教师表(职工号 c(10)PRIMARY,姓名 c(20),工龄 I)

    B. CREATE TABLE 教师表(职工号 c(10)POREING,姓名 c(20),工龄 I)

    C. CREATE TABLE 教师表(职工号 c(10)POREING KEY,姓名 c(20),工龄 I)

D. CREATE TABLE 教师表(职工号 c(10)PRIMARY KEY，姓名 c(20)，工龄 I)

26. 在"教师表"中有"职工号"、"姓名"、"工龄"和"系号"等字段,在"系表"中有"系名"和"系号"等字段,计算"计算机"系教师总数的命令是(   )。

A. SELECT COUNT(∗) FROM 教师表 INNER JOIN 系表；
　　ON 教师表.系号＝系表.系号 WHERE 系名="计算机"

B. SELECT COUNT(∗)FROM 教师表 INNER JOIN 系表；
　　ON 教师表.系号＝系表.系号 ORDER BY 教师表.系号="计算机"；
　　HAVING 系表.系名＝"计算机"

C. SELECT SUM(∗)FROM 教师表 INNER JOIN 系表；
　　ON 教师表.系号＝系表.系号 GROUP BY 教师表.系号；
　　HAVING 系表.系名＝"计算机"

D. SELECT SUM(∗)FROM 教师表 INNER JOIN 系表；
　　ON 教师表.系号＝系表.系号 ORDER BY 教师表.系号；
　　HAVING 系表.系名＝"计算机"

27. 在"教师表"中有"职工号"、"姓名"、"工龄"和"系号"等字段,"系表"中有"系名"和"系号"等字段,求教师总数最多的系的教师人数,正确的命令序列是(   )。

A. SELECT 教师表.系号，COUNT(∗)AS 人数 FROM 教师表，系表；
　　GROUP BY 教师表.系号 INTO DBF TEMP
　　　SELECT MAX(人数)FROM TEMP

B. SELECT 教师表.系号，COUNT(∗)FROM 教师表，系表；
　　WHERE 教师表.系号＝系表.系号 GROUP BY 教师表.系号 INTO DBF TEMP
　　SELECT MAX(人数)FROM TEMP

C. SELECT 教师表.系号，COUNT(∗)AS 人数 FROM 教师表，系表；
　　WHERE 教师表.系号＝系表.系号 GROUP BY 教师表.系号 INTO FILE TEMP
　　SELECT MAX(人数)FROM TEMP

D. SELECT 教师表.系号，COUNT(∗)AS 人数 FROM 教师表，系表；
　　WHERE 教师表.系号＝系表.系号 GROUP BY 教师表.系号 INTO DBF TEMP
　　SELECT MAX(人数)FROM TEMP

28. Visual FoxPro 在 SQL 方面,不提供的功能是(   )。

A. 数据查询　　　　　B. 数据定义　　　　　C. 数据操纵　　　　　D. 数据控制

29. 假设"图书"表中有 C 型字段"图书编号",要求将图书编号以字母 A 开头的图书记录全部加上删除标记,可以使用 SQL 命令(   )。

A. DELETE FROM 图书 FOR 图书编号＝"A"

B. DELETE FROM 图书 WHERE 图书编号＝"A%"

C. DELETE FROM 图书 FOR 图书编号＝"A ∗ "

D. DELETE FROM 图书 WHERE 图书编号 LIKE "A%"

30. 在当前盘当前目录下删除表 stock 的命令是(   )。

A. DROP stock　　　　　　　　　　B. DELETE TABLE stock

C. DROP TABLE stock　　　　　　　D. DELETE stock

31. 语句"DELETE FROM 成绩表 WHERE 计算机<60"的功能是( )。

　　A. 物理删除成绩表中计算机成绩在 60 分以下的学生记录

　　B. 物理删除成绩表中计算机成绩在 60 分以上的学生记录

　　C. 逻辑删除成绩表中计算机成绩在 60 分以下的学生记录

　　D. 将计算机成绩低于 60 分的字段值删除,但保留记录中其他字段值

32. 具有 SQL 定义功能的语句中,用 CREATE TABLE 建立表时,FOREIGN KEY …REFERENCES…短语的含义是( )。

　　A. 说明主关键字　　　　　　　　B. 建立表之间的联系

　　C. 说明有效性规则　　　　　　　D. 说明根据指定数组的内容建立表

33. SQL 的查询结果可以存放到多种类型的文件中,下列都可以用来存放查询结果的选项是( )。

　　A. 临时表、视图、文本文件　　　　B. 数组、永久性表、视图

　　C. 永久性表、数组、文本文件　　　D. 视图、永久性表、文本文件

34. 用 CREATE TABLE 建立表时,用来定义主关键字的短语是( )。

　　A. PRIMARY KEY　　　　　　　　B. CHECK

　　C. ERROR　　　　　　　　　　　D. DEFAULT

35. 下列选项中,不属于 SQL 数据定义功能的是( )。

　　A. SELECT　　　　　　　　　　　B. CREATE

　　C. ALTER　　　　　　　　　　　D. DROP

36. 嵌套查询命令中的选项 IN,相当于( )。

　　A. 等号＝　　　　　　　　　　　B. 集合运算符∈

　　C. 加号＋　　　　　　　　　　　D. 减号－

37. 要查询借阅了两本和两本以上图书的读者姓名和单位,应使用 SQL 语句( )。

　　A. SELECT 姓名,单位 FROM 读者 WHERE 借书证号 IN;

　　　　(SELECT 借书证号 FROM 借阅;

　　　GROUP BY 借书证号 HAVING COUNT(*)>=2)

　　B. SELECT 姓名,单位 FROM 读者 WHERE 借书证号 EXISTS;

　　　　(SELECT 借书证号 FROM 借阅;

　　　GROUP BY 借书证号 HAVING COUNT(*)>=2)

　　C. SELECT 姓名,单位 FROM 读者 WHERE 借书证号 EXISTS;

　　　　(SELECT 借书证号 FROM 借阅;

　　　　GROUP BY 借书证号 WHERE COUNT(*)>=2)

　　D. SELECT 姓名,单位 FROM 读者 WHERE 借书证号 IN;

　　　　(SELECT 借书证号 FROM 借阅;

　　　　GROUP BY 借书证号 WHERE COUNT(*)>=2)

说明：第 38～41 题使用如下的仓库表和职工表。

仓库表	仓库号	所在城市
	A1	北京
	A2	上海
	A3	天津
	A4	广州

职工表	职工号	仓库号	工资
	M1	A1	2000.00
	M3	A3	2500.00
	M4	A4	1800.00
	M5	A2	1500.00
	M6	A4	1200.00

38. 检索在广州仓库工作的职工记录,要求显示职工号和工资字段,正确的 SQL 命令是( )。

A. SELECT 职工号,工资,FROM 职工表;
   WHERE 仓库表.所在城市="广州"

B. SELECT 职工号,工资,FROM 职工表;
   WHERE 仓库表.仓库号=职工表.仓库号 AND 仓库表.所在城市="广州"

C. SELECT 职工号,工资,FROM 职工表,仓库表;
   WHERE 仓库表.仓库号=职工表.仓库号 AND 仓库表.所在城市="广州"

D. SELECT 职工号,工资,FROM 职工表,仓库表;
   WHERE 仓库表.仓库号=职工表.仓库号 OR 仓库表.所在城市="广州"

39. 有如下 SQL 语句:

SELECT SUM(工资)FROM 职工表 WHERE 仓库号 IN;
(SELECT 仓库号 FROM 仓库表 WHERE 所在城市 = "北京" OR 所在城市 = "上海")

执行该语句后,工资总和是( )。

A. 3500.00   B. 3000.00   C. 5000.00   D. 10500.00

40. 求至少有两个职工的每个仓库职工的平均工资,语句是( )。

A. SELECT 仓库号,COUNT(＊),AVG(工资)FROM 职工表;
   HAVING COUNT(＊)>=2

B. SELECT 仓库号,COUNT(＊),AVG(工资)FROM 职工表;
   GROUP BY 仓库号 HAVING COUNT(＊)>=2

C. SELECT 仓库号,COUNT(＊),AVG(工资) FROM 职工表;
   GROUP BY 仓库号 SET COUNT(＊)>=2

D. SELECT 仓库号,COUNT(＊),AVG(工资) FROM 职工表;
   GROUP BY 仓库号 WHERE COUNT(＊)>=2

41. 有如下 SQL 语句:

SELETE DIATINCT 仓库号 FROM 职工表 WHERE 工资> = ALL;
(SELETE 工资 FROM 职工表 WHERE 仓库号 = "A1")

执行语句后,显示查询到的仓库号是( )。

A. A1　　　　　　B. A3　　　　　　C. A1，A2　　　　　D. A1，A3

说明：第 42～46 题使用如下数据表。

学生.DBF：学号(C,8)，姓名(C,6)，性别(C,2)，出生日期(D)

选课.DBF：学号(C,8)，课程号(C,3)，成绩(N,5,1)

42. 查询所有 1982 年 3 月 20 日以后出生、性别为男的学生，正确的 SQL 语句是(　　)。

A. SELECT ＊ FROM 学生 WHERE 出生日期＞＝{^1982-03-20} AND 性别＝"男"

B. SELECT ＊ FROM 学生 WHERE 出生日期＜＝{^1982-03-20} AND 性别＝"男"

C. SELECT ＊ FROM 学生 WHERE 出生日期＞＝{^1982-03-20} OR 性别＝"男"

D. SELECT ＊ FROM 学生 WHERE 出生日期＜＝{^1982-03-20} OR 性别＝"男"

43. 计算刘明同学选修的所有课程的平均成绩，正确的 SQL 语句是(　　)。

A. SELECT AVG(成绩)FROM 选课 WHERE 姓名＝"刘明"

B. SELECT AVG(成绩)FROM 学生，选课 WHERE 姓名＝"刘明"

C. SELECT AVG(成绩)FROM 学生，选课 WHERE 学生.姓名＝"刘明"

D. SELECT AVG(成绩)FROM 学生，选课 WHERE 学生.学号＝选课.学号 AND 姓名＝"刘明"

44. 假定学号的第 3、4 位代表专业代码。要计算各专业学生选修课程号为"101"的课程的平均成绩，正确的 SQL 语句是(　　)。

A. SELECT 专业 AS SUBS(学号,3,2)，平均分 AS AVG(成绩)FROM 选课 WHERE 课程号＝"101" GROUP BY 专业

B. SELECT SUBS(学号,3,2)AS 专业，AVG(成绩)AS 平均分 FROM 选课 WHERE 课程号＝"101" GROUP BY 1

C. SELECT SUBS(学号,3,2)AS 专业，AVG(成绩)AS 平均分 FROM 选课 WHERE 课程号＝"101" ORDER BY 专业

D. SELECT 专业 AS SUBS(学号,3,2)，平均分 AS AVG(成绩)FROM 选课 WHERE 课程号＝"101" ORDER BY 1

45. 查询选修课程号为"101"的课程中得分最高的同学，正确的 SQL 语句是(　　)。

A. SELECT 学生.学号，姓名 FROM 学生，选课 WHERE 学生.学号＝选课.学号 AND 课程号＝"101" AND 成绩＞＝ALL(SELECT 成绩 FROM 选课)

B. SELECT 学生.学号，姓名 FROM 学生，选课 WHERE 学生.学号＝选课.学号 AND 成绩＞＝ALL(SELECT 成绩 FROM 选课 WHERE 课程号＝"101")

C. SELECT 学生.学号，姓名 FROM 学生，选课 WHERE 学生.学号＝选课.学号 AND 成绩＞＝ANY(SELECT 成绩 FROM 选课 WHERE 课程号＝"101")

D. SELECT 学生.学号，姓名 FROM 学生，选课 WHERE 学生.学号＝选课.学号 AND 课程号＝"101" AND 成绩＞＝ALL(SELECT 成绩 FROM 选课 WHERE 课程号＝"101")

二、填空题

1. 在"歌手"表中有"歌手号"、"姓名"和"最后得分"三个字段，"最后得分"越高名次越靠前，查询前 10 名歌手的 SQL 语句是：

SELECT ＊ ＿＿＿＿＿ FROM 歌手 ORDER BY 最后得分 DESC

2. 已有"歌手"表,将该表中的"歌手号"字段定义为候选索引,索引名是 temp,正确的 SQL 语句是:

_____ TABLE 歌手 ADD UNIQUE 歌手号 TAG temp

3. 在 SQL SELECT 语句中为了将查询结果存储到永久表应该使用_____短语。

4. 在 SQL 语句中空值用_____表示。

5. 查询设计器中的"分组依据"选项卡与 SQL 语句的_____短语对应。

6. 为"成绩"表中"总分"字段增加有效性规则:"总分必须大于等于 0 并且小于等于 750",正确的 SQL 语句是:

_____ TABLE 成绩 ALTER 总分_____总分＞＝0 AND 总分＜＝750 _____

7. SQL 是一种高度非过程化的语言,它可以直接以_____方式使用,也可以_____方式使用。

8. 当前目录下有"课程表"文件,要求查找既选修了"W1",又选修了"W2"的学生号,则语句为:

SELECT A.学生号 FROM 选课表 A, _____
WHERE A.学生号 = B.学生号 AND A.课程号 = "W1" AND _____

9. 当前目录下有"工资表"文件,现要将职称为"工程师"的工资增加 30 元,则语句为:

UPDATE 工资表_____ WHERE 职称 = "工程师"

10. 在 SQL 语言中,用于对查询结果计数的函数是_____。

11. 在 SQL 的 SELECT 查询中,用_____关键词消除查询结果中的重复记录。

12. 为"学生"表的"年龄"字段增加有效性规则"年龄必须在 18～45 岁之间"的 SQL 语句是:

ALTER TABLE 学生 ALTER 年龄_____年龄＜＝45 AND 年龄＞＝18

13. 使用 SQL Select 语句进行分组查询时,有时要求分组满足某个条件时才查询,这时可以用_____子句来限定分组。

14. 执行"SELECT AVG(外语成绩)AS 外语平均分,MAX(外语成绩)AS 最高分 FROM test"语句,将输出_____行数据。

15. 在 Visual FoxPro 中,使用 SQL 的 CREATE TABLE 语句建立数据库表时,使用_____子句说明有效性规则(域完整性规则或字段取值范围)。

16. 利用 SQL 语句删除当前文件夹中一个名为 temp 的自由表文件,SQL 语句如下:
_____ temp。

17. 在用 SQL 的 SELECT 语句进行分组计算查询时,可以使用_____子句来去掉不满足条件的分组。

18. 在 SQL 查询语句中,用来检查子查询中是否有结果返回的谓词是_____。

19. 要求按成绩降序排序,输出"文学系"学生选修了"计算机"课程的学生的姓名和成绩信息,正确的 SQL 语句是:

SELECT 姓名, 成绩 FROM 学生表, 选课表;

WHERE 院系 = "文学系" AND 课程名 = "计算机" AND 学生表.学号 = 选课表.学号;

ORDER BY _____

20. 从图书表中删除总编号为"0001"的记录,应使用命令:

_____图书 WHERE 总编号 = "0001"

21. 将数据库表"职工"中的"工资"字段改为"基本工资",应使用命令:

ALTER TABLE 职工_____ COLUMN 工资 TO 基本工资

22. 查询设计器的"排序依据"选项卡对应于 SQL SELECT 语句的_____短语。

23. SQL SELECT 语句的功能是_____。

24. 在 SQL SELECT 中,字符串匹配运算符用_____表示,_____可用来表示 0 个或多个字符。

说明:第 25～27 题使用如下三个数据库表。

金牌榜.DBF:国家代码 C(3),金牌数 I,银牌数 I,铜牌数 I

获奖牌情况.DBF:国家代码 C(3),运动员名称 C(20),项目名称 C(30),名次 I

国家.DBF:国家代码 C(3),国家名称 C(20)

"金牌榜"表中一个国家一条记录;"获奖牌情况"表中每个项目中的各个名次都有一条记录,名次只取前 3 名,例如:

国家代码	运动员名称	项目名称	名次
001	刘翔	男子 110 米栏	1
001	李小鹏	男子双杠	3
002	菲尔普斯	游泳男子 200 米自由泳	3
002	菲尔普斯	游泳男子 400 米个人混合泳	1
001	郭晶晶	女子三米板跳水	1
001	李婷/孙甜甜	网球女子双打	1

25. 为表"金牌榜"增加一个字段"奖牌总数",同时为该字段设置有效性规则"奖牌总数≥0",应使用 SQL 语句:

ALTER TABLE 金牌榜_____奖牌总数 I _____奖牌总数 > = 0

26. 使用"获奖牌情况"和"国家"两个表查询"中国"所获金牌(名次为1)的数量,应使用 SQL 语句:

SELECT COUNT(*)FROM 国家 INNER JOIN 获奖牌情况;

_____国家.国家代码 = 获奖牌情况.国家代码;

WHERE 国家.国家名称 = "中国" AND 名次 = 1

27. 将金牌榜.DBF 中的新增加的字段奖牌总数设置为金牌数、银牌数、铜牌数三项的和,应使用 SQL 语句:

_____金牌榜_____奖牌总数 = 金牌数 + 银牌数 + 铜牌数

说明:第 28～30 题使用如下的"教师"表和"系"表。

"教师"表					
职工号	姓名	职称	年龄	工资	系号
11020001	肖天海	副教授	35	2000.00	01
11020002	王岩盐	教授	40	3000.00	02
11020003	刘星魂	讲师	25	1500.00	01
11020004	张月新	讲师	30	1500.00	03
11020005	李明玉	教授	34	2000.00	01
11020006	孙民山	教授	47	2100.00	02
11020007	钱无名	教授	49	2200.00	03

"系"表	
系号	系名
01	英语
02	会计
03	工商管理

28. 使用 SQL 语句将一条新的记录插入系表。

INSERT _____系(系号,系名)_____("04", "计算机")

29. 使用 SQL 语句求"工商管理"系的所有职工的工资总和。

SELECT _____(工资)FROM 教师;
WHERE 系号 IN(SELECT 系号 FROM _____ WHERE 系名 = "工商管理")

30. 使用 SQL 语句完成如下操作。(将所有教授的工资提高 5%)

_____教师 SET 工资 = 工资 * 1.05 _____职称 = "教授"

第7章

报表和标签

应用程序除了完成对信息的处理、加工之外,通常还要完成对信息的显示、打印输出等功能。Visual FoxPro 提供的报表和标签功能可以对要打印的信息进行快速的组织和修饰,并以报表或标签的形式打印输出。

报表和标签包括两个基本组成部分:数据源和数据布局。数据源指定了报表中的数据来源,可以是表、视图、查询或临时表;数据布局指定了报表中各个输出内容的位置和格式。报表和标签从数据源中提取数据,并按照布局定义的位置和格式输出数据。

在报表和标签文件中并不存储数据源中每个数据的值,而只存储数据的位置和格式信息。这一点,和视图的特性有些相似。所以每次打印时,打印出来的报表的内容不是固定不变的,而是随着数据库内容的改变而改变。

7.1 创建报表

创建报表就是定义报表的数据源和数据布局。当用户创建一个报表后,会产生两个文件:报表定义文件和报表备注文件,扩展名分别为 fpx 和 frt。

在 Visual FoxPro 中,报表有很多种。若按不同的布局形式分类,可分为行报表、列报表和多栏报表;若按数据源分类,可分为简单报表(数据源为一个表)和一对多报表(数据源为两个或两个以上的表)。

Visual FoxPro 提供了三种方法来创建报表:

(1) 利用报表向导创建报表;

(2) 利用报表设计器创建报表;

(3) 利用快速报表功能创建报表。

7.1.1 利用报表向导创建报表

报表向导是一种最简单的创建报表的途径,它是通过回答一系列窗口提出的问题来进行报表的设计,使报表的设计工作变得非常简单。

使用报表向导创建报表,首先在菜单栏中选择"文件"→"新建"命令,打开"新建"对话框,在该对话框的"文件类型"一栏中选择"报表"选项,单击"向导"按钮,弹出"向导选取"对话框,如图 7.1 所示。

在 Visual FoxPro 中,提供了两种不同形式的报表向导:一种是"报表向导",这种形式的报表在数据源的选择上只能采用单一的表或视图进行报表设计操作；另一种是"一对多报表向导"，这种形式的报表在数据源的选择上可选用多个表或视图进行操作，表之间是一对多的关系。在选择向导操作时，可以根据具体情况，选择相应的向导选项。

1. 简单报表

在"向导选取"对话框中，选择"报表向导"选项，单击"确定"按钮，打开"报表向导"对话框，如图 7.2 所示。

图 7.1 "向导选取"对话框

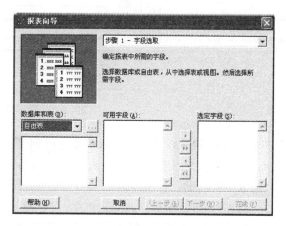

图 7.2 "字段选取"对话框

建立报表向导共分 6 个步骤，具体操作方法如下。

（1）字段选取。在"数据库和表"下拉列表中选择所需的数据源表。例如，选择 student.bdf（学生信息表），则在可用字段列表框中显示出 student 表中所有的可用字段，选择报表设计中所需要的字段，单击"下一步"按钮，进入下一步骤的操作。

（2）记录分组。在此对话框中可通过组合框选择分组方式（最多可选择 3 层分组层次），如图 7.3 所示。

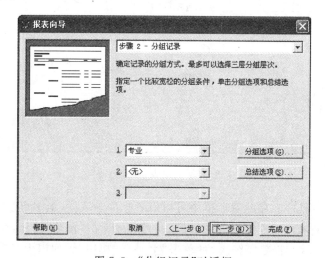

图 7.3 "分组记录"对话框

　　另外,也可以通过单击"分组选项"按钮打开"分组间隔"对话框,设置分组是根据整个字段还是字段的前几个字符。单击"总结选项"按钮,在弹出的"总结选项"对话框中,选择需要做总结的字段及总结选项,如图 7.4 所示,然后单击"确定"按钮。设置完成后,单击"下一步"按钮。

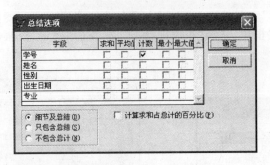

图 7.4　"总结选项"对话框

　　(3) 选择报表样式。向导中提供了 5 种系统已设定好的报表样式,当选择一种报表样式时,可以通过对话框中左上方的图片对各种样式进行预览,确定样式后单击"下一步"按钮,进入下一步骤。

　　(4) 定义报表布局。此对话框中,可以通过对"列数"、"字段布局"、"方向"的设置来定义报表的布局。其中,"列数"用来定义报表的分栏数;"字段布局"用来定义报表是列报表还是行报表;"方向"用来定义报表在打印纸上的打印方向是横向还是纵向。如果在向导的步骤(2)中设置了记录分组,则此处的"列数"和"字段布局"是不可用的,如图 7.5 所示。单击"下一步"按钮。

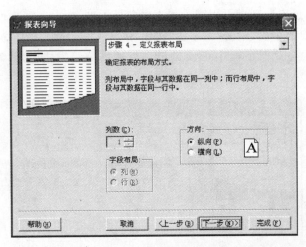

图 7.5　"定义报表布局"对话框

　　(5) 对记录进行排序。在此对话框中可以设置排序的字段,最多可以设置 3 个。
　　(6) 完成。这一步可以设置报表的标题,并可以先单击"预览"按钮,预览报表设计的最终效果,如图 7.6 所示。若需要修改,可单击"上一步"按钮,返回以上各步骤;若对效果满意,则单击"完成"按钮,保存报表文件,完成报表的创建。

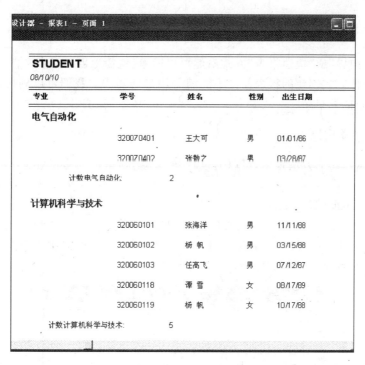

图 7.6 报表预览窗口

2．一对多报表

一对多报表的创建与简单报表的创建基本相似。

（1）从父表中选择字段。从单个表或视图中选择一个数据源，例如选择 student 数据表。

（2）从子表中选择字段。从单个表或视图中选择一个与父表有关联的表，例如选择 score 表。

（3）为表建立关系。系统会自动找出一个两表相同的字段作为表之间建立关系的字段，也可以通过单击组合框右侧的下拉箭头进行重新设置。

（4）选择报表样式。

（5）对记录进行排序。

（6）完成。预览结果如图 7.7 所示。

使用报表向导创建的报表文件，如果需要对报表布局或内容进行修改，可以在报表设计器中进行。方法是在菜单栏中选择"文件"→"打开"命令，在"打开"对话框中选择要修改的报表文件，系统会在报表设计器中将其打开，这时就可以通过报表设计器对报表进行修改和完善。

图 7.7 学生成绩报表预览

7.1.2　利用报表设计器创建报表

利用"报表向导"或"快速报表"方式虽然可以简单、快捷地创建报表文件,但是在很多情况下,利用这两种方式创建的报表往往不能满足用户的需要。我们可以利用报表设计器创建自定义风格的报表布局。

1. 报表设计器窗口

打开报表设计器的方法很多,可以通过打开"新建"对话框创建新报表,也可以通过命令方式。

(1) 格式: CREATE REPORT

(2) 在项目管理器中,切换到"文档"选项卡,选中"报表"后单击"新建"按钮。

(3) 选择"文件"→"新建"菜单命令,打开"新建"对话框,选择"报表"选项,单击"新建"按钮,打开报表设计器,如图 7.8 所示。

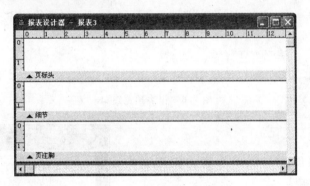

图 7.8　报表设计器窗口

报表设计器是由不同的带区组成的。所谓报表带区,指的是报表中的一块区域,在其中可以插入各种控件,主要有标签控件、域控件、线条控件和图形控件等。不同的带区有不同的作用。第一次打开报表设计器时,报表设计器中含有三个默认带区,分别是页标头、细节、页注脚带区。除此之外,根据报表布局的需要,我们还可以添加其他的带区。例如对报表采用数据分组,选择"报表"→"数据分组"菜单命令,在打开的"数据分组"对话框中设置分组表达式后,"报表设计器"窗口中又增加了两个报表带区:组标头和组注脚带区。各带区的具体说明如表 7.1 所示。

表 7.1　报表带区具体说明

带区	打印次数	使用方法
标题	每份报表一次	一般用来设计报表的总标题,当选择"报表"→"标题/总结"菜单命令时,可出现此带区
页标头	每页一次	可以用来设计报表每页的顶端内容,默认可用
列标头	每列一次	选择"文件"→"页面设置"菜单命令,从中设置"列数>1"
组标头	每个分组一次	选择"报表"→"数据分组"菜单命令时,出现此带区
细节	每条记录一次	用来设计每条显示记录的内容及布局,是报表的主要部分,默认可用

续表

带区	打印次数	使用方法
组注脚	每个分组一次	选择"报表"→"数据分组"菜单命令时,出现此带区
列注脚	每列一次	选择"文件"→"页面设置"菜单命令,从中设置"列数>1"
页注脚	每页一次	可用来设计报表的页脚内容
总结	每份报表一次	一般用来设计报表的总结部分。当选择"报表"→"标题/总结"菜单命令时,可出现此带区

2."报表"菜单

报表设计器打开后,Visual FoxPro 系统的主菜单栏上自动增加一个"报表"菜单项。"报表"菜单中包含了创建和修改报表的主要命令。通过选择不同的子菜单项,可以进行添加带区、建立快速报表、运行报表等操作。报表菜单中的各选项及其说明如表 7.2 所示。

表 7.2　"报表"菜单中的各选项说明

菜单选项	说明
标题/总结	指定是否将"标题"及"总结"带区加入报表设计器中
数据分组	为报表数据创建分组,并指定数据分组的属性
变量	创建报表中的变量
默认字体	指定标签和字段控件的字体、字体样式和字体大小
私有数据工作期	在私有工作期中打开报表使用的表
快速报表	实现快速报表的设计
运行报表	显示"打印"对话框,将报表传送给打印机

3."报表设计器"工具栏和"报表控件"工具栏

应用报表设计器设计报表时,常用到两个工具栏,"报表设计器"工具栏和"报表控件"工具栏,如图 7.9 和图 7.10 所示。

图 7.9　"报表设计器"工具栏　　　　图 7.10　"报表控件"工具栏

利用"报表设计器"工具栏中提供的各按钮,可以方便、快捷地打开各个对应的功能窗口,无须我们在操作时重复选择菜单。"报表控件"工具栏提供了报表设计过程中可加入报表布局的所有控件,具体说明如表 7.3 和表 7.4 所示。

表 7.3　"报表设计器"工具栏的按钮说明

按钮	说明
数据分组	显示"数据分组"对话框,创建数据分组并指定其属性
数据环境	显示"数据环境"窗口,创建或修改报表的数据环境
"报表控件"工具栏	显示或隐藏"报表控件"工具栏
"调色板"工具栏	显示或隐藏"调色板"工具栏
"布局"工具栏	显示或隐藏"布局"工具栏

表 7.4　"报表控件"工具栏的按钮说明

按　钮	说　明
选定对象	移动或更改控件的大小。在创建了一个控件后,会自动选定"选定对象"按钮,除非按下了"按钮锁定"按钮
标签	创建一个标签控件,用于存放文本内容,来说明其他数据的意义
字段(域控件)	创建一个字段控件,可以存放任何合法的 Visual FoxPro 表达式、内存变量和字段变量等
线条	创建一个线条控件,用于在设计报表时画直线
矩形	创建一个矩形控件,用于在报表上画矩形
圆角矩形	创建一个圆角矩形控件,用于在报表上画椭圆和圆角矩形
图片/OLE 绑定控件	创建一个图片控件,用于显示图片或通用型字段的内容
按钮锁定	使用此按钮可以锁定被选定的按钮。当要向报表中连续添加几个相同的控件时,可以利用"按钮锁定"功能,即先选定要向报表中添加的对象的按钮(如矩形),然后再选定"按钮锁定"按钮,这时就可以连续向报表中添加矩形框对象

　　向报表设计器中添加一个标签控件,首先单击"报表控件"工具栏上的"标签"控件,然后在报表设计器中放置标签控件的位置单击,相应位置处将出现闪动的光标。在光标处输入要显示的文本内容,选择"格式"→"字体"菜单命令,打开"字体"对话框,在其中设置标签文本的字体、字体样式和字体大小等。如果要修改标签控件中的文本内容,必须先将原有的标签控件删除,然后再重新添加一个新的标签控件。

　　如果在打开"报表设计器"窗口时没有出现"报表设计器"工具栏和"报表控件"工具栏,可通过选择"显示"→"工具栏"菜单命令来打开这两个窗口。

4. 数据环境

　　报表设计器中的"数据环境设计器"窗口与表单中的"数据环境设计器"窗口功能一样,是一个容器对象,用于设置报表中使用的表和视图及报表中所要求的表之间的关系。这些表和视图及表之间的关系都是数据环境容器中的对象,可以分别设置它们的属性。其具体操作方法与表单中的数据环境相同。

5. 用报表设计器创建报表

　　应用报表设计器创建报表时,主要包括四个关键步骤:首先要确定报表中的数据来源,即添加数据源;第二步是根据实际报表文件的需要,设计报表布局,添加相应的带区;第三步是在报表数据设计无误的前提下对其外观进行美化;最后一步是预览报表的数据输出结果,达到要求后保存报表文件。

　　(1) 向报表中添加数据源

　　向报表中添加数据,首先要打开"数据环境设计器"窗口,把报表中使用的表或视图添加到数据环境中,若两表之间有关联,还需要为它们建立相应的临时关系。之后便可以向报表设计器中添加数据,具体可有两种操作方法。

　　① 拖曳表字段

　　向报表设计器添加数据的操作过程中,拖曳表字段的方法操作简单,且最为常用。只要打开"数据环境设计器"窗口,选中某一想要添加的表字段,按住鼠标左键,将字段直接拖曳到报表设计器中指定的位置上即可。如果需要对某一字段的设置进行修改,可以双击报表设计器中该字段,在打开的"报表表达式"对话框中进行修改。

② 添加域控件

打开"报表控件"工具栏,选择域控件,添加到报表设计器的指定位置中,此时会打开"报表表达式"对话框,如图 7.11 所示。

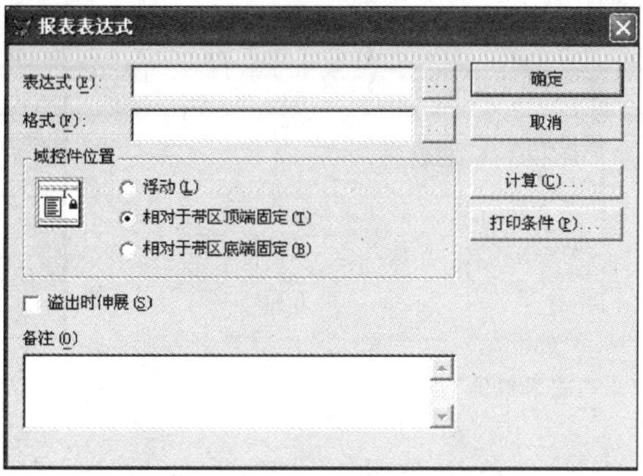

图 7.11　"报表表达式"对话框

在"报表表达式"对话框中可以看到"溢出时伸展"复选框,此项被选中时,当表达式字段实际输出的数据超过了域控件的空间范围时,控件框将自动向下伸展,直至容纳下所有的数据。对于变长字段,此功能很重要。然而当报表中有变长字段输出时,就会对其他的控件产生影响,例如在设计时,一个记录的多个字段被放在同一行,保持水平对齐。但在实际打印时,某一个记录中有一个变长字段占用了两行,那么其他那些只占一行的字段如何在两行空间中放置呢?对于字段输出,在"报表表达式"对话框中,有一个包含三个选项按钮的"域控件位置"按钮组,就是用来解决这一问题的;对于图像/通用字段以及垂直线和矩形框输出,通过双击控件也会显示一个对话框,其中含有同样意义选项按钮的"对象位置"按钮组,它们的含义如下。

- 相对于带区顶端固定。表示这个字段或图片在打印时,将保持在设计时相对于带区顶端的距离不变,变长字段带来的空行放在数据的底部,这是默认设置。
- 相对于带区底端固定。该选项与上面的相反,表示这个字段或图片在打印时,将保持在设计时相对于带区底端的距离不变,变长字段带来的空行放在数据的上部。
- 浮动。此选项对于一条记录在一行输出没有影响,而只用于在细节带区放置了多行控件的情况。例如在个人简历报表中,如果将政治面貌字段放在简历字段下显示,一旦简历字段伸展到下一行,而政治面貌字段又被设置成"相对于带区顶端固定",那么政治面貌将被简历字段覆盖掉。通过把政治面貌字段设置成"浮动",则它的实际输出位置总是在上一行的底部,能随着上一行的伸展而移动位置。

单击表达式文本框右侧的按钮,打开"表达式生成器"对话框,如图 7.12 所示。

编辑好报表字段表达式后,单击"确定"按钮返回到"报表表达式"对话框,还可以在此对话框中单击"计算"按钮,打开"计算字段"对话框,选择计算的方式,如图 7.13 所示。

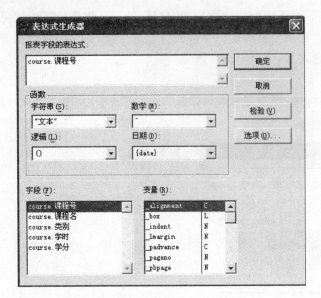

图 7.12　"表达式生成器"对话框　　　　　图 7.13　"计算字段"对话框

在"报表表达式"对话框中,单击"打印条件"按钮,可以打开"打印条件"对话框。此对话框用来设置某个字段值的打印条件,例如:在报表打印中将数据为 0 的数据不打印,则应在该字段控件上右击,从弹出的快捷菜单中选择"属性"命令(或直接双击),打开"报表表达式"对话框,单击"打印条件"按钮,在"打印条件"对话框中,设置"仅当下列表达式为真时打印"选项的内容为"字段≠0"即可。

(2) 设计报表布局

用报表设计器设计报表时,报表中要用的数据以及各数据在报表中什么位置显示和打印,均要在设计时加以考虑,这就是对报表布局的规划。通过规划报表布局,可以设计和修改数据在报表页面上的位置。将数据对象放在报表中的不同的带区,会有不同的显示结果。报表在设计过程中,需着重考虑各数据添加的位置,并按要求加入到相应的带区中。按下鼠标左键选中任意带区条上下拖曳,可以减少或增加每个带区的宽度。如果要精确地设置带区的高度,可双击带区条打开"设置带区高度"对话框,在对话框中输入带区的高度值。

① 页标头/页注脚带区

页标头/页注脚带区中设计的内容,在报表输出时,每页一次,页标头内容在每页的顶端,页注脚的内容在每页的末端,类似 WORDE 中的页眉与页脚。

在页标头带区中,可以加入标签控件,输入报表中每页上端固定要显示的内容。页注脚带区中设计的内容在每一页的底部出现,常加入标签控件来显示固定文本,加入域控件,添加一个表达式,如插入一个页码或日期函数。

② 细节带区

细节带区紧随在页标头内容之后打印,用来设计每条显示记录的内容及布局,报表的主要数据内容都集中在细节带区中。数据源中的字段内容主要添加在细节带区。

③ 组标头/组注脚带区

在设计报表时,有时所要报表的数据是成组出现的,需要以组为单位对报表进行处理。

例如在打印学生名单时,为阅读方便,需要按所在专业及年级进行分组。前面学习了利用报表向导创建报表中的"记录分组"就可以实现分组报表。这里学习如何用报表设计器进行数据分组报表。

利用分组可以明显地分隔每组记录,使数据以组的形式显示。组的分隔是根据分组表达式进行的,这个表达式通常由一个以上的表字段生成,有时也可以相当复杂。可以添加一个或多个组、更改组的顺序、重复组标头或者更改、删除组带区。

分组之后,报表布局就有了组标头和组注脚带区,可以向其中添加控件。组标头带区中的内容出现在每个分组的前面,一般都包含组所用字段的"域控件",可以添加线条、矩形、圆角矩形,也可以添加希望出现在组内第一条记录之前的任何标签。组注脚带区中的内容出现在每个分组的后面,通常包含组总计和其他组总结性信息,如统计每个分组的人数、计算平均分等。

报表布局实际上并不排序数据,它只是按它们在数据源中存在的顺序处理数据。因此,如果数据源是表,记录的顺序不一定适合于分组。当设置索引的表、视图或查询作为数据源时,可以把数据适当排序来分组显示记录。排序必须使用视图、索引或布局外的其他形式的数据操作来完成。

添加单个组。一个单组报表可以基于输入表达式进行一级数据分组。例如,可以把组设在"专业"字段上来打印所有记录,相同专业的学生的记录在一起打印。

注意:这样做的前提是数据源必须按该字段排序。

添加单个组的步骤如下。

从快捷菜单或"报表"菜单中,选择"数据分组"命令。打开"数据分组"对话框,如图 7.14所示。

这里的属性设置包括打印标头和注脚文本来区别各组,在新的一页上打印每一组,当某组在新页上开始打印时,重置页号。对话框各选项意义如下。

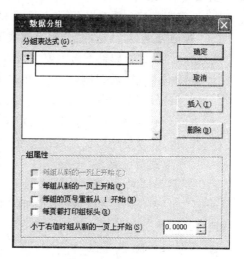

"分组表达式"用来显示当前报表的分组表达式,如字段名,并允许输入新的字段名。如果想创建一个新的表达式,可单击 ▨ 按钮,打开"表达式生成器"对话框,从中进行设置。

"组属性"选项区用以指定如何分页。

"每组从新的一列上开始"用来设置当组改变时,从新的一列上开始。

图 7.14 "数据分组"对话框

"每组从新的一页上开始"用来设置当组改变时,从新的一页上开始。

"每组的页号重新从 1 开始"表示当组改变时,组在新页上开始打印,并重置页号。

"每页都打印组标头"表示当组分布在多页上时,指定在所有页的页标头之后打印组标头。

"小于右值时组从新的一页上开始"用来设置要打印组标头时,组标头距页底的最小距离。

"插入"按钮,在"分组表达式"列表框中插入一个空文本框,以便定义新的分组表达式。

"删除"按钮,从"分组表达式"列表框中删除选定的分组表达式。

在第一个"分组表达式"文本框内输入分组表达式。或者单击■按钮,在"表达式生成器"对话框中创建表达式;在"组属性"选项区中,选定想要的属性;单击"确定"按钮,系统会在报表设计器中加入组标头带区和组注脚带区。可以在带区内放置任意需要的控件。通常,把分组所用的域控件从"细节"带区移动到"组标头"带区。

添加多个数据分组。 有时,我们需要对报表进行多个数据分组,如在打印学生名单时在用"专业"分组的基础上,还想按"性别"分组,这也称为嵌套分组。嵌套分组有助于组织不同层次的数据和总计表达式。在报表内最多可以定义 20 级的数据分组。具体步骤如下。

从"报表"菜单中,选择"数据分组"命令,打开"数据分组"对话框,在第一个"分组表达式"文本框内输入分组表达式。或者单击■按钮,在"表达式生成器"对话框中创建表达式。

在"组属性"选项区中,选择所需的属性。

单击"插入"按钮,并对每个分组表达式重复以上操作步骤。

单击"确定"按钮。

注意:在选择一个分组层次前,应先估计一下分组值的可能更改的频度,然后定义最经常更改的组为第一层。例如,报表可能需要一个按省份的分组和一个按城市的分组。城市字段的值比省份字段更易更改,因此,城市应该是两个组中的第一个,省份就是第二个。在这个多组报表内,表必须在一个关键值表达式上排序或索引过,例如:省份十城市。

更改分组设置。

- 更改组带区:更改分组的表达式和组打印选项的方法同上面建立分组一样,都在"数据分组"对话框的"分组表达式"文本框及"组属性"选项区中进行。

- 删除组带区:如果不再需要在报表布局保留某一分组,可以删除它。在"数据分组"对话框中选中希望删除的组,单击"删除"按钮即可实现。如果该组带区中包含有控件,将提示同时删去控件。

- 更改分组次序:在报表中的组定义之后,可以通过两种方法更改它们的次序。一是在"报表"菜单中,选择"数据分组"命令;二是选中想移动的组左侧的移动按钮,并把它拖到新位置。

当组重新排序时,组带区中定义的所有控件都将移到新的位置,但重新排序组并不能更改以前定义的控件。如果框或线条以前是相对于组带区的上部或底部定位的,那么它们仍将固定在组带区的原位置。

④ 列标头/列注脚带区

报表布局有多种样式,可以设计成单列报表形式,也可以设计成多列报表形式。选择"文件"→"页面设置"菜单命令,打开"页面设置"对话框,在此对话框中设置列数大于 1,则报表设计器上会加入列标头和列注脚带区。此时设计的报表布局为多列(栏)报表,列标头和列注脚带区内可以设计每一页上每一列信息的上端及末端处的内容,也可以不加入任何编辑内容。

⑤ 标题/总结带区

每份报表,可以在报表的第一页加入一个总标题,或在报表的最后一页加入一个总结内容,只要选择"报表"→"标题/总结"菜单命令,就可加入标题或是总结带区。

在向报表设计器中添加各种控件时,各控件的排列位置常常不整齐,这时可以用手动调整或使用"布局"工具栏,将所选的对象排列成所需要的格式。手动调整时,可先将"显示"菜单下的"网格线"和"显示位置"打开,便于准确地调整控件的位置。使用"布局"工具栏进行排列,会更快捷、更方便、更准确。

例 7.1 计算总页数,实现每页均打印"第 x 页 共 y 页"字样。

Visual FoxPro 系统变量 _pageno 可提供当前的打印页号,但却没有能返回总页数的系统变量,若要实现在报表的每一页均打印"第 x 页 共 y 页"字样,打印前可根据细节区所打印的记录条数,进行计算,然后再打印,实现方法如下:

```
PUBLIC mpage
SELECT xxx                  && xxx 为欲打印报表的数据源
xx = 35                     && xx 为每页报表细节区所打印的记录条数
mpage = IIF(mod(recc(),xx) = 0, recc()/xx, int(recc()/xx) + 1)
                            && mpage 为报表总页数
```

在报表页脚注(或其他合适位置)添加如下信息即可:

```
"第 " + ALLT(STR(_pageno)) + " 页   共 " + ALLT(STR(mpage)) + " 页"
```

(3) 美化报表外观

为报表添加相应的字段、文本及统计内容后,报表中只有文本和数据的显示内容,而没有网格线,要想设计的报表有网格线,必须向报表中添加修饰类的控件,如"报表控件"工具栏中的线条、矩形、圆角矩形控件,都是用做修饰的控件。线条控件可以为报表添加边线,并可以通过选择"格式"→"绘图笔"命令,修改线条的粗细及类型;矩形、圆角矩形控件可以设计不同的带区式效果及背景色。

对于垂直线和矩形框,它的位置能够适应变长字段的影响,而且本身还能够随着变长字段的伸展而伸展。这一功能使用户在设计一个带封闭线的表格时,不用担心伸展字段会破坏格线的封闭。双击垂直线或矩形框就能打开"矩形/线条"对话框,其中的"向下伸展"选项区,提供了以下三种选择方案。

① 不伸展。

② 相对于组中最高的对象伸展。

当把线框与其他的控件通过"格式/分组"菜单设置成一个组以后,选择该项,则线框能够伸展到和组中最高的对象一样高。

③ 相对于带区高度伸展。

不需要把线框与其他控件分组,它能随着带区一起伸展。

需要强调:"域控件位置"、"对象位置"和"向下伸展",是考虑到受其他伸展字段的影响而进行设置的,与它本身是否设置成"溢出时伸展"没有关系。

Visual FoxPro 报表生成器提供的线条控件只能画直线,而不能画斜线,在设计一些利用斜线来实现栏目分割的表格时,不能直接使用线条控件。解决画斜线的功能可通过运用一些小技巧,轻松地在打印表格中实现斜线分栏功能。

在设计一个报表时,若要对表格中的某一栏目用斜线进行划分,可先将要划分的栏目周围的三条或四条直线选中,单击"常用"工具栏上的"复制"按钮进行复制,使选中的直线进入粘贴板中。然后进入 Windows 操作系统提供的画笔程序中,新建一个图形文件,将粘贴板中的内容粘贴到新建的图形文件中,清除需要分栏以外的线条或文本内容,利用画笔中的画线功能对表格图形进行处理,加入斜线,也可加入表格中的说明项的文字内容。调整图形的大小,将图形内容保存为一个图形文件,退出画笔程序。

回到报表设计器中,利用"表格设计"工具栏中的"图片/ActiveX 绑定"控件在该表格中加入一个绑定图像对象,将绑定图像的文件名设置为利用画笔生成的那个图形文件。这时报表中将显示这个图形文件,调整图像对象的大小及位置,使其与表格中该栏的边框线条重合,这样该表格栏中显示的就是加了斜线的报表了。保存并退出,预览这个报表,这时显示的打印效果即为一个具有斜线分栏的报表。

利用生成图形文件的方法为表格加入斜线功能,优点是在作图状态下,不仅可以画任意方向的斜线,而且可以画曲线等。

(4) 预览报表输出结果,保存报表文件

经过上述步骤的操作,报表就初步设计好了,选择"文件"→"打印预览"菜单命令或单击"常用"工具栏上的"预览"按钮,预览报表的设计结果,若有要修改的地方,返回到报表设计器进行修改。报表设计完成后,单击"常用"工具栏上的"保存"按钮,保存报表文件。

例7.2　设计一个报表,要求以学生的学号分组,显示每科学生的考试成绩,结果如图 7.15 所示。

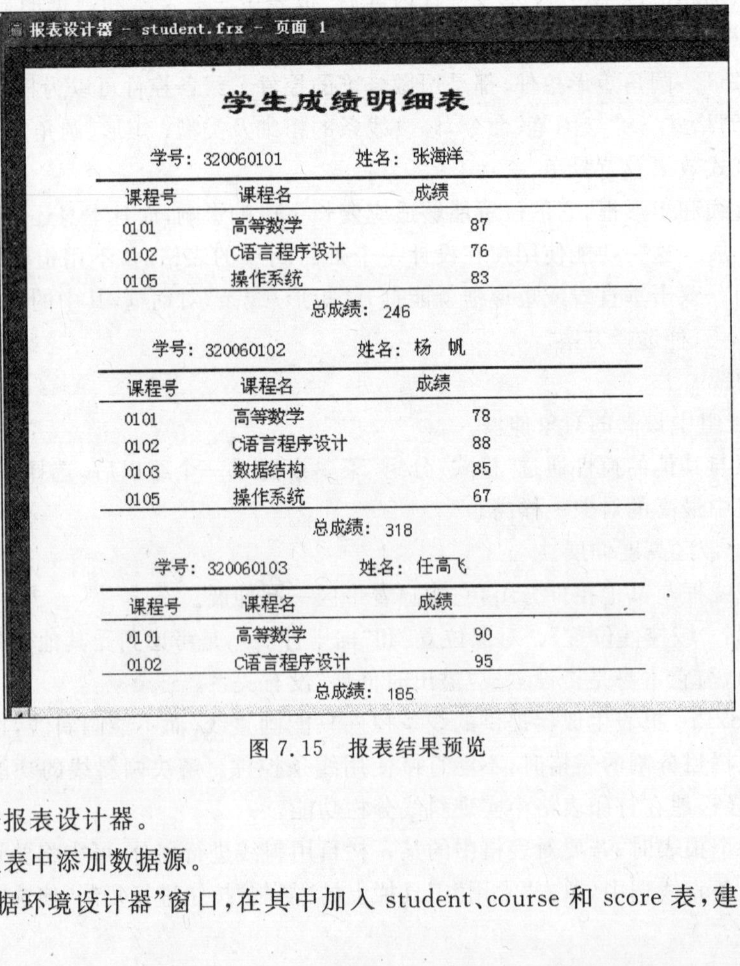

图 7.15　报表结果预览

(1) 打开报表设计器。

(2) 向报表中添加数据源。

打开"数据环境设计器"窗口,在其中加入 student、course 和 score 表,建立 score 表的学号字段与 student 表的 xh 索引及 score 表的课程号字段与 course 表的 kch 索引之间的临时关系。选中 score 表后右击,从弹出的快捷菜单中选择"属性"命令,打开"属性"对话框,设置其 order 属性为 xh,使报表输出记录时可按 xh 索引排序。

（3）设计报表布局。

选择"报表"→"数据分组"菜单命令,设置分组表达式为"score.学号"。

① 页标头带区

向其中添加一个标签控件,显示文本内容为"学生成绩明细表",字体、字号分别设置为"隶书,粗体,二号"。

② 组标头带区

从数据环境中拖曳 student 表中的学号、姓名字段到该带区上部。在该带区下部添加三个标签控件,显示文本内容分别为"课程号"、"课程名"、"成绩"。

③ 细节带区

从数据环境中拖曳 course 表中的"课程号"、"课程名"和 score 表中的"成绩"字段到该带区中。

④ 组注脚带区

添加一个标签控件,文本内容为"总分数",在其后添加一个域控件,打开"报表表达式"对话框,其中表达式选择"score.成绩",单击"计算"按钮,在"计算字段"对话框中选择"总和"选项。

⑤ 页注脚带区

添加一个域控件,打开"报表表达式"对话框,在"表达式"文本框中输入下面内容：

```
"页码 " + ALLTRIM(STR(_PAGENO))
```

单击"确定"按钮。

（4）美化报表,预览及保存报表文件。

将各带区内的控件排列整齐,除页标题带区中的标签控件外,其余控件字体均设为"宋体,常规,五号"。在组标头、组注脚带区的适当位置加线条。设计后的报表格式如图 7.16 所示。单击"常用"工具栏上的"预览"按钮,预览设计效果,达到要求后保存报表文件。

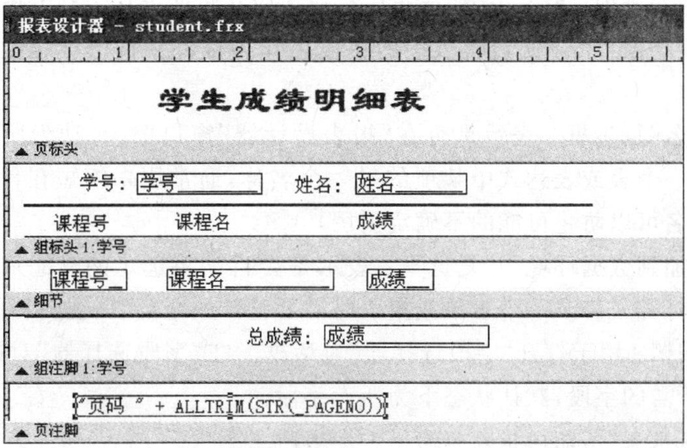

图 7.16 设计报表格式

7.1.3　快速报表

快速报表是一种简单而实用的"报表"，它是从单张表中创建一个简单报表。其特点是能指定"报表"中的字段，并能方便快捷地建立报表布局，并可以在报表设计器中对报表布局进行修改。

1. 快速报表的创建

创建快速报表，需要先打开报表设计器，在此状态下，选择相应的菜单项进行快速报表设计，具体操作步骤如下。

（1）新建一个报表，打开报表设计器。

（2）执行"快速报表"命令。

选择"报表"→"快速报表"菜单命令，打开"打开"对话框，选择要使用的表，单击"确定"按钮后，弹出"快速报表"对话框，如图 7.17 所示。

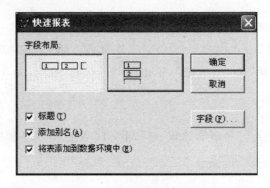

图 7.17　"快速报表"对话框

在这个对话框中可以为报表选择所需的字段、字段布局以及标题和别名选项。对话框中各选项的意义如下。

- "字段布局"列表框中包含两个按钮，第一个（默认状态）为"列布局"，即字段在页面上从左到右排列；第二个为"行布局"，即字段在页面上从上到下排列。
- "标题"复选框：表示是否将表中的字段名作为标签控件的标题置于相应字段的上边或左边。
- "添加别名"复选框：表示是否在"报表设计器"窗口中，自动为所有字段添加别名（指定给一个表或表达式中某项的另一个名称，通常用来缩短在代码中连续引用的名称，别名可以防止可能的不确定引用）。
- "将表添加到数据环境中"复选框：表示是否自动将选定的表添加到报表的数据环境中（在打开或修改一个表单或报表时需要打开的全部表、视图和关系）。
- "字段"按钮：用于打开"字段选择器"对话框。在"字段选择器"对话框中，可以选择报表中所需的字段，默认状态下为所有字段。

注意："快速报表"不能向报表布局中添加通用型字段。

对快速报表的各项设置完成后，单击"确定"按钮，返回报表设计器。此时，报表设计器中显示出报表的布局。在报表设计器中,可以对设计完的快速报表进行修饰和修改。

2.浏览快速报表

快速报表创建好后,通常应浏览一下,以便确定要修改的地方。为了浏览快速报表,可以单击"常用"工具栏中的"预览"按钮,预览报表内容,最后保存报表文件。

7.1.4 报表的预览和打印

完成了报表的设计工作后,就可以准备进行报表的打印输出。在打印报表前,叫先单击"常用"工具栏上的"打印预览"按钮查看一下效果,如果有不符合要求的地方,可返回进行修改,直到满意为止。

为了得到一份满意的报表打印文档,设计完报表后,常常需要设置报表的页面,例如,报表文档的页边距、纸张类型和布局等。

1.设置报表页面

打开"报表设计器",单击"文件"→"页面设置"菜单命令,弹出"页面设置"对话框,可在此设置打印的列数、打印的区域、打印的顺序及左右页边距等。在该对话框中,单击"页面设置"按钮,会弹出"打印设置"对话框,可设置纸张的大小及打印的方向。在"打印设置"对话框中,单击"属性"按钮,弹出"属性"对话框,可进行高级页面设置和纸张大小的设置。

2.打印报表

在报表设计器打开的情况下,报表的打印可通过选择"文件"→"打印"菜单命令,"报表"→"运行报表"菜单命令或者右击,在弹出的快捷菜单中选择"打印"命令来实现,也可以用快捷键Ctrl+P实现。此时,屏幕上出现"打印"对话框,在该对话框中设置打印区域及打印份数等选项。

3.打印文档控制三则

(1)修改打印文档的名称

用 Visual FoxPro 编写的程序需要打印时,Windows 的系统打印管理器中会有打印队列,并显示文档名"Visual FoxPro",下面的命令可以帮助我们实现修改。

① 设置打印改名文件

```
SET LIBRARY TO chgname.fll
```

② 得到当前默认的打印机名称

```
prtname = SET("printer",2)
```

③ 修改文档名称

```
CHGPRTNAME(prtname,"Visual FoxPro","我的打印文档")
```

使用函数格式如下:

```
CHGPRTNAME(cprintername, coldprinteddocumentname, cnewprinteddocumentname)
```

函数各返回值的含义如表 7.5 所示。

表 7.5　CHGPRTNAME()函数各返回值含义

返回值	含　义	返回值	含　义
0	成功修改	3	修改打印文档时发生内部错误
1	没有发现给出的打印机名称	5	处理时内存不够
2	在队列里的文档发生内部错误		

注意：如果没有文档在打印队列，则返回 0。

可以使用函数 APRINTERS()获得打印机名称存入变量 cprintername 中，或者用命令 SET("printer",2)得到当前默认打印机名称。

例如：

```
CHGPRTNAME("EPSON LQ-1600K","Visual FoxPro","我的文档")
```

可实现在打印机 EPSON LQ-1600K 上将打印文件名称"Visual FoxPro"改为"我的文档"。

注意：CHGPRTNAME 将改变所有的同样的打印名称而改为自己定义的名称，判断条件采用不精确匹配，比如名称为 ABC 的文档，只要为 A 或为 AB、ABC 都等同于 ABC。

(2) 获取打印列队的个数

格式：GETPRTDOCS(cprintername)

函数各返回值的含义如表 7.6 所示。

表 7.6　GETPRTDOCS()函数各返回值含义

返　回　值	含　义	返　回　值	含　义
大于 0	打印队列里的任务数	−2	在队列里的文档发生内部错
−1	没有发现给出的打印机名称	−5	处理时内存不够

注意：如果没有打印文档在队列里，返回 0。

例如：

```
GETPRTDOCS("EPSON LQ-1600K")    && 将得到该打印机上等待打印的队列个数
```

(3) 控制打印文档的状态

设置打印文档的状态，可以是暂停、取消、重新开始、中断一个或多个打印任务，给出的文档名称必须和打印管理器里的一致。

格式：SETPRTDOCSTATE(cprintername, cdocumentname, ncommand)

其中，ncommand 参数说明及函数返回值的含义如表 7.7 和表 7.8 所示。

表 7.7　SETPRTDOCSTATE()函数参数说明

参数	含　义
1	暂停
2	中断
3	取消
4	重新开始

表 7.8　SETPRTDOCSTATE()函数各返回值含义

返回值	含　义
0	命令正常执行
−1	没有发现给出的打印机名称
−2	在队列里的文档发生内部错误
−5	处理时内存不够
−6	参数不支持

注意：如果没有打印文档在队列里，则返回 0。

例 7.3 现在想在打印机 Epson LQ1600K 上，暂停名为"我的文档"的打印任务，在命令窗口中输入如下命令：

```
SETPRTDOCSTATE("EPSON LQ-1600K","我的文档",1)
```

7.1.5 Visual FoxPro 报表事件

在 Visual FoxPro 中有 类事件 报表带区事件，在报表设计器中每一带区都有两类事件：入口事件和出口事件。

1. 使用方法

进入报表设计器，双击报表带区分隔条，打开"报表带区"对话框，在"入口"文本框中输入触发进入带区事件的函数名，在"出口"文本框中输入触发离开带区事件的函数名。注意：这两个文本框只能输入方法名或函数名，其他语句 Visual FoxPro 会忽略。

2. 举例说明

例 7.4 在每页报表的尾部常常要求打印某些信息、如制表人、制表时间、每页小计等。

分析：用报表设计器设计这种效果非常容易做到，在页注脚带区设置相应的控件即可。问题是在报表的最后一页，常常不会满页，这样最后打印的数据与页注脚之间会存在一段空白，很不美观，特别是数据使用了分隔线时更觉别扭。下面利用报表带区事件把最后一页页注脚带区的内容移到细节带区之后。打开过程文件，新增下列函数：

```
FUNCTION endprint()
endprint = .t.
endfunction
```

或建立 endprint.prg 文件，内容为：

```
endprint = .t.
```

打开报表设计器，设计好各带区，或打开已有的报表文件，当然页注脚带区应有内容，否则，下面的做法毫无意义。全选页注脚带区各控件，复制到剪贴板，选择"报表"→"标题/总结"菜单命令，在出现的窗口中选择"总结带区"选项，单击"确定"按钮。把剪贴板的内容粘贴到总结带区，调整好位置，这时用打印预览可见最后一页数据之后，紧接着输出页注脚，它们之间不存在空白，但页尾出现重复数据；退出预览，新增报表变量 endprint，初始值为.f.，报表输出后释放。双击总结带区分隔条，在"总结"对话框的"出口"文本框中输入"endprint()"，退出后，分别双击注脚带区各控件，在弹出的对话框中单击"打印条件"按钮后，在"仅当下列表达式为真时打印"文本框中输入"endprint=.f."，单击"确定"按钮即可。

例 7.5 Visual FoxPro 报表设计器的数据分组功能非常强大和灵活，但分组的数量（组数）无法直接得到，例如以学生的专业分组数据，各专业学生的成绩总和及全体学生的总成绩都容易得到，但专业数却无法直接统计。下面利用报表带区事件统计分组组数。打开过程文件，新增下列函数：

```
FUNCTION grocount()
grocount = grocount + 1
endfunction
```

或建立 grocount. prg 文件,内容为:

```
grocount = grocount + 1
```

打开报表设计器,设计好各带区,或打开已有的报表文件。新增报表变量 grocount,初始值为 0,报表输出后释放。双击注脚带区分隔条,在弹出的对话框的"出口"文本框中输入"grocount()",退出对话框。选择"报表"→"标题/总结"菜单命令,在打开的对话框中选中"总结带区"复选框,单击"确定"按钮。在总结带区添加客户数标签控件和字段控件,输入字段控件表达式为 grocount,调整好大小和位置即可。

7.1.6　报表的调用

在程序中或在命令窗口中调用报表或预览报表,可以用命令方式。

格式:

REPORT FORM 报表文件名 | ?

[范围] [FOR 条件] [WHILE 条件]

[HEADING 表头文本]

[NOCONSOLE]

[PLAIN]

[RANGE 开始页 [,结束页]]

[PREVIEW [WINDOW 窗口名] [NOWAIT]]

[TO PRINTER [PROMPT] | TO FILE 文本文件 [ASCII]]

[NAME 对象名]

[SUMMARY]

说明:

① 打印的报表文件如果不在默认目录中,必须在报表文件名中指定路径。

② ?:若不指定报表名而使用"?",系统会列出已有的报表供用户选择。

③ 范围:指定要包含在报表中的记录范围,默认的范围是"全部(ALL)"。

④ FOR 条件:如果包含此选项,只有 FOR 后面的条件为真时,才会打印报表中的记录。利用 FOR 可有条件地打印记录中的内容,而过滤掉不需要的记录。

⑤ WHILE 条件:使用 WHILE 子句后,从表中第一条记录开始,当出现条件为假的记录时,结束报表数据输出。

⑥ HEADING 表头文本:使用 HEADING 指定一个附加在每页报表上的页眉。如果命令中同时使用了 HEADING 和 PLAIN 子句,将优先执行 PLAIN。

⑦ NOCONSOLE:选择此项,则输出报表时,不在 Visual FoxPro 主窗口或当前活动窗口显示有关信息。

⑧ PLAIN:指定只在报表开始位置出现的页标题。

⑨ RANGE 开始页 [,结束页]:指定要打印的报表的页的范围,如果不给出结束页,

则默认为 9999。

⑩ PREVIEW：表示是用页面预览的方式在屏幕上显示报表，而不是通过打印机打印出来。

⑪ TO PRINTER：把报表输出到打印机，打印到纸张上去。

⑫ TO FILE 文本文件［ASCII］：将报表输出到指定的文本文件中，文本文件的默认扩展名为.TXT。包含 ASCII 子句可用报表定义文件创建一个 ASCII 文本文件。

⑬ NAME 对象名：为报表的数据环境指定一个对象变量名。

⑭ SUMMARY：不打印细节行，只打印总计和分类总计信息。

例 7.6　如何打印指定的页。

通常情况下，Visual FoxPro 默认打印当前报表的全部内容，这给使用者带来了不便，那么如何实现让系统打印指定范围的内容呢？其实很简单，只需在报表打印语句中加上关于打印范围限制的关键字短语 RANGE 即可。如：打印报表 xxx.frx 的第 2～5 页，可使用如下命令：

```
report FORM xxx.frx RANGE 2,5 TO printer
```

为增强该语句功能的灵活性，可引入表示欲打印范围的两个参数 x 和 y，分别代表打印的起始和终止页码，将打印命令改写为：

```
REPORT FORM xxx.frx RANGE x,y TO PRINTER
```

7.1.7　利用报表设计器对 Excel 表格进行报表处理

Excel 电子表格在数据处理中以其通俗、简单、无须编写代码就可以完成数据处理的绝大部分功能等特点被广泛应用，在数据的一般处理，如筛选、过滤、排序、汇总，特别是数据输入方面，其灵活性是非常突出的。而 Visual FoxPro 具有非常强大的数据处理功能及报表输出功能 。将 Excel 与 Visual FoxPro 有效地结合起来，可以达到珠联璧合的效果。

1. 将 Visual FoxPro 表导出到 Excel 表格中

若要将 Visual FoxPro 表转变为 Excel 电子表格，可以使用"COPY TO …"命令，也可以通过交互方式操作。

选择"文件"→"导出"菜单命令，打开"导出"对话框，选择要操作的表文件（.dbf 文件），单击"确定"按钮后，将其转换为 Excel 表文件（.xls 文件）。

2. 用 Visual FoxPro 设计 Excel 电子表格的报表

把 Visual FoxPro 中强大的报表设计功能应用到 Excel 中，首先把要进行操作的 Excel 文件另存为 BDF 格式，之后将其添加到 Visual FoxPro 的数据库中。具体操作如下。

（1）打开所要处理的 Excel 数据文件。需要注意的是要把无关的标题文字删除掉，以保证第一行为字段名栏，如图 7.18 所示。

（2）把该文件另存为 DBF 3 或 DBF 4 类型的文件（在保存类型中也有 DBF 2 类型的文件，但由于版本太低，在 Visual FoxPro 6.0 中不能使用），并命名为 stu.dbf。

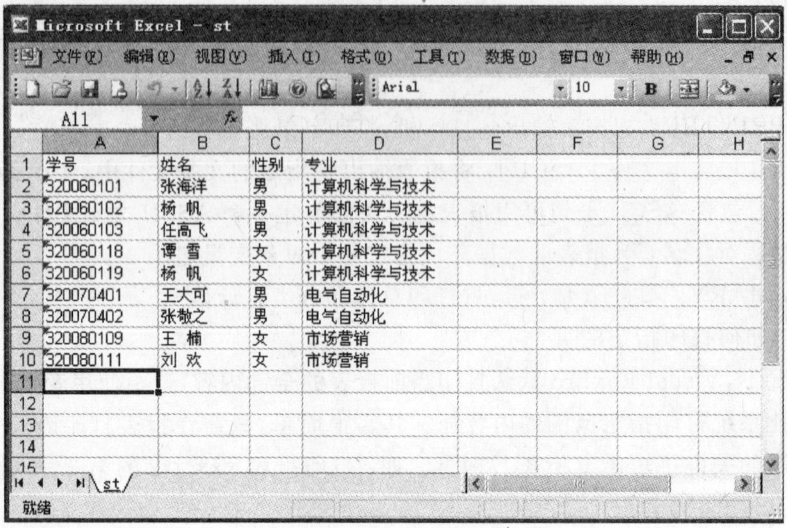

图 7.18　Excel 表文件

　　Excel 工作簿一般默认有 3 个工作表,一次转换只保存当前活动的工作表,如有多个工作表,则可以不同的名称分别另存。

　　(3) 打开或新建一个数据库文件,将表 stu 添加到数据库中,打开"表设计器"对话框,为表添加索引及调整表的结构。

　　(4) 新建一个报表,进入报表设计器,打开"数据环境设计器"窗口,把 stu 表添加进来。接下来就可以设计自定义的报表了。

7.2　标签设计

　　标签是指邮政标签、信封等,是数据库管理系统生成的最普通的一类报表。Visual FoxPro 中,标签是一种特殊的报表,属于多列布局的报表。它的创建、修改方法与报表基本相同。和创建报表一样,可以使用标签向导创建标签,也可以直接使用标签设计器创建标签。无论使用哪种方法来创建标签,都必须指明使用的标签类型,它确定了标签设计器中的"细节"尺寸。标签保存后系统会产生两个文件:标签定义文件和标签备注文件,扩展名分别为 lbx 和 lbt。

7.2.1　利用标签向导创建标签

　　选择"文件"→"新建"菜单命令,打开"新建"对话框,切换到"标签"选项卡,单击"向导"按钮,打开"标签向导"对话框,如图 7.19 所示。

　　使用标签向导创建标签共分 5 个步骤,操作方法如下。

　　(1) 选择表。在"数据库和表"下拉列表框中,选择设计标签所需要的表或视图,如图 7.19 所示。

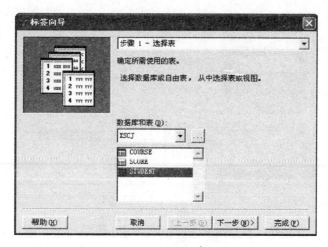

图 7.19　"标签向导"对话框

（2）选择标签类型。如图 7.20 所示，在列表框中提供了几十种型号的标签，每种型号的后面列出了其高度、宽度和列数。标签向导提供了多种标签尺寸，分为英制和公制两种，可任选其一。若没找到需要的标签类型，可以单击"新建标签"按钮，自定义新的标签类型。

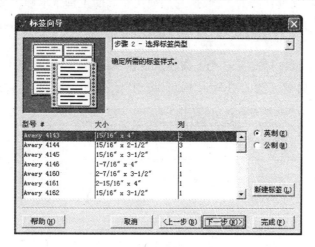

图 7.20　选择标签类型

（3）定义布局。此步骤为标签向导的主要操作步骤。根据具体的需要，在此窗口中设计字段出现的位置及其他布局字符，如：使用标点符号、空格、回车及自定义文本格式化标签。使用文本框输入自定义文本信息时，可以单击"字体"按钮，设置字体的一些属性。当向标签中添加各项内容时，向导窗口中的图片会随之更新，以显示标签的外观，如图 7.21 所示。

（4）排序记录。按选定的字段或索引标识排序，最多可选择 3 个。

（5）完成。在单击"完成"按钮之前，可以选择一种保存标签的方式，标签向导中提供了三种方式。单击"预览"按钮，可预览标签的最终设计效果。

应用标签向导创建标签文件后，还可以使用标签设计器进行修改。

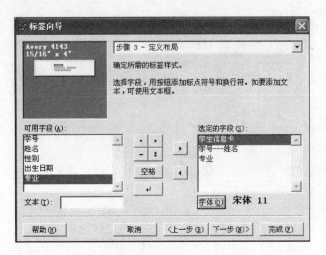

图 7.21　定义布局

7.2.2　利用标签设计器创建标签

　　标签设计器是报表设计器的一部分,它们使用相同的工具菜单和工具栏,甚至有的界面名称都一样。主要的不同是标签设计器基于所选标签的大小自动定义页面和列。

　　选择"文件"→"新建"菜单命令,在"新建"对话框中选定"标签"并单击"新建文件"按钮。显示"新建标签"对话框。标准标签纸张选项出现在"新建标签"对话框中。从"新建标签"对话框中,选择标签布局,然后单击"确定"按钮,出现"标签设计器"窗口,如图 7.22 所示。

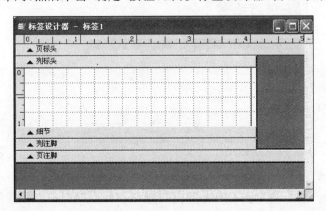

图 7.22　"标签设计器"窗口

　　标签设计器将出现刚选择的标签布局所定义的页面,默认情况下,标签设计器显示 5 个报表带区:页标头、列标头、细节、列注脚和页注脚,还可在标签上添加组标头、组注脚、标题、总结带区。接着就可以像处理报表一样在标签设计器中给标签指定数据源并插入控件。

　　当新打开一个标签设计器时,也可以通过选择"报表"→"快速报表"命令创建一个简单的标签布局。

　　标签的预览及打印等操作也与报表相似,这里不作过多阐述。

习题七

一、单项选择题

1. 报表输出的命令是(　　)。

A. CREATE REPORT

B. REPO FORM

C. MODI REPO

D. SET REPO

2. Visual FoxPro 的报表文件 FRX 中保存的是(　　)。

A. 打印报表的预览格式

B. 打印报表本身

C. 报表的格式和数据

D. 报表设计格式的定义

3. 如果想在报表中每个记录数据上端都显示该字段标题,则应将这些字段标签设置在(　　)带区中。

A. 页标头

B. 组标头

C. 列标头

D. 细节

4. 若想在报表中每行打印多条记录的数据,则可采用(　　)。

A. 多栏报表

B. 行报表

C. 列报表

D. 一对多报表

5. 下列关于报表带区及其作用的叙述中,错误的是(　　)。

A. 对于"页标头"带区,系统打印一次该带区所包含的内容

B. 对于"标题"带区,系统只在报表开始时打印一次该带区所包含的内容

C. 对于"细节"带区,每条记录的内容只打印一次

D. 对于"组标头"带区,系统将在数据分组时打印一次该内容

6. 在报表设计器中,任何时候都可以使用"预览"功能查看报表的打印效果。下面操作(　　)不能实现预览功能。

A. 打开"显示"菜单,选择"预览"命令

B. 直接单击"常用"工具栏上的"打印预览"按钮

C. 打开"报表"菜单,选择"运行报表"命令

D. 在报表设计器中右击,从弹出的快捷菜单中选择"预览"命令

7. 在报表设计器中,带区的主要作用是(　　)。

A. 控制数据在页面上的打印区域

B. 控制数据在页面上的打印数量

C. 控制数据在页面上的打印位置

D. 控制数据在页面上的打印高度

8. 下列不属于报表中域控件的数据类型的是(　　)。

A. 数值型

B. 日期型

C. 备注型

D. 字符型

9. 下面关于报表数据源的叙述中,最完整的是(　　)。

A. 自由表或其他报表

B. 数据库表、自由表或视图

C. 表、查询或视图

D. 数据库表、自由表或查询

10. 报表布局包括(　　)等设计工作。

A. 报表的表头和表尾

B. 报表的打印尺寸、字体及打印宽度

C. 字段和变量的安排

D. 报表的表头、字段及变量的安排和报表的表尾

11. 如果要创建一个 3 级数据分组报表,第一个分组表达式是"系",第 2 个分组表达式是"年级",第 3 个分组表达式是"平均成绩",则当前索引的索引关键字表达式应该是( )。

A. 年级＋系＋STR(平均成绩)　　　　B. 系＋年级＋STR(平均成绩)

C. 系＋年级＋平均成绩　　　　　　　D. STR(平均成绩)＋年级＋系

12. 如果用报表设计器设计报表,应使用命令( )。

A. SET REPORT ［＜报表文件名＞］

B. CREATE REPORT ［＜报表文件名＞］

C. MODIFY　REPORT［＜报表文件名＞］

D. CREATE ［＜报表文件名＞］

13. 在报表中不能完成的操作是( )。

A. 显示记录　　　　B. 统计数据　　　　C. 显示图表　　　　D. 输入记录

14. 要实现报表的总计功能,其操作区域是( )。

A. 报表页眉　　　　B. 报表页脚　　　　C. 页面页眉　　　　D. 页面页脚

15. 如果设置报表上某个文本框的控件来源属性为"＝2＊3＋1",则打开报表视图时,该文本框显示的信息是( )。

A. 未绑定　　　　B. 7　　　　C. 2＊3＋1　　　　D. 出错

二、填空题

1. 标签文件的扩展名为_____。

2. 报表和标签作为两种 Visual FoxPro 中的数据输出方法,包括两个基本组成部分,分别是_____和_____。

3. 在报表设计器中,如果想设计每页报表的标题,须在_____带区中设计。

4. _____是指报表中的一块区域,可以包含文本、表字段、计算值、图片、线条等。

5. 利用一对多报表向导创建的一对多报表,将来自两个表中的数据分开显示,父表中的数据显示在_____带区,而子表中的数据显示在细节带区。

6. 在打印报表时,对"细节带区"中的内容默认为自上向下的打印顺序,为了在页面上打印出多个栏目,需要把打印顺序设置为_____。

7. 当报表向导启动时,首先弹出向导选取对话框,如果数据源是一个表,应选取"报表向导",如果数据源包括父表和子表,则应选取_____。

8. 第一次启动报表设计器时,报表布局只有 3 个带区,它们是_____、_____细节和_____带区。

9. 使用"快速报表"功能创建报表,仅需_____和设定报表布局。

10. 在 Visual FoxPro 中,多个数据分组基于_____。

11. 多栏报表的栏目数可以通过_____来设置。

12. 报表标题一般是通过_____控件定义的。

13. 以下操作实现在报表设计器中创建"学生成绩表"所有字段的纵栏式报表,在"学生"数据库窗口中,单击_____对象,双击_____创建报表,打开报表设计器,选中报表在报表属性窗口的"数据"选项卡的"记录源",再选择"学生成绩表",将表中所有字段都拖到报表的_____区域中,单击"打印预览"按钮预览报表结果,保存文件。

14. _____让数据按某种规则排列,_____则是按数据的特性将同类数据集合在一起,从而便于报表的综合和统计。

15. 将报表与某个表或查询绑定起来的报表属性是_____。

三、简答题

1. 报表设计器中有几个带区? 试说明各个带区的作用。

2. 创建报表有哪几种方法,各有什么特点?

3. 参照例 7.1 创建一个报表,要求按课程分组,求每门课程的学生成绩、考试人数及平均分。

4. 什么是标签? 简述创建标签的方法。

5. 用标签向导创建一个自己所需的标签样式(标签布局),然后在创建一个新标签文件时引用自己的标签样式。

第8章 菜单设计与应用

任何一个应用程序通常都由若干功能相对独立的程序模块组成,如何将这些功能模块有机地组织在一起并且显示其功能呢?在应用程序中一般以菜单的形式列出其具有的功能,而用户则可以通过菜单方便地调用应用程序的各种功能。因此菜单是应用系统一个非常重要的组成部分。菜单系统设计的好坏直接影响到应用程序的使用。设计一个结构合理的菜单系统,不但使应用程序的主要功能得到良好的体现,而且还可以使用户快捷、方便地使用应用程序中的各种命令和工具。使用 Visual FoxPro 提供的菜单设计工具可以方便地创建和编辑菜单,提高应用程序的开发效率。

常见的菜单有两种:下拉式菜单与快捷菜单。一个应用程序通常采用下拉式菜单的形式列出其功能,并供用户调用。而快捷菜单一般从属于某个对象,列出该对象的常用操作。

本章主要介绍 Visual FoxPro 系统菜单的结构、系统菜单的配置方法、菜单设计过程、下拉式菜单和快捷菜单的设计方法。

8.1 系统菜单

利用系统菜单是用户调用 Visual FoxPro 系统功能的主要方法和手段。只有深入了解 Visual FoxPro 系统菜单的结构、特点和功能,才能很好地设计用户自己的菜单系统。

8.1.1 菜单结构

Visual FoxPro 的系统菜单是一个典型的下拉式菜单,它由一个条形菜单和一组弹出式菜单组成。其中条形菜单作为主菜单,弹出式菜单作为子菜单。当单击条形菜单的某一个菜单项时,激活其相应的弹出式菜单,如图 8.1 所示。

Visual FoxPro 支持两种类型的菜单:条形菜单和弹出式菜单。每一个条形菜单都有一个内部名字和一组菜单选项,如"文件"菜单的内部名字为_MSM_FILE,"显示"菜单的内部名字为_MSM_VIEW。每个菜单选项都有一个名称(标题)和内部名字,菜单项的名称显示在屏幕上供用户识别,而菜单及菜单项的内部名称则供系统识别,可以在程序代码中引用。每一个弹出式菜单也有一个内部名字和一组菜单选项,每个菜单选项则有一个名称(标题)和选项序号,如"编辑"的弹出式菜单内部名字为_MEDIT,编辑菜单中的"复制"菜单项的内部名字为_MED_COPY。

每个菜单选项都可以设置一个热键和一个快捷键。热键通常是一个字符,当菜单激活

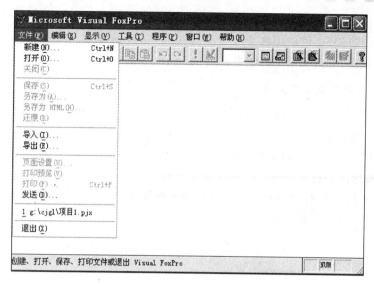

图 8.1 Visual FoxPro 的系统菜单

时,可以按菜单项的热键快速选择该菜单项。快捷键通常是 Ctrl 键与一个字符键的组合键,如"剪切"菜单项的快捷键是 Ctrl+X。不管菜单是否激活,都可以通过快捷键选择相应的菜单选项。

无论是哪种类型的菜单,当选择其中某个选项时都有一定的动作。这个动作可以是下面三种情况中的一种:

(1) 执行一条命令。

(2) 执行一个过程。

(3) 弹出下级子菜单。

在 Visual FoxPro 系统中,除了上面介绍的下拉式菜单外,还有一种快捷菜单,快捷菜单一般由一个或一组上下级的弹出式菜单组成。

8.1.2 系统菜单的配置

Visual FoxPro 系统主菜单是一个条形菜单(如图 8.1 所示),条形菜单的内部名字为 _MSYSMENU,可看做是整个菜单系统的名字。条形菜单中常见选项的名称、内部名字及对应弹出菜单的内部名字如表 8.1 所示。

表 8.1 Visual FoxPro 系统菜单的常见选项及内部名字

条形菜单中常见选项	条形菜单项内部名字	弹出式菜单内部名字
文件	_MSM_FILE	_MFILE
编辑	_MSM_EDIT	_MEDIT
显示	_MSM_VIEW	_MVIEW
工具	_MSM_TOOLS	_MTOOLS
程序	_MSM_PROG	_MPROG
窗口	_MSM_WINDO	_MWINDOW
帮助	_MSM_SYSTM	_MSYSTM

在程序执行过程中,Visual FoxPro 系统允许使用"SET SYSMENU"命令启动或关闭对系统菜单栏的访问,也可以用这个命令使 Visual FoxPro 主菜单系统中的某些菜单项隐藏或显示出来,实现对系统菜单的配置。

1. 设置是否显示系统菜单项

格式:SET SYSMENU ON | OFF

说明:用于设置当程序执行到交互式命令时是否显示系统菜单项。常见的交互式命令有 WAIT、EDIT、READ 和 BROWSE 等。

① ON:程序中执行到交互式命令时显示系统菜单。

② OFF:程序中执行到交互式命令时关闭系统菜单。

例 8.1　建立程序文件 LI8. prg。

```
USE student
SET SYSMENU OFF
EDIT                    && 不显示系统菜单项
SET SYSMENU ON
EDIT                    && 显示系统菜单项
USE
```

2. 设置主菜单项

格式:SET SYSMENU TO [弹出式菜单内部名表] | [条形菜单项内部名表] |
　　　　　　　　　　　　　[DEFAULT]

说明:用于设置 Visual FoxPro 主菜单栏中显示的系统菜单项,各选项的含义如下。

① 弹出式菜单内部名表:通过弹出式菜单内部名指定要显示的条形菜单项。

② 条形菜单项内部名表:通过条形菜单项内部名指定要显示的条形菜单项。

③ DEFAULT:将系统菜单恢复到默认配置。

不带参数的 SET SYSMENU TO 命令,系统仅显示与当前操作有关的菜单项。

例 8.2　在命令窗口中输入下列命令:

```
SET SYSMENU TO _MFILE, _MTOOLS, _MWINDOW
```

执行此命令后,系统菜单只显示"文件"、"工具"和"窗口"及与当前操作有关的菜单项。

例 8.3　在命令窗口中输入下列命令:

```
SET SYSMENU TO _MSM_FILE, _MSM_TOOLS, _MSM_WINDO
```

执行此命令后,系统菜单只显示"文件"、"工具"和"窗口"及与当前操作有关的菜单项。

虽然例 8.2 与例 8.3 分别使用弹出式菜单内部名和条形菜单项内部名,但效果相同。

例 8.4　在命令窗口中依次执行下列命令:

```
SET SYSMENU TO _MSM_FILE, _MSM_TOOLS, _MSM_WINDO
SET SYSMENU TO DEFAULT   && 恢复系统菜单的默认配置
```

3. 指定系统菜单的默认配置

格式:SET SYSMENU SAVE | NOSAVE

说明:用于指定系统菜单的默认配置。

① SAVE：指定系统菜单的当前配置为默认配置。如果在执行了 SET SYSMENU SAVE 命令后，修改了系统菜单，那么执行 SET SYSMENU TO DEFAULT 命令，就可以恢复 SET SYSMENU SAVE 命令执行之前的菜单配置。

② NOSAVE：指定 Visual FoxPro 系统菜单的最初配置为默认配置。要将系统菜单恢复成最初配置，可先执行 SET SYSMENU NOSAVE 命令，然后执行 SET SYSMENU TO DEFAULT 命令。

例 8.5 在命令窗口中依次执行下列命令：

```
SET SYSMENU TO _MFILE, _MTOOLS    && 显示"文件"、"工具"和相关菜单项
SET SYSMENU SAVE                  && 指定系统菜单的当前配置为默认配置
SET SYSMENU TO _MWINDOW           && 设置系统菜单,只有"窗口"和相关菜单项
SET SYSMENU TO DEFAULT            && 显示"文件"、"工具"和相关菜单项
SET SYSMENU NOSAVE                && 指定 Visual FoxPro 系统菜单的最初配置为默认配置
SET SYSMENU TO DEFAULT            && 恢复 Visual FoxPro 系统的最初菜单项
```

8.2 下拉式菜单设计

下拉式菜单是一种最常见的菜单，用 Visual FoxPro 提供的菜单设计器可以方便地进行下拉式菜单的设计。

8.2.1 菜单设计的基本步骤

利用菜单设计器设计下拉式菜单的基本步骤如图 8.2 所示。

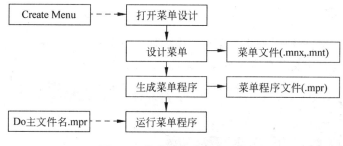

图 8.2 菜单设计的基本步骤

8.2.2 菜单设计方法

在 Visual FoxPro 中，可以使用菜单设计器创建菜单，也可以直接编写菜单程序。使用菜单设计器创建菜单更容易、更方便，是用户设计菜单的主要工具。这里主要介绍用菜单设计器创建菜单的方法。

1. 打开菜单设计器

（1）通过新建菜单方式打开

方法一：选择"文件"→"新建"菜单命令，选择"菜单"→"新建文件"→"菜单"命令。

方法二：单击工具栏上的"新建"按钮，选择"菜单"→"新建文件"→"菜单"命令。

方法三：在项目管理器中"其他"选项卡上选择"菜单"→"新建"→"菜单"命令。

方法四：使用 CREATE MENU 命令。

命令格式：CREATE MENU 菜单文件名

说明：执行此命令后，系统自动生成扩展名为 mnx 和 mnt 的菜单文件。

在使用上述方法打开菜单设计器之前，系统先显示"新建菜单"对话框，如图 8.3 所示。根据需要单击"菜单"或"快捷菜单"按钮后，系统即打开菜单设计器。

图 8.3 "新建菜单"对话框

例 8.6 在命令窗口中输入下列命令：

CREATE MENU ex_menu

该命令执行后，系统生成名为 ex_menu. MNX 和 ex_menu. MNT 的两个菜单文件。

（2）通过修改菜单方式打开

方法一：选择"文件"→"打开"菜单命令，选择"文件类型"为"菜单"，选择要修改的菜单文件名，单击"确认"按钮即可。

方法二：使用 MODIFY MENU 命令。

命令格式：MODIFY MENU 菜单文件名

说明：系统默认菜单文件扩展名为 mnx。执行此命令时，若菜单文件不存在，则建立菜单；否则打开菜单。

2. "菜单"选项

当菜单设计器被打开后，在系统菜单栏中增加了一个"菜单"选项，如图 8.4 所示。在该选项中包含一些与自定义菜单有关的菜单命令，如表 8.2 所示。

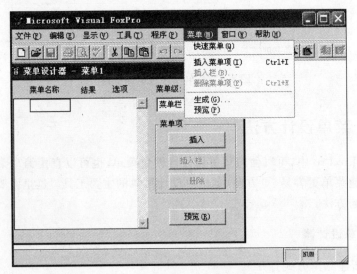

图 8.4 系统菜单中的"菜单"选项

表 8.2 "菜单"选项说明

菜单项名称	快捷键	功　　能
快速菜单		使用这个命令可以将 VFP 的默认系统菜单的内容显示在菜单设计器中,允许用户对这些菜单内容进行增添、删除或修改,从而可以快速建立一个用户自定义的菜单
插入菜单项	Ctrl+I	在菜单设计器窗口中,在当前以高亮度显示的菜单项前添加一个菜单或者子菜单项。菜单设计器中的"插入"按钮也可以完成相同的功能
插入栏		打开"插入系统菜单栏"对话框。使用这个对话框中列出的菜单项内容,可以将系统菜单栏中的菜单项插入到当前的菜单项前。菜单设计器中的"插入栏"按钮也可以完成相同的功能
删除菜单项	Ctrl+E	使用这个菜单命令可以将当前选中的菜单从菜单栏中删除。菜单设计器中的"删除"按钮具有与这个菜单命令相同的功能
生成		定义好自己的菜单栏后,可以使用这个菜单命令生成带有.MPR 扩展名的一个程序,这个程序能创建所设计的用户菜单
预览		预览用户自定义菜单,与菜单设计器中的"预览"按钮功能相同

3. "菜单设计器"窗口

"菜单设计器"窗口每页显示和定义一个菜单,可以是条形菜单(菜单栏),也可以是弹出式菜单(打开子菜单)。当打开菜单设计器(如图 8.4 所示)时,首先显示和定义的是条形菜单。菜单设计器窗口的左侧是"菜单定义"列表框,其中每行定义一个菜单项,包括"菜单名称"、"结果"和"选项"三列内容;右上角为"菜单级"列表框,用于切换菜单的层次;右侧的中部是 3 个命令按钮:"插入"、"插入栏"和"删除";右下角是"预览"按钮,单击此按钮可查看我们设计的菜单的效果。

(1)"菜单名称"列

在"菜单名称"列输入菜单项的名称,用于指定显示在菜单系统中的菜单项的菜单标题,而并非菜单项的内部名字。

在输入菜单项名称时,可以设置菜单项的访问键,也称热键,用字母表示。具体设置方法是在菜单名称的文字中,在作为访问键的字母前面加上反斜杠和小于号(\<)两个字符,则执行菜单时可以使用 Alt 键与这个字母的组合键访问菜单项。

例如输入菜单名称为"编辑(\<E)",那么字母 E 即为"编辑"菜单项的热键,在运行菜单时,在键盘上按下 Alt+E 就可以选中"编辑"菜单项。

如果在输入子菜单项名称时,仅仅输入"\-"两个字符,则执行菜单时产生一条水平分界线。其作用是根据各菜单项功能的相近性或相似性,将子菜单的菜单项分为若干组。如将剪切、复制、粘贴分为一组,将查找、替换分为一组等。

例 8.7 在只有"文件"和"编辑"的菜单系统中,为"编辑"菜单增加"剪切、复制、粘贴"和"查找、替换"两组菜单项并设置热键,其中"剪切"热键是 T、"复制"热键是 C、"粘贴"热键是 P、"查找"热键是 F、"替换"热键是 E。

具体操作如图 8.5 所示。菜单执行结果如图 8.6 所示。

(2)"结果"列

"结果"列用于指定当用户选择该菜单项时的动作。单击该列将出现一个下拉列表框,有"命令"、"过程"、"子菜单"和"填充名称或菜单项 #"等四种选择。

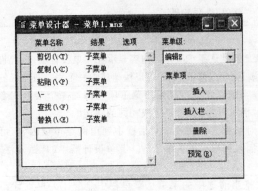

图 8.5　"菜单设计器"窗口

图 8.6　菜单执行结果

① 命令：表示此菜单项执行一条 Visual FoxPro 命令。选择此选项时，列表框右侧会出现一个文本框，在该文本框内可以输入一条能完成菜单项功能的命令，如执行表单命令（DO FORM editform）、浏览表命令（BROWSE）等。

② 过程：用于输入菜单项要执行的命令和程序。选择此选项时，列表框右侧会出现"创建"命令按钮，单击该按钮将打开一个文本编辑窗口，可以在其中输入和编辑过程代码。要注意，再输入过程代码时，不要写入 PROCEDURE 语句。以后，当再单击该列时，列表框右侧出现的将是"编辑"命令按钮，单击"编辑"命令按钮可以打开文本编辑窗口进行代码修改。

③ 子菜单：表示此菜单项还包含一个下一级菜单。在运行菜单时，选定该菜单项将弹出下一级菜单。选择此选项时，列表框右侧会出现"创建"或"编辑"命令按钮（第一次定义时为"创建"按钮，以后为"编辑"按钮）。单击"创建"按钮后切换到子菜单界面，用于设计子菜单。此时，窗口右上方的"菜单级"下拉列表框内将显示当前子菜单的名称，选择"菜单级"下拉列表框内的选项，可以返回到上级子菜单或主菜单的设计界面。如此便可以一层一层地设计出嵌套多层子菜单。

④ 填充名称或菜单项 #：若当前定义主菜单项，则选项为"填充名称"；若当前定义子菜单项，则选项为"菜单项 #"。选择此选项，可以在右侧的文本框内输入菜单项的内部名字或序号。

子菜单项的"菜单项 #"可以指定为 Visual FoxPro 系统菜单中某个菜单项的内部名字，如"文件"菜单中的"关闭"选项，其内部名字为_MFI_CLOSE，此时定义的菜单项功能与系统菜单项"关闭"具有相同的功能。

（3）"选项"列

在选中的菜单项的"选项"列下有一个小方块按钮，单击该按钮就会出现"提示选项"对话框，如图 8.7 所示，供用户定义菜单项的其他属性。在对话框中一旦定义过属性后，按钮上就会出现符号"√"。该对话框的主要属性如下。

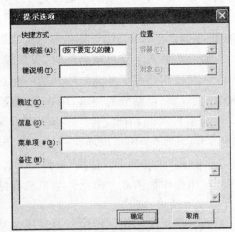

图 8.7　"提示选项"对话框

① 快捷方式：指定菜单项的快捷键，通常是由 Ctrl 键或 Alt 键与一个字母键的组合。定义方法是：单击"键标签"文本框，使光标定位于该文本框，然后在键盘上按下要设的快捷键。比如，按下 Ctrl 和 X 两个按键，则"键标签"文本框内就会出现"Ctrl＋X"。同时"键说明"文本框中也会出现"Ctrl＋X"作为说明信息，但该内容可以修改。要取消已定义的快捷键，可以先单击"键标签"文本框，然后按空格键。

② 跳过：定义菜单项是否可用的条件。在"跳过"文本框中输入一个逻辑表达式，由表达式的值决定运行菜单时该菜单项是否可用。当激活菜单时，若该逻辑表达式值为.T.，则对应菜单项不可用（灰色显示）；若该逻辑表达式值为.F.，则对应菜单项可用；若没写逻辑表达式，则系统默认该菜单项可用。

③ 信息：定义菜单项的说明消息。在"信息"文本框中输入字符表达式，在运行菜单过程中，当光标指向菜单项时，该表达式的值就会显示在 Visual FoxPro 主窗口的状态栏中。

④ 主菜单名或菜单项 #：指定主菜单项的内部名字或子菜单项的序号。如果不指定，系统将为主菜单或子菜单项随机地分配一个内部名或序号。如果两个菜单项具有相同的内部名或序号，则这两个菜单项具有相同的功能。

（4）"插入"按钮

单击该按钮，可以在当前选中的菜单项前插入一个新的菜单项。这个新菜单项的菜单标题为"新菜单项"，用户可以修改为合适的标题。

（5）"删除"按钮

单击该按钮，将当前选中的菜单项删除。

（6）"预览"按钮

单击该按钮，可以暂时屏蔽当前使用的系统菜单，将用户自定义的菜单显示在系统菜单条的位置，同时在屏幕中显示出"预览"对话框。每当用户选择了一个菜单项后，在"预览"对话框中都会显示出当前正在预览的菜单的菜单名、提示以及命令等信息。

（7）"移动"按钮

每一个菜单项左侧都有一个"移动"按钮，拖动该按钮可以改变菜单项的前后顺序。

（8）"插入栏"按钮

单击该按钮，打开"插入系统菜单栏"对话框，如图 8.8 所示。然后在对话框中选择所需要的菜单项，如"打印（P）…"，并单击"插入"按钮，就在当前菜单项前插入一个标准的 Visual FoxPro 系统菜单项，如图 8.9 所示。注意，该按钮仅在定义子菜单时可用。

图 8.8　"插入系统菜单栏"对话框

4. 保存菜单

在菜单设计器中定义菜单完成后，应将菜单的定义信息保存到 MNX 文件中。保存菜单的方法如下。

方法一：选择"文件"→"保存"或"另存为"菜单命令。

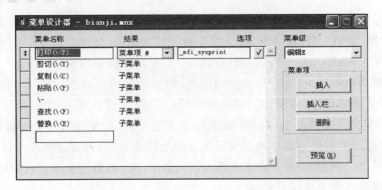

图 8.9　插入系统菜单项"打印(P)"的界面

方法二：单击"常用"工具栏中的"保存"按钮。

方法三：按 Ctrl＋W 或 Ctrl＋S 键。

5. 修改菜单

当需要修改已定义的菜单文件时，要再次进入菜单设计器。其方法有以下几种。

方法一：选择"文件"→"打开"菜单命令，选择"文件类型"为"菜单"，选择或输入菜单文件名，单击"确认"按钮。

方法二：单击"常用"工具栏中的"打开"按钮，选择"文件类型"为"菜单"，选择或输入菜单文件名，单击"确认"按钮。

方法三：在项目管理器中的"其他"选项卡下，选定菜单文件名，单击"修改"按钮。

方法四：使用 MODIFY　MENU 命令。

命令格式：MODIFY　MENU 菜单文件名

说明：执行此命令后，系统进入 Visual FoxPro 的菜单设计器。

6. 生成菜单程序

菜单文件(.mnx)用于保存菜单设计的各项定义信息，其本身不能运行，必须通过系统转换成菜单程序文件(.mpr)后才能运行。在菜单设计器中，生成菜单程序文件的方法有以下几种。

方法一：在菜单设计器环境下，在菜单栏中选择"菜单"→"生成"命令，这时会出现"生成菜单"对话框，如图 8.10 所示。在此对话框中单击"生成"按钮，系统自动生成菜单的程序代码，并以扩展名 mpr 保存代码。

图 8.10　"生成菜单"对话框

方法二：在项目管理器中的"其他"选项卡下，选定菜单文件名，单击"运行"按钮，系统先生成菜单程序文件，然后再运行菜单程序文件。

7. 执行自定义的菜单

生成菜单程序文件后，可以执行这个菜单程序文件，在系统菜单栏上观察自定义菜单的效果。执行菜单程序文件的方法有以下几种。

方法一：在菜单栏中选择"程序"→"运行"命令，选择"文件类型"为"程序"，选择或输入菜单程序文件(.mpr)，单击"运行"按钮。

方法二：使用 Visual FoxPro 的 DO 命令。

格式：DO 菜单程序文件名

说明：执行命令时，其中菜单程序文件扩展名 mpr 不能省略。

8. 菜单的位置

在 Visual FoxPro 环境中运行菜单程序文件时，菜单显示的位置有两种情况：一种是菜单作为系统菜单的一部分出现在 Visual FoxPro 系统菜单的指定位置(默认情况)；另一种是菜单作为应用程序的主菜单，显示在顶层表单中。关于第二种情况将在 8.2.4 小节中详细介绍。

如果正在定义的菜单要显示在 Visual FoxPro 系统菜单中，那么此菜单与 Visual FoxPro 系统菜单的相对位置用户可以根据需要进行设置。下面介绍菜单相对位置的设置方法。

在菜单设计器环境下，在菜单栏中选择"显示"→"常规选项"命令，打开"常规选项"对话框，如图 8.11 所示，在对话框的"位置"选项区中，指明正在定义的下拉式菜单与当前系统菜单的关系。

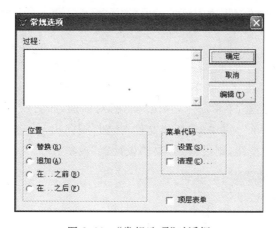

图 8.11 "常规选项"对话框

（1）替换：是 Visual FoxPro 系统的默认选项，用定义的菜单去替换当前系统菜单。即仅显示定义的菜单内容和与当前操作有关的 Visual FoxPro 系统菜单项。

（2）追加：将定义的菜单添加到系统菜单的后面。

（3）在…之前：将定义的菜单插入到系统菜单中指定的菜单项之前。在右侧下拉列表框中选择用于定位的 Visual FoxPro 系统菜单项。

（4）在…之后：将定义的菜单插入到系统菜单中指定的菜单项之后。

9. 定义弹出式菜单的内部名

每个弹出式菜单都有一个内部名字和一组菜单选项，每个菜单选项则有一个名称(标题)和选项序号。弹出式菜单的内部名可以在程序代码中引用，供系统识别，其定义方法如下。

在菜单设计器环境下,在菜单栏中选择"显示"→"菜单选项"命令,弹出"菜单选项"对话框,如图 8.12 所示,在"名称"文本框中输入菜单的内部名,单击"确定"按钮。

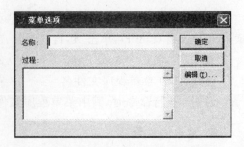

图 8.12　"菜单选项"对话框

8.2.3　下拉式菜单设计实例

例 8.8　利用菜单设计器创建一个图 8.13 所示的下拉式菜单。其中,"数据编辑"、"数据查询"、"数据报表"菜单的内部名字分别为 "BJ"、"CX"、"BB"。

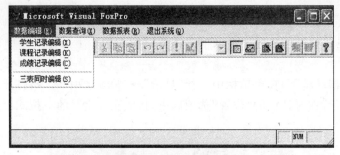

图 8.13　一个菜单实例

操作步骤如下。

(1) 利用菜单设计器建立主菜单(条形菜单)

① 单击"文件"→"新建"菜单命令,弹出"新建"对话框,如图 8.14 所示。在"新建"对话框中选择文件类型为"菜单",再单击"新建文件"按钮,则弹出"新建菜单"对话框,如图 8.15 所示,在其中单击"菜单"按钮,则进入到"菜单设计器"窗口。

图 8.14　选择创建菜单文件

图 8.15　选择创建下拉式菜单

② 在"菜单设计器"窗口中,设置如图 8.16 所示的菜单内容。

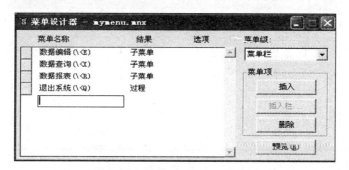

图 8.16　主菜单中的内容

③ 为"退出系统"菜单定义过程代码:选中"退出系统"菜单项,单击"过程"右边的"创建"按钮,如图 8.17 所示,打开文本编辑窗口,输入如图 8.18 所示的代码。

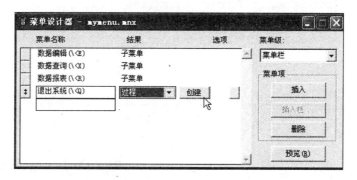

图 8.17　为"退出系统"菜单项设计过程代码

图 8.18　"退出系统"菜单项的过程代码

(2) 定义弹出式菜单(子菜单)

① 定义"数据编辑"子菜单:选中"数据编辑"菜单项,单击"子菜单"右边的"创建"按钮,如图 8.19 所示。使当前的设计窗口切换到子菜单设计窗口,在此窗口中,设置如图 8.20 所示的菜单内容。

② 为"数据编辑"弹出式菜单设置内部名字"BJ":在菜单栏中选择"显示"→"菜单选项"命令,如图 8.21 所示,打开"菜单选项"对话框,然后在"名称"文本框中输入"BJ",单击"确定"按钮,如图 8.22 所示。最后从"菜单级"下拉列表框中选择"菜单栏"选项,返回到主菜单界面。

用同样的方法创建"数据查询"和"数据报表"的子菜单。

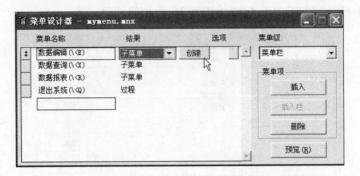

图 8.19　定义"数据编辑"子菜单

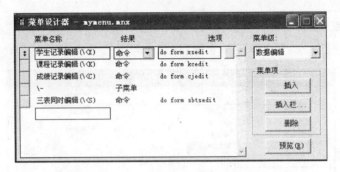

图 8.20　"数据编辑"子菜单内容

图 8.21　选择"菜单选项"命令

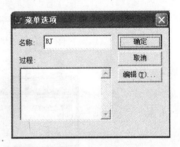

图 8.22　设置弹出式菜单的内部名字

（3）保存菜单

在菜单栏中选择"文件"→"另存为"命令，以"mymenu"为名字保存菜单，如图 8.23 所示。

（4）生成菜单程序文件并执行

① 在菜单栏中选择"菜单"→"生成"命令，出现如图 8.24 所示的"生成菜单"对话框。在"生成菜单"对话框的"输出文件"文本框中，输入要生成的菜单程序文件的存放位置和文件名字（默认情况下，"存放位置"为 Visual FoxPro 系统的默认工作文件夹；"文件名字"为保存菜单时的文件名。此例中为 mymenu），单击"生成"按钮，即产生了名字为 mymenu. mpr 的菜单程序文件。

② 在命令窗口中输入执行菜单的命令：

DO mymenu.MPR

执行该命令,就会出现图 8.13 所示的菜单。

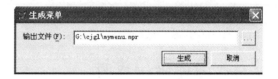

图 8.23 指定菜单文件名　　　　　　　　　图 8.24 "生成菜单"对话框

8.2.4 为顶层表单添加菜单

为顶层表单添加下拉式菜单的方法和过程如下。

(1) 用 8.2.2 节中介绍的菜单设计方法,设计一个下拉式菜单。

(2) 在菜单设计器中,选择"显示"→"常规选项"菜单命令,在"常规选项"对话框中选中"顶层表单"复选框,使当前设计的菜单成为表单中调用的菜单。

(3) 在表单设计器中,将表单的 Show Window 属性值设置为"2—作为顶层表单",使其成为顶层表单。

(4) 在表单 Init 事件代码中添加调用菜单程序的命令。

命令格式:DO 菜单程序文件名 WITH　THIS[,"菜单内部名"]

说明:菜单程序文件名中的文件扩展名 mpr 不能省略。THIS 表示在当前表单中调用菜单程序。为了在程序中其他位置能引用菜单名,调用菜单程序时要为菜单规定"菜单内部名"。

(5) 在关闭表单时(Destroy 事件)要用命令清除菜单,释放其所占用的内存空间。

命令格式:RELEASE MENU <菜单内部名表>

说明:从内存中清除菜单,菜单内部名是调用菜单时为菜单所起的名称。

例 8.9　按照上述方法,将例 8.8 创建的菜单添加到"学生成绩管理系统"的表单中,作为"学生成绩管理系统"的主菜单,如图 8.25 所示。

操作步骤如下。

(1) 在菜单设计器中,打开例 8.8 创建的菜单,单击"显示"→"常规选项"菜单命令,在"常规选项"对话框中选中"顶层表单"复选框。

(2) 保存菜单,重新生成菜单程序文件。

(3) 在表单设计器中,设计一个如图 8.26 所示的"学生成绩管理系统"表单,将表单的 ShowWindow 属性值设置为"2—作为顶层表单",在表单的 Init 事件代码窗口中输入命令:

DO mymenu.mpr WITH THIS

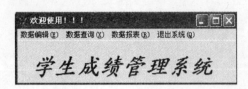

图 8.25　设置表单中的菜单

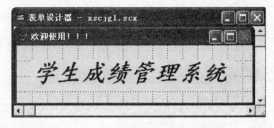

图 8.26　"学生成绩管理系统"表单

（4）保存表单，文件名为 xscjgl. scx。

（5）在"表单设计器"窗口中，单击 ❗ 按钮运行表单，出现图 8.25 所示窗口。

8.3　快捷菜单设计

为了快速操作选定对象，Visual FoxPro 系统中可以创建快捷菜单。快捷菜单又称为弹出式菜单，是为某一控件或对象提供功能操作的菜单。在程序运行过程中，当用户在控件或对象上右击时，将会弹出其快捷菜单。在快捷菜单中列出了当前这个控件或对象可使用的操作命令。

8.3.1　快捷菜单的特点与创建方法

1. 快捷菜单的特点

（1）与下拉式菜单相比，快捷菜单只有弹出式菜单，没有条形菜单。快捷菜单一般是一个弹出式菜单，或者由几个具有上下级关系的弹出式菜单组成。

（2）快捷菜单一般从属于某个对象，通常只列出与对象有关的一些操作命令。

2. 快捷菜单的创建

建立快捷菜单的方法和过程如下。

（1）选择"文件"→"新建"菜单命令，打开"新建"对话框。

（2）在"新建"对话框中，选择"菜单"单选按钮，然后单击"新建文件"按钮，打开"新建菜单"对话框。

（3）在"新建菜单"对话框中，单击"快捷菜单"按钮，打开"快捷菜单设计器"窗口。

（4）用与设计下拉式菜单相似的方法，在"快捷菜单设计器"窗口中设计快捷菜单，生成菜单程序文件。

（5）选择"显示"→"常规选项"菜单命令，在"常规选项"对话框中，选中"清理"复选框，单击"确定"按钮，在"代码编辑"窗口中添加清除菜单命令：

RELEASE　POPUPS 快捷菜单名

使得在选择、执行菜单命令后能及时清除菜单，释放其所占用的内存空间。

（6）在表单设计器环境下，选定需要添加快捷菜单的对象（如表单或表单上的某个控件）。

（7）在选定对象的"RightClick"事件代码中添加如下命令：

```
DO 快捷菜单程序文件名.MPR          && 调用快捷菜单程序
THISFORM.Refresh                 && 刷新表单命令
```

8.3.2　快捷菜单的应用实例

例 8.10　为学生信息（xsinfo.SCX）表单建立一个快捷菜单 qmenu.MNX，如图 8.27 所示。其选项有：第一条记录、上一条记录、下一条记录和最后一条记录，快捷菜单各选项的名称和结果如表 8.3 所示。

操作步骤如下。

（1）选择"文件"→"新建"菜单命令，打开"新建"对话框。在此对话框中选择"菜单"单选择按钮，然后单击"新建文件"按钮，打开"新建菜单"对话框。在此对话框中，单击"快捷菜单"按钮，打开"快捷菜单设计器"窗口。

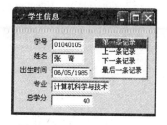

图 8.27　表单的快捷菜单

表 8.3　选项的名称和结果

菜 单 名 称	结　　果
第一条记录	命令：GO TOP
上一条记录	过程：IF ! BOF()
	SKIP-1
	ENDIF
下一条记录	过程：IF ! EOF()
	SKIP
	ENDIF
最后一条记录	命令：GO BOTTOM

（2）在"快捷菜单设计器"窗口中设置各菜单项，如图 8.28 所示。

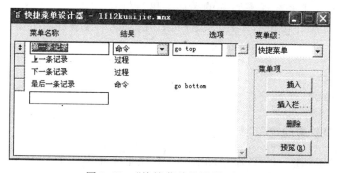

图 8.28　"快捷菜单设计器"窗口

（3）选择"显示"→"常规选项"菜单命令，选中"清理"复选框，单击"确定"按钮。在"代码编辑"窗口中输入命令：

```
RELEASE POPUPS qmenu
```

（4）选择"文件"→"保存"菜单命令，设置菜单文件名为 qmenu。

（5）在菜单栏中选择"菜单"→"生成"命令，生成扩展名为 mpr 的菜单程序文件。

（6）选择"文件"→"新建"菜单命令，选择"表单"单选按钮。设置表单文件名为 xsinfo，在表单设计器中创建如图 8.29所示的表单。

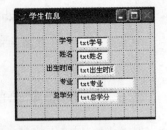

（7）在该表单的 RightClick 事件中添加代码：

```
DO qmenu.MPR
THISFORM.Refresh
```

图 8.29　设置的表单

（8）在"表单设计器"窗口中，单击 ⚡ 按钮或在命令窗口中输入命令：DO FORM xsinfo，执行表单出现如图 8.27 所示的界面。

8.4　利用程序设计菜单

通过前面的学习，我们知道了利用菜单设计器设计出来的菜单保存在菜单文件（MNX）中，它必须经过系统生成菜单程序文件（MPR）后才能被调用执行。菜单程序文件（MPR）是由若干条菜单语句组成的，用户可以通过"MODIFY COMMAND 菜单程序文件名.MPR"命令查看菜单程序文件的内容。通过菜单程序文件的内容知道了无论是条形菜单还是弹出式菜单，都可以通过命令方式进行定义和设计。这里只简单介绍有关菜单的定义命令。

8.4.1　设计条形菜单

1. 定义条形菜单

命令格式：DEFINE MENU 条形菜单名［BAR］［IN［WINDOW］窗口名 | IN SCREEN］
说明：
① 条形菜单名：指定条形菜单的内部名字。
② BAR：建立类似系统菜单行为的条形菜单。
③ IN［WINDOW］窗口名 | IN SCREEN：指定菜单放置在哪个窗口或屏幕上。
例 8.11　定义条形菜单，可使用下列命令：

```
DO FORM form1.SCX
DEFINE MENU xsgl BAR IN WINDOW form1
```

2. 定义条形菜单中的菜单项

命令格式：DEFINE　PAD 菜单项名字 OF 条形菜单名 PROMPT
　　　　　　［BEFORE 弹出式菜单名字 |　AFTER 弹出式菜单名字］
　　　　　　［KEY 键标签［，键说明］］［SKIP［FOR 逻辑表达式］］
　　　　　　［MESSAGE 字符表达式］［COLOR SCHEME 颜色配置号］
说明：
① 菜单项名字 OF 条形菜单名：指定要定义的菜单下及条形菜单的内部名。
② 字符表达式：指定菜单项的标题。
③ BEFORE 弹出式菜单名字 |　AFTER 弹出式菜单名字：指定菜单项的位置。

④ KEY 键标签[,键说明]：指定快捷键。

⑤ SKIP［FOR 逻辑表达式］：指定跳过条件。

⑥ MESSAGE 字符表达式：指定提示信息。

⑦ COLOR SCHEME 颜色配置号：指定颜色配置

例 8.12 用下面语句创建菜单栏的各菜单项：

```
DEFINE PAD sjbj OF _MSYSMENU PROMPT "数据编辑(\<E)" COLOR SCHEME 3 ;
    KEY CTRL + E, "CTRL + E"
DEFINE PAD sjcx OF _MSYSMENU PROMPT "数据查询(\<X)" COLOR SCHEME 3 ;
    KEY CTRL + X, "CTRL + X"
DEFINE PAD sjbb OF _MSYSMENU PROMPT "数据报表(\<R)" COLOR SCHEME 3 ;
    KEY CTRL + R, "CTRL + R"
DEFINE PAD tcxt OF _MSYSMENU PROMPT "退出系统(\<Q)" COLOR SCHEME 3 ;
    KEY CTRL + Q, "CTRL + Q"
```

3. 指定菜单项的动作

命令格式 1：ON PAD 条形菜单项名 OF 条形菜单名 1

　　　　　　[ACTVATE POPUP 弹出式菜单名| ACTVATE MENU 条形菜单名 2]

说明：当"条形菜单名 1"中的指定菜单项被选中时,激活另一个条形菜单或者弹出式菜单。

（1）条形菜单项名 OF 条形菜单名 1：指出需要定义动作的菜单项及条形菜单内部名。

（2）弹出式菜单名：被激活的弹出式菜单内部名字。

（3）条形菜单名 2：被激活的条形菜单内部名字。

命令格式 2：ON　SELECTON　PAD 条形菜单选项名 OF 条形菜单名［命令］

说明：当条形菜单中的指定菜单项被选中时,执行指定的命令。

例 8.13 定义菜单栏各菜单项的动作如下：

```
ON PAD sjbj OF _MSYSMENU ACTIVATE POPUP popbj
ON PAD sjcx OF _MSYSMENU ACTIVATE POPUP popcx
ON PAD sjbb OF _MSYSMENU ACTIVATE POPUP popbb
ON PAD tcxt OF _MSYSMENU ACTIVATE POPUP poptcxt
```

4. 激活条形菜单

命令格式：ACTVATE　MENU 条形菜单名字［NOWAIT］［PAD 条形菜单选项名］

说明：激活所指定的菜单。

（1）NOWAIT：显示和激活菜单后不等待,继续向下执行。若没有 NOWAIT 项,则激活菜单时,程序会暂停执行,等待用户对菜单项进行操作,按 Esc 键退出等待。

（2）PAD 条形菜单选项名：菜单激活时指定的菜单项自动被选中。省略 PAD 项,系统默认选中第一个菜单项。

例 8.14 使用下面语句,激活 xsgl 菜单。

```
ACTVATE MENU xsgl NOWAIT
```

8.4.2　设计弹出式菜单

1. 定义弹出式菜单

命令格式：DEFINE POPUP 菜单名 [SHORTCUT] [FROM 行号 1,列号 1]
　　　　　　[TO 行号 2,列号 2] [IN [WINDOW] 窗口名 | IN SCREEN] [RELATIVE]
　　　　　　[MARGIN] [MESSAGE 字符表达式] [SCROLL] [SHADOW]
　　　　　　[COLOR SCHEME 颜色配置号]

说明：用于定义弹出式菜单，其各项参数说明如下。

(1) 菜单名：定义弹出式菜单的内部名字。

(2) SHORTCUT：用作快捷菜单。

(3) FROM 行号 1,列号 1[TO 行号 2,列号 2]：指定菜单大小。其中"行号 1,列号 1"指出菜单显示的左上角坐标，"行号 2,列号 2"指出菜单显示的右下角坐标。系统默认菜单左上角坐标是(0,0)，即第 0 行第 0 列；若省略 TO 项，Visual FoxPro 系统自动确定菜单大小。菜单的长度受到它所在的 Visual FoxPro 主窗口或用户定义窗口（即表单）高度的限制。

(4) MARGIN：为菜单项的两边放置一个空格。

(5) MESSAGE 字符表达式：指定提示信息。

(6) SCROLL：设置滚动条，当前菜单容纳不了所有菜单项时，会出现滚动条。

(7) SHADOW：设置阴影。

(8) COLOR SCHEME 颜色配置号：指定背景颜色。

(9) RELATIVE：按定义菜单项的语句次序在菜单中排列各菜单项，菜单中不会为未定义的菜单项预留空白行。没有 RELATIVE 项，菜单项按其序号在菜单中排列，并为未定义的菜单项预留空白位置，如只定义了第 1 和第 3 菜单项，当菜单被激活时，在菜单中为第 2 菜单项预留一空白行。

例 8.15　使用下面语句，定义一个弹出式菜单。

```
DEFINE POPUP popbj MARGIN RELATIVE SHADOW COLOR SCHEME 4
DEFINE POPUP popcx MARGIN RELATIVE SHADOW COLOR SCHEME 4
DEFINE POPUP popbb MARGIN RELATIVE SHADOW COLOR SCHEME 4
DEFINE POPUP poptcxt MARGIN RELATIVE SHADOW COLOR SCHEME 4
```

2. 定义弹出式菜单的菜单项

命令格式：DEFINE BAR 菜单项序号 1 OF 弹出式菜单名 PROMPT 字符表达式
　　　　　　[BEFORE 菜单项序号 2 | AFTER 菜单项序号 3]
　　　　　　[KEY 键标签[,键说明]] [MESSAGE 字符表达式]
　　　　　　[SKIP [FOR 逻辑表达式]] [COLOR SCHEME 颜色号]

说明：

(1) 菜单项序号 1：指明需要定义的弹出式菜单项。

(2) 弹出式菜单名：指明是哪个弹出式菜单的选项。

（3）PROMPT 字符表达式：指定菜单项的标题。

（4）KEY 键标签[，键说明]：指定快捷键。

（5）MESSAGE 字符表达式：指定提示信息。

（6）SKIP [FOR 逻辑表达式]：指定跳过条件。

（7）COLOR SCHEME 颜色号：指定背景颜色。

（8）BEFORE 菜单项序号 2 | AFTER 菜单项序号 3：指定菜单项的相对位置。

例 8.16 用下面语句分别定义各弹出式菜单的菜单项。

（1）创建"数据编辑（popbj）"各菜单项：

```
DEFINE BAR 1 OF popbj PROMPT "学生记录编辑(\< X)" KEY CTRL + X, "CTRL + X";
                      MESSAGE "输入、修改、删除学生记录"
DEFINE BAR 2 OF popbj PROMPT "课程记录编辑(\< K)" KEY CTRL + K, "CTRL + K";
                      MESSAGE "输入、修改、删除课程记录"
DEFINE BAR 3 OF popbj PROMPT "成绩记录编辑(\< C)" KEY CTRL + C, "CTRL + C";
                      MESSAGE "输入、修改、删除成绩记录"
DEFINE BAR 4 OF popbj PROMPT "\ - "
DEFINE BAR 5 OF popbj PROMPT "三表同时编辑(\< S)" KEY CTRL + S, "CTRL + S";
                      MESSAGE "输入、修改、删除学生课程成绩记录"
```

（2）创建"数据查询（popcx）"各菜单项：

```
DEFINE BAR 1 OF popcx PROMPT "学生记录查询"
DEFINE BAR 2 OF popcx PROMPT "课程记录查询"
DEFINE BAR 3 OF popcx PROMPT "成绩查询"
```

（3）创建"数据报表（popbb）"各菜单项：

```
DEFINE BAR 1 OF popbb PROMPT "学生信息报表"
DEFINE BAR 2 OF popbb PROMPT "课程信息报表"
DEFINE BAR 3 OF popbb PROMPT "成绩报表"
```

（4）创建"退出系统（poptcxt）"各菜单项：

```
DEFINE BAR 1 OF poptcxt PROMPT "退出系统"
```

3. 定义弹出式菜单项的动作

命令格式 1：ON　BAR 菜单项序号 OF 弹出式菜单名 1

　　　　　　[ACTVATE POPUP 弹出式菜单名 2|ACTIVATE MENU 条形菜单名]

说明：当"弹出式菜单名 1"中的指定菜单项被选中时，激活另一个弹出式菜单或者条形菜单。

（1）菜单项序号 OF 弹出式菜单名 1：指出了需要定义动作的弹出式菜单项及其所属的弹出式菜单内部名字。

（2）弹出式菜单名 2：被激活的弹出式菜单内部名字。

（3）条形菜单名：被激活的条形菜单内部名字。

命令格式 2：ON SELECTION　BAR 弹出式菜单选项名 OF 弹出式菜单名 [命令]

说明：当弹出式菜单中的指定菜单项被选中时，执行指定的命令。命令也可以是 DO

命令,这样就能够执行一个过程或程序。

例 8.17　用下面语句分别定义各弹出式菜单的各菜单项的动作。

(1) 定义"数据编辑(popbj)"菜单的各菜单项的动作代码如下:

```
ON SELECTION BAR 1 OF popbj DO FORM xsedit.SCX
ON SELECTION BAR 2 OF popbj DO FORM kcedit.SCX
ON SELECTION BAR 3 OF popbj DO FORM cjedit.SCX
ON SELECTION BAR 5 OF popbj DO FORM sbtsedit.SCX
```

(2) 定义"数据查询(popcx)"菜单的各菜单项的动作代码如下:

```
ON SELECTION BAR 1 OF popcx DO FORM xscx.SCX
ON SELECTION BAR 2 OF popcx DO FORM kccx.SCX
ON SELECTION BAR 3 OF popcx DO FORM cjcx.SCX
```

(3) 定义"数据报表(popbb)"菜单的各菜单项的动作代码如下:

```
ON SELECTION BAR 1 OF popbb REPORT FORM xsbb.FRX PREVIEW IN SCREEN
ON SELECTION BAR 2 OF popbb REPORT FORM kcbb.FRX PREVIEW IN SCREEN
ON SELECTION BAR 3 OF popbb REPORT FORM cjbb.FRX PREVIEW IN SCREEN
```

(4) 定义"退出系统(poptcxt)"菜单的各菜单项的动作代码如下:

```
ON SELECTION BAR 1 OF poptcxt DO exit.PRG
```

4. 激活弹出式菜单

命令格式:ACITVATE　POPUP 弹出式菜单名〔NOWAT〕〔BAR 弹出式菜单选项号〕

说明:激活指定的菜单。

例 8.18　用下列命令激活各弹出式菜单。

```
ACITVATE POPUP popbj
ACITVATE POPUP popcx
ACITVATE POPUP popbb
ACITVATE POPUP poptcxt
```

习题八

一、单项选择题

1. 在 Visual FoxPro 中,菜单程序文件的扩展名是(　　)。

A. mnx　　　　　　　B. mnt　　　　　　　C. mpr　　　　　　　D. prg

2. 在 Visual FoxPro 中支持两种类型的菜单,分别是(　　)。

A. 条形菜单和弹出式菜单　　　　　B. 条形菜单和下拉式菜单

C. 弹出式菜单和下拉式菜单　　　　D. 复杂菜单和简单菜单

3. 已知名为 mymenu 的菜单,执行该菜单文件的命令是(　　)。

A. DO mymenu　　　　　　　　　　B. DO mymenu.mpr

C. DO mymenu.pjx   D. DO mymenu.mnx

4. 扩展名为 mnx 的文件是(   )。

A. 索引文件   B. 表文件   C. 表单文件   D. 菜单文件

5. 在定义弹出式菜单时,单击菜单设计器窗口中的(   )按钮,就会弹出一个列有 Visual FoxPro 系统菜单项的对话框,用户可以从中选择自己需要的菜单项。

A. 插入   B. 插入栏   C. 预览   D. 菜单项

6. 在保存完所设计的菜单后,运行菜单程序前必须要完成的操作是(   )。

A. 创建各级菜单   D. 指定各菜单的仁务
C. 预览菜单   D. 生成菜单程序文件

7. 有一个菜单文件 stu.MNX,要运行该菜单,正确的操作是(   )。

A. 执行 DO stu 命令

B. 先生成 stu.MPR 文件,再执行 DO MENU stu.MPR 命令

C. 先生成 stu.MPR 文件,再执行 DO stu.MPR 命令

D. 执行 DO MENU stu.MPR 命令

8. 如果菜单项的名称为"计算",热键是 J,在菜单名称中应输入(   )。

A. 计算(J)   B. 计算(Alt+J)   C. 计算(\<J)   D. 计算(Ctrl+J)

9. 与程序菜单相比,快捷菜单(   )。

A. 只有弹出式菜单   B. 既有弹出式菜单,又有条形菜单
C. 可能有条形菜单   D. 没有弹出式菜单,只有条形菜单

10. 通过(   )可以创建菜单。

A. 表单设计器   B. 菜单设计器   C. 数据库设计器   D. 表单向导

11. 在"菜单设计器"窗口"结果"列的下拉列表框不存在的选项是(   )。

A. 表单   B. 菜单项♯   C. 子菜单   D. 过程

12. 菜单设计完成后,应该将菜单定义保存在扩展名为(   )的文件中。

A. mnx   B. qpr   C. mpr   D. prg

13. 以下是与设置系统菜单有关的命令,其中正确的是(   )。

A. SET SYSMENU DEFAULT   B. SET SYSMENU TO DEFAULT
C. SET SYSMENU TO NOSAVE   D. SET SYSMENU TO SAVE

14. 当选中菜单中某个选项时,都会有一定的动作,这个动作可以是(   )。

A. 执行一条命令   B. 执行一个过程
C. 激活另一个菜单   D. 以上都可以

15. 在为顶层表单添加下拉式菜单的过程中,需将表单的 Show Windows 属性设置为 (   )使其成为顶层表单。

A. 0   B. 1   C. 2   D. 3

16. 使用 Visual FoxPro 的菜单设计器时,选中菜单项之后,如果要设计它的子菜单,应在结果(Result)列中选择(   )。

A. 填充名称   B. 子菜单   C. 命令   D. 过程

17. 以下关于菜单的叙述中正确的选项是(   )。

A. 菜单设计完成后必须"生成"程序代码

B. 菜单设计完成后不必"生成"程序代码,可以直接使用

C. 菜单设计完成后如果要连编成 EXE 程序,则必须"生成"程序代码

D. 菜单设计完成后如果要连编成 APP 程序,则必须"生成"程序代码

18. 打开已有的菜单文件,修改菜单的命令是(　　)。

A. EDIT MENU　　　　　　　　　　B. CHANGE MENU

C. UPDATE MENU　　　　　　　　　D. MODIFY MENU

19. 下列说法中错误的是(　　)。

A. 可以使用"CREATE MENU 文件名"命令创建一个新菜单

B. 可以使用"MODIFY MENU 文件名"命令创建一个新菜单

C. 可以使用"CREATE MENU 文件名"命令修改已经创建了的菜单

D. 可以使用"OPEN MENU 文件名"命令修改已经创建了的菜单

20. 菜单设计器的"结果"列的列表框中可供选择的项目包括(　　)。

A. 命令、过程、子菜单、函数　　　　B. 命令、过程、子菜单、菜单项♯

C. 填充名称、过程、子菜单、快捷键　D. 命令、过程、填充名称、函数

21. 若某菜单项的名称是"编辑",热键是 E,则在菜单名称一栏中应输入(　　)。

A. 编辑(\<E)　　　B. 编辑(Ctrl+E)　　C. 编辑(Alt +E)　　D. 编辑(E)

22. 假设建立一个菜单 menu1,并生成了相应的菜单程序文件,为了执行该菜单程序应该使用命令(　　)。

A. DO MENU menu1　　　　　　　　B. RUN MENU menu1

C. DO menu1　　　　　　　　　　　D. DO menu1. mpr

23. 为顶层表单添加菜单 myform 时,若表单的"Destroy"事件代码为清除菜单而加入的命令是"RELEASE MENU aaa EXTENDED",那么在表单的 Init 事件代码中加入的命令应该是(　　)。

A. DO mymenu. mpr WITH THIS, "aaa"

B. DO mymenu. mpr WITH THIS　　"aaa"

C. DO mymenu. mpr WITH THIS, aaa

D. DO mymenu WITH THIS, "aaa"

24. 为表单建立快捷菜单时,调用快捷菜单的命令代码"DO mymenu. mpr WITH THIS"应该插入表单的(　　)。

A. Destroy 事件　　　B. Init 事件　　　C. Load 事件　　　D. RightClick 事件

25. 以下叙述正确的是(　　)。

A. 条形菜单不能分组　　　　　　　　B. 快捷菜单可以包含条形菜单

C. 弹出式菜单不能分组　　　　　　　D. "生成"的菜单才能"预览"

26. 下列说法中错误的是(　　)。

A. 如果指定菜单名称为"文件(-F)",那么字母 F 即为该菜单的快捷键

B. 如果指定菜单名称为"文件(\<F)",那么字母 F 即为该菜单的访问键

C. 要将菜单项分组,系统提供的分组手段是在两组菜单项之间插入一条水平的分组线,方法是在相应行的"菜单名称"列上输入"\-"两个字符

D. 指定菜单项名称,也称为标题,只是用于显示,并非名字

27. 用户可以在"菜单设计器"窗口右侧的(　　)列表框中查看菜单所属的级别。

A. 菜单项　　　　　B. 菜单级　　　　　C. 子菜单　　　　　D. 过程

28. 在定义菜单时,若要编写相应功能的一段程序,则在结果一项中选择(　　)。

A. 填充名称　　　　B. 子菜单　　　　　C. 命令　　　　　D. 过程

29. 用"CREATE MENU test"命令进入"菜单设计器"窗口建立菜单时,存盘后会在磁盘上出现(　　)。

A. test.MPR 和 test.MNT　　　　　　B. test.MNX 和 test.MNT

C. test.MPX 和 test.MPR　　　　　　D. test.MNX 和 test.MPR

30. 在定义菜单时,若按文件名调用已有的程序,则在菜单项"结果"项中选择(　　)。

A. 命令　　　　　　B. 填充名称　　　　C. 子菜单　　　　　D. 过程

31. 无论是条形菜单还是弹出式菜单,当选择其中某个选项时都会执行一定的动作。这个动作不可以是(　　)。

A. 执行一个程序　　　　　　　　　　B. 执行一条命令

C. 执行一个过程　　　　　　　　　　D. 激活另一个菜单

32. 下面说法中错误的是(　　)。

A. 热键通常是一个字符

B. 不管菜单是否激活,都可以通过快捷键选择相应的菜单项

C. 快捷键通常是 Alt 键和另一个字符键组成的组合键

D. 当菜单激活时,可以按菜单项的热键快速选择该菜单项

33. 在设计菜单时,菜单的位置选项不包括(　　)。

A. 替换　　　　　　B. 自动居中　　　　C. 在 …… 之前　　D. 在 …… 之后

34. 以下关于菜单的叙述,错误的是(　　)。

A. SET SYSMENU 是在程序中设计 Visual FoxPro 系统菜单的语句

B. 在 Windows 中,菜单可以分为下拉式菜单和快捷菜单两类

C. 下拉式菜单一般由以下三部分组成:菜单栏、菜单标题和菜单选项

D. 快捷式菜单又称弹出式菜单

35. Visual FoxPro 的系统菜单,其主菜单是(　　)。

A. 条形菜单　　　　B. 弹出式菜单　　　C. 下拉式菜单　　　D. 组合菜单

二、填空题

1. 典型的菜单系统一般是一个下拉式菜单,下拉式菜单通常由一个_____和一组_____组成。

2. 常见的典型系统菜单,通常是由_____菜单作为主菜单的菜单栏,_____菜单作为下拉式菜单。

3. 用户所建立的应用程序菜单的相关信息保存在扩展名为_____和 MNT 的文件中。

4. 用菜单设计器设计的菜单文件的扩展名是_____,生成的菜单程序文件的扩展名是_____。

5. 快捷菜单实质上是由一个或一系列具有上下级关系的_____菜单构成,当用户选中其中的一个菜单项时,可能执行一个命令、_____或激活另一个菜单。

6. Visual FoxPro 系统菜单栏(条形菜单)的内部名为_____。

7. 菜单设计器中负责插入 Visual FoxPro 系统菜单命令的命令按钮名称是_____。

8. 执行 DO _____命令,可运行 mymenu.mpr 菜单程序文件。

9. 在菜单设计器窗口单击某菜单项的_____列后,若在_____文本框中输入_____,则运行菜单时,该菜单项不可用(变灰色)。

10. 在菜单设计器中,单击_____按钮,可在当前菜单项前插入一个新菜单项。

11. 执行_____命令可将系统菜单恢复到默认配置。

12. 用户建立或修改的菜单文件 my.mnx,必须经过系统生成菜单程序文件_____后,才能运行。

13. 要为表单设计下拉式菜单,首先需要在菜单设计时,在_____对话框中选择"顶层表单"复选框;其次要将表单的_____属性值设置为 2,使其成为顶层表单;最后需要在表单的_____事件代码中设置调用菜单程序文件的命令。

14. 快捷菜单实质上是一个弹出式菜单。要将某个弹出式菜单作为一个对象的快捷菜单,通常是在对象的_____事件代码中添加调用该弹出式菜单程序的命令。

15. 在"菜单名称"项中输入_____两个字符,弹出式菜单可以分组。

16. 若要修改一个已有的菜单 my.MNX,首先应在命令窗口中执行_____命令来打开该菜单的菜单设计器窗口。

17. 利用_____窗口中的_____下拉列表框,就可以在上、下级菜单之间进行切换。

18. 在使用菜单设计器窗口来设计菜单时,若某个菜单项所对应的操作需要用多条命令来完成,应该选中菜单设计器窗口_____列中的_____选项来添加这些命令。

19. 在菜单设计器窗口中,若要为某个菜单项定义快捷键,则应单击该菜单项行的_____按钮,在弹出的_____对话框中进行定义。

20. 在命令窗口执行_____命令可以查看由菜单设计器设计后所生成的 my.MPR 文件内容。

21. 在关闭表单时(Destroy 事件)可用_____命令清除菜单。

22. 为了从用户菜单返回到默认的系统菜单应该使用命令 SET _____ TO DEFAULT。

23. 某菜单项名称为 Save,要为该菜单设置热键 Alt + S,则在名称中的设置为_____。

24. 允许或禁止在应用程序执行时访问系统菜单的命令是_____。

25. 要将 Visual FoxPro 系统菜单恢复成标准配置,可先执行_____命令,然后再执行_____命令。

第9章 数据库应用系统开发

数据库应用系统(Database Application System,DBAS)通常简称应用系统,是一个带有数据库的计算机软件系统,它是包括应用程序、数据、数据库以及与该系统的开发、维护和使用有关的文档的完整集合。数据库应用系统要为用户提供一个友好和人性化的图形用户界面,通过数据库管理系统(DBMS)或相应的数据访问接口,存取数据库中的数据。因此,开发一个数据库应用系统,要求开发人员不但要掌握数据库知识,还要掌握一门计算机语言。具体包括以下几个方面。

- 掌握数据库设计的基本理论知识。
- 掌握一种桌面数据库和服务器 DBMS 应用技术。
- 掌握一种能够支持数据库应用程序开发的开发工具。
- 掌握软件开发和设计的基本知识。
- 掌握应用程序的发布技术。

9.1 开发的基本步骤

数据库应用系统的开发过程属于软件工程问题。从软件工程的角度出发,开发一个数据库应用系统包括需求分析、系统设计、系统实现、软件测试和系统维护等几个阶段,并且要求每阶段都应提交相应的文档资料,包括《需求分析说明书》、《系统设计报告》、《系统实现报告》、《系统测试报告》以及《系统操作使用说明书》等。但是,根据待开发应用系统的规模和复杂程度,在实际开发过程中往往可以灵活处理,有时候可以把两个甚至三个过程合并一起进行。

9.1.1 需求分析

需求分析是指开发人员要进行细致的调查分析以便准确理解用户的要求,将用户的需求陈述转化为完整的需求定义,再由需求定义转换到相应的需求格式说明的过程。需求分析是数据库应用系统开发过程中十分重要的工作。该过程可以分为两个步骤,即数据分析和功能分析。数据分析主要是归纳出系统处理所需要的原始数据、数据之间的相互联系、数据处理所遵循的规则和输出方式等;功能分析则是要详细地分析出系统各个组成部分如何对各类信息进行加工处理,以便实现用户所提出的各种功能需求。

1. 需求分析的任务

需求分析阶段的工作,大致可分为下面几个步骤进行。

(1) 通过调查研究,获取用户的需求。

软件开发人员只有通过认真细致的调查研究,才能获得进行系统分析的原始资料。需求信息的获取可来源于阅读描述系统需求的用户文档;对相关软件、技术的市场调查;对管理部门、用户的访问咨询;对工作现场的实际考察等。只有这样,才能得出对目标系统的完整、准确和具体的需求。

(2) 去除非本质因素,确定系统的真正需求。

对于获取的原始需求,软件开发人员需要根据专业知识,运用抽象的逻辑思维方法,找出需求间的内在联系和矛盾,去除需求中不合理的以及非本质的部分,确定软件系统的真正需求。

(3) 描述需求,建立系统的逻辑模型。

对于已确定的系统需求,软件开发人员要通过现有的需求分析方法及工具对其进行清晰、准确的描述,最终给出目标系统的解决方案和逻辑模型。目前,通常用数据流图和数据字典等工具来表示目标系统的逻辑模型。

(4) 编写软件需求说明书,进行需求评审。

需求阶段应提交的主要文档包括软件需求说明书、初步的用户手册和修正后的开发计划。其中,软件需求说明书是对分析阶段主要成果的综合描述,是该阶段最重要的技术文档。为了保证软件开发的质量,对需求分析阶段的工作要按照严格的规范进行复审,从不同的技术角度对该阶段工作做出综合性的评价。需要注意的是,复审既要有用户参加,也要有管理部门和软件开发人员参加。

2. 需求分析的方法

需求分析通常采用结构化分析(structure analysis,SA)方法。结构化分析方法是一种面向数据流的分析方法,它使用数据流图(DFD)、数据字典(DD)、判定表和判定树等工具,来建立一种称为结构化规格说明的目标文档。结构化分析方法简单实用,适合于加工类型软件系统的需求分析工作,尤其是信息管理类型的应用软件的开发。结构化分析方法中最常用的工具是数据流图和数据字典。

在软件工程技术中,用于控制问题复杂性的基本手段是"分解"和"抽象"。所谓分解,是指对于一个复杂的问题,为了将其复杂性降低到人们可以掌握的程度,可以将问题划分为若干小问题,然后分别加以解决。此外,在解决复杂问题时,还可以分层进行,即先暂时忽略细节,只考虑问题最本质的属性,然后再逐层细化,直至涉及最详细的内容,这就是"抽象"。结构化分析方法的基本思想正是运用了"分解"和"抽象"这两个基本手段,采用"自顶向下,逐层分解"的分析思路,首先将整个系统抽象成一个加工,如图9.1所示。

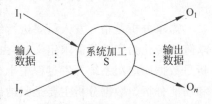

图9.1　系统顶层数据流图

在图9.1中,只包括一个加工即"系统加工S"。由于"系统加工S"很复杂,接着需要将其分解成若干个子加工;如果子系统仍然比较复杂,则需对子加工继续进行分解。重复这样的分解,直到每个子加工都足够简单,能够被清楚地理解和表达为止。结构化分析方法的"自顶向下,逐层分解"的过程如图 9.2 所示。

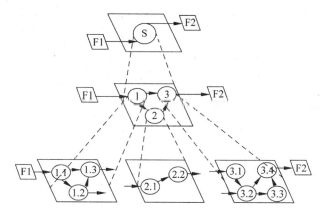

图 9.2 "自顶向下,逐层分解"过程示意图

这种"自顶向下,逐层分解"的方法充分体现了分解和抽象结合的原则,使人们不至于过早地陷入细节,有助于有控制地逐步解决复杂的问题。顶层用来抽象地描述整个系统,底层用来具体描述系统中的每一个细节,而中间层则是从抽象向具体的逐步过渡。无论系统多么复杂,分析工作的难度都能得到有效的控制,使整个需求分析过程可以有条不紊地进行。

3. 数据流图的含义及组成符号

数据流图(data flow diagram,DFD)是描述软件系统中数据处理过程的一种图形工具,它从数据传递和加工的角度出发,刻画数据流从输入到输出的移动和变换过程,以图形的方式描绘数据在系统中流动和处理的过程。由于它能够清晰地反映系统要完成的逻辑功能,所以它已经成为结构化分析方法中用于表示系统逻辑模型的最有力的工具。数据流图的基本符号如表 9.1 所示。

表 9.1 数据流图的基本符号

符 号	含 义
▭	数据的源点或终点,即外部实体
⟶	数据流
═	数据存储
⬭	数据处理

(1) 数据的源点或终点

数据的源点或终点用于反映数据流图与外部实体之间的联系,表示图中的输入数据来自哪里或处理结果送往何处。如图 9.3 中的"人事部门"和"后勤部门"是"工资计算系统"软件中数据的源点,而"职工"和"银行"则是该软件系统中数据的终点。

（2）数据流

数据流是数据在系统中的传送通道，数据流符号的箭头指明了数据的流动方向。在数据流图中，除了连接加工和数据存储的数据流以外，其他的数据流在图中都对应一个唯一的名字。如图9.3中的出勤表、业绩表、水电扣款表、工资条及工资存款清单等均为数据流。

图9.3　"工资计算系统"的顶层数据流图

（3）加工

加工也称为数据处理，是对系统中的数据流进行的某些操作或变换。数据流图中的每个加工都要有对应的名称，最常见的名称是由一个表明具体动作的动词和一个表明处理对象的名词构成的，如计算应发工资、打印工资清单等。

（4）数据存储

在数据流图中用于保存数据的数据文件被称为数据存储，它可以是数据库文件或任何其他形式的数据组织。流向数据存储的数据流可理解为向文件写入数据或对文件进行查询操作，流出数据存储的数据流可理解为从文件中读取数据或得到查询结果。

4. 数据流图的建立方法

对于一个复杂的系统来说，可能存在着几十个甚至成百上千个数据加工和处理。若要在一个数据流图中清楚地描述出整个系统加工的过程是很困难的，所以通常采用对数据流图进行分层的方法。按照结构化分析方法中"自顶向下，逐层分解"的思想，可以先将整个系统看作是一个加工，它的输入数据和输出数据表明了系统和外部环境的接口，从而首先画出系统的顶层数据流图。为了能够清楚地表明系统加工的详细过程，接着从顶层数据流图出发，逐层地对系统进行分解。每分解一次，系统中加工的数量就随之增加，每个加工的功能描述也越来越具体。重复这种分解，直至得到系统的底层数据流图。底层数据流图中的所有加工都应是不可再分解的、最简单的"原子加工"。通过分解过程中得到的这一组分层数据流图就可以十分清晰地描述出整个系统所有加工的详细情况。

下面以某单位"工资计算系统"软件为例，来介绍数据流图的建立方法。

（1）建立顶层数据流图

任何系统的顶层数据流图都只有一个，用于反映目标系统所要实现的功能及与外部环境的接口。顶层数据流图中只有一个代表整个系统的加工，数据的源点和终点对应着系统的外部实体，表明了系统输入数据的来源和输出数据的去向。工资管理系统的顶层数据流图如图9.3所示。

（2）数据流图的分层细化

首先按照系统的功能，对顶层数据流图进行分解，生成第一层数据流图。如其中的工资计算系统可以划分为计算工资、打印工资清单和工资转存三个加工。计算工资完成单位职工工资计算，生成工资清单的功能；打印工资清单完成工资条的打印功能；工资转存完成生成职工工资存款清单并将其发送到银行的功能。对划分得到的加工应进行编号以反映出它与上层数据流图之间的关系,此外还要标出数据流和涉及的数据存储,如图 9.4 所示。

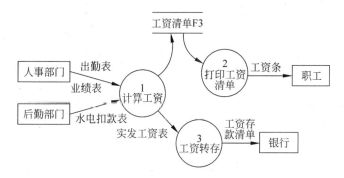

图 9.4 "工资计算系统"第一层数据流图

然后,对第一层数据流图中的加工继续分解,得到第二层数据流图。例如对图 9.4 中编号为 1 的加工"1 计算工资"进行分解,得到其第二层数据流图即"计算工资"子数据流图,如图 9.5 所示。

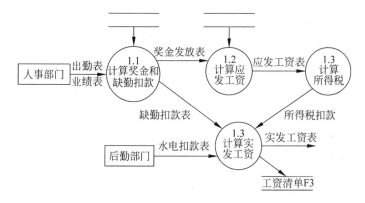

图 9.5 "工资计算系统"第二层数据流图——"计算工资"子数据流图

若数据流图中的加工还可继续细化,则重复以上分解过程,直到获得系统的底层数据流图。工资计算系统的第三层数据流图如图 9.6 所示。

5. 数据字典

虽然数据流图能够形象、清晰地描述出数据在目标系统中流动、加工和存储等情况,但其中许多构成元素,如数据流、数据存储和加工等,并不能反映其本质含义,如何解决这个问题呢? 利用数据字典。作为对数据流图的补充,数据字典(data dictionary,DD)能够准确地定义数据流图中各组成成分的具体含义,二者共同构成了系统的逻辑模型。

数据字典是为了描述在结构化分析过程中定义的对象而使用的一种半形式化的工具,它是对数据流图中所有数据元素的定义的集合。数据字典是所有与系统相关的数据元素的有组织的列表,它包含了对这些数据元素的精确、严格的定义,从而使得用户和系统分析员双方对输入、输出、存储的成分甚至中间计算结果有共同的理解。

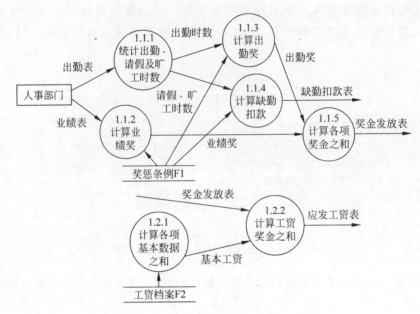

图 9.6　"工资计算系统"第三层数据流图

(1) 数据字典的基本符号

数据字典中涉及的基本符号如表 9.2 所示。

表 9.2　数据字典中的基本符号

符　号	含　义	说　明
=	表示定义为	用于对＝左边的条目进行确切的定义
+	表示与关系	X＝a＋b 表示 X 由 a 和 b 共同构成
[｜] [,]	表示或关系	X＝[a｜b]与 X＝[a,b]等价,表示 X 由 a 或 b 组成
( )	表示可选项	X＝(a)表示 a 可以在 X 中出现,也可以不出现
{ }	表示重复	大括号中的内容重复 0 到多次
m{ }n	表示规定次数的重复	重复的次数最少 m 次,最多 n 次
" "	表示基本数据元素	引号中的内容是基本数据元素,不可再分
..	连接符	mon＝1..12 表示 mon 可取 1～12 中的任意值
＊　＊	表示注释	两个星号之间的内容为注释信息

(2) 数据字典的构成

数据字典是关于数据流图中各种成分详细定义的信息集合,可将其按照说明对象的类型划分为四种条目,分别为数据流条目、数据项条目、数据文件条目和数据加工条目。为了便于软件开发人员方便地查找所需的条目,应将各条目以卡片的形式按照一定的顺序对数据字典中的不同条目进行排列。下面对各类条目的内容及说明格式进行介绍。

① 数据流条目

数据流在数据流图中主要用于说明数据结构在系统中的作用和流动方向,因此数据流也被称做"流动的数据结构"。数据字典中数据流条目应包括以下几项主要内容:数据流名称、数据流别名、说明、数据流来源、数据流流向和数据流组成等。例如：工资计算系统中的出勤表数据流在数据字典中的条目应如下描述。

> 数据流名称：出勤表
> 　　数据流别名：无
> 　　说明：由人事部门每月月底上报的职工考勤统计数字
> 　　数据流来源：人事部门
> 　　数据流流向：加工 1.2（计算应发工资）
> 　　数据流组成：出勤表 ＝ 年份＋月份＋职工号＋出勤时数＋
> 病假时数＋事假时数＋旷工时数

② 数据项条目

数据流图中每个数据结构都是由若干个数据项构成的，数据项是加工中的最小单位，不可再分。数据字典的数据项条目中应包含的主要内容有：数据项名称、数据项别名、说明、类型、长度和取值范围等。例如：出勤表中的职工号数据项在数据字典中的条目应如下描述。

> 数据项名称：职工号
> 　　数据项别名：employee_no
> 　　说明：本单位职工的唯一标识
> 　　类型：字符串
> 　　长度：6
> 　　取值范围及含义：1～2 位（00..99）为部门编号；3～6 位
> （XX0001..XX9999）为人员编号

③ 数据文件条目

数据文件是数据流图中数据结构的载体。数据字典的数据文件条目中应包含的主要内容有：数据文件名称、说明、数据文件组成、组织方式、存取方式和存取频率等。例如：工资计算系统中的职工工资档案文件在数据字典中的条目应如下描述。

> 数据文件名称：工资档案
> 　　说明：单位职工的基本工资、各项津贴及补贴信息
> 　　数据文件组成：职工号＋国家工资＋国家津贴＋职务津贴＋
> 职龄津贴＋交通补贴＋部门补贴＋其他补贴
> 　　组织方式：按职工号从小到大排列
> 　　存取方式：顺序
> 　　存取频率：1 次/月

④ 数据加工条目

在数据流图中只简单给出了每个加工的名称，在数据字典中主要利用数据加工条目来说明每个加工是用来"做什么"的。数据加工条目中应包含的主要内容有：数据加工名称、加工编号、说明、输入数据流、输出数据流和加工逻辑等。例如：工资计算系统中的"计算应发工资"加工条目在数据字典中应描述为下面形式。

数据加工名称：计算应发工资

　　加工编号：1.2

　　说明：根据职工的工资档案及本月奖金发放表数据计算每个职工的应发工资

　　输入数据流：奖金发放表及工资档案

　　输出数据流：应发工资表

　　加工逻辑：DO WHILE　当工资档案文件指针未指向文件末尾时，从工资档案中取出当前职工工资的各项基本数据进行累加，然后在奖金发放表中按职工号查找到该职工的奖金数，对奖金数与工资基本数据的累加和进行求和，从而得到该职工的应发工资数 ENDDO

6. 编写软件需求说明书

软件需求说明书（software requirement specification，SRS）也称为软件规格说明书，是需求分析阶段的最后成果，是软件开发过程中的重要文档之一。软件需求说明书用来对所开发软件的功能、性能、用户界面及运行环境等进行详细的说明，应包括以下主要内容。

（1）引言。用于说明项目的开发背景、应用范围，定义所用到的术语和缩略语，以及列出文档中所引用的参考资料等。

（2）项目概述。主要包括功能概述和约束条件。功能概述用于简要叙述系统预计实现的主要功能和各功能之间的相互关系；约束条件用于说明对系统设计产生影响的限制条件，如用户特点、硬件限制及技术制约因素等。

（3）具体需求。主要包括功能需求、接口定义、性能需求、软件属性及其他需求等。功能需求用于说明系统中每个功能的输入、处理和输出等信息，主要借助于数据流图和数据字典等工具进行表达；接口定义用于说明系统软/硬件接口、通信接口和用户接口的需求；性能需求用于说明系统对精度、响应时间和灵活性等方面的要求；软件属性用于说明软件对安全性、可维护性及可移植性等方面的需求；其他需求主要指系统对数据库、操作及故障处理等方面的需求。

9.1.2　系统设计

系统设计是在需求分析的基础上，采用一定的标准和方法，设计待开发的数据库应用系统各个组成部分在计算机系统上的结构，为下一阶段的系统实现做准备。它主要包括两大部分：应用系统功能设计和数据库设计。

1. 应用系统功能设计

应用系统功能设计指在需求分析的基础上，根据系统的功能需求，设计应用系统的软件结构图。目前最常用的设计工具是层次图（hierarchy chart，简称 H 图）和结构图（structured chart，SC）。

（1）层次图

层次图用于在体系结构设计过程中描绘软件系统的层次结构，其基本符号如表 9.3

所示。

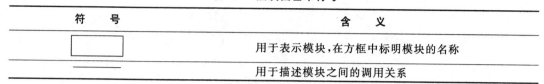

表9.3 层次图基本符号

符 号	含 义
▭	用于表示模块,在方框中标明模块的名称
──	用于描述模块之间的调用关系

层次图非常适宜采用"自顶向下,逐层分解"的软件结构设计方法。对于目标系统的层次图,通常包括很多层,并且每一层包括多个模块。图中最顶层的矩形框表示系统中的主控模块,矩形框之间的连线用于表示模块之间的调用关系。例如,"工资计算系统"的层次图如图9.7所示。

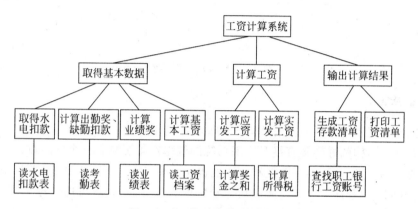

图9.7 "工资计算系统"层次图

(2) 结构图

结构图能够描述出软件系统中各模块的层次结构,清楚地反映出程序中各模块之间的调用关系。结构图中的基本符号见表9.4。

表9.4 结构图中的基本符号

符 号	含 义
▭	用于表示模块,方框中标明模块的名称
──	用于描述模块之间的调用关系
●──→ / ○──→	用于表示模块调用过程中传递的信息,箭头上标明信息的名称;若箭头尾部为空心圆表示传递的信息是数据,若为实心圆则表示传递的是控制信息
A / B C	表示模块 A 选择调用模块 B 或模块 C,当条件为真时调用模块 B,条件为假时调用模块 C
A / B C	表示模块 A 循环调用模块 B 和模块 C

如图 9.8 所示为软件结构图。

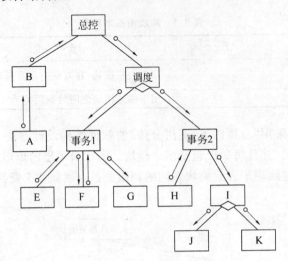

图 9.8　软件结构图示例

2. 数据库设计

在数据库应用系统的开发过程中，数据库设计是非常重要的，尤其是数据库结构的设计。因为数据库结构的好坏将直接对应用系统的效率产生影响。一个好的数据库结构会减小数据库的存储容量，数据的完整性和一致性也比较高，因而应用系统会具有较快的响应速度，并因此简化应用程序的实现。所以在开始数据库设计时，要尽可能考虑全面，尤其应该仔细考虑用户的各种需求，避免浪费不必要的人力和物力。

数据库设计方法中比较著名的是新奥尔良（New Orleans）方法，它将数据库设计过程分为四个阶段，即需求分析、概念设计、逻辑设计和物理设计。但对于一般小型数据库应用系统，为了简化数据库的设计过程，通常将上面四个过程简化为三个过程，即概念设计、逻辑设计和物理设计，而将需求分析和概念设计两个阶段合并到概念设计过程中。其设计步骤如下。

（1）概念设计

根据应用系统数据流图和软件结构图，进行数据库需求分析，最终得出待开发应用系统的概念模型。目前，概念模型通常用“实体-关系图”来表示，通常简称为 E-R 图。

（2）逻辑设计

首先，根据应用系统的 E-R 图，将其中的每个实体和联系均转换成关系，每个关系对应一个数据库表，确定每个表所包含的字段，以及同一数据库中每个表之间的联系。

然后，检验数据库中每个表的设计，进一步优化表的逻辑结构，使之符合关系规范化的理论和要求。

（3）物理设计

物理设计主要用来确定数据库的存储结构，对用户来说，就是用指定的数据库管理软件来创建数据库，定义数据库表，建立数据库中各个表之间的联系。在 Visual FoxPro 中，可以使用下面工具来进行物理设计。

① 利用数据库设计器创建数据库，并添加相关数据库表，建立各个表之间的永久关系。

　② 利用表设计器创建数据库表或自由表。

　③ 利用表单或报表等的数据环境设计器来添加相关表,并建立表之间的关系。

3. 编写系统设计报告

系统设计工作完成后,要撰写《系统设计报告》,它是系统设计阶段中最重要的技术文档。其主要内容应包括以下几个方面。

(1) 引言。用于说明编写本说明书的目的、背景,定义所用到的术语和缩略语,以及列出文档中所引用的参考资料等。

(2) 总体设计。用于说明软件系统的需求规定、运行环境要求、处理流程及软件体系结构等。

(3) 运行设计。用于说明软件运行时的模块组合规则、控制方式以及运行时间等。

9.1.3　系统实现

系统实现是在系统设计的基础上,利用程序流程图、N-S 图和 PAD 图等设计工具,对构成应用系统的每个模块,进行算法设计、接口设计和编码等工作。

1. 系统实现的任务

(1) 确定每个模块的算法

根据系统设计所建立的软件系统功能结构图,为每个模块确定具体的算法,并选择某种表达工具将算法的详细处理过程描述出来。

(2) 确定每个模块的内部数据结构

为系统中的所有模块确定并构造算法实现所需的内部数据结构。

(3) 确定模块接口的具体细节

按照每个模块的功能要求,确定模块接口的详细信息,主要包括模块之间的接口信息、模块与系统外部的接口信息及用户界面等。

(4) 为每个模块设计一组测试用例

由于负责系统实现的软件人员对模块的实现细节十分清楚,因此由他们在完成系统实现的任务后提出模块的测试要求,更有利于检验模块功能是否符合用户需求。

(5) 编写文档,参加复审

系统实现阶段的成果主要以系统实现报告的形式保存,在通过复审并对其进行改进和完善后,作为系统测试阶段的主要依据。

2. 系统实现采用的工具

(1) 程序流程图

程序流程图是最早出现且使用较为广泛的算法表达工具之一,它能够有效地描述问题求解过程中的逻辑结构。程序流程图的基本符号如图 9.9 所示。

程序流程图的主要优点在于对程序的控制流程描述直观、清晰,使用灵活,便于阅读和掌握,因此在 20 世纪 40 年代末到 70 年代初被普遍采用。但随着程序设计方法的发展,程序流程图的许多缺点逐渐暴露出来,主要体现在以下方面。

(a) 一般处理框　(b) 输入/输出框　(c) 判断框　(d) 流程线　(e) 起止框

图 9.9　程序流程图基本符号

① 可以随心所欲地使用流程线,容易造成程序控制结构的混乱,与结构化程序设计的思想相违背。

② 难以描述逐步求精的过程,容易导致程序员过早考虑程序的控制流程,而忽略程序全局结构的设计。

③ 难以表示系统中的数据结构。

如图 9.10 所示为"工资计算系统"软件中"计算应发工资"模块的程序流程图。

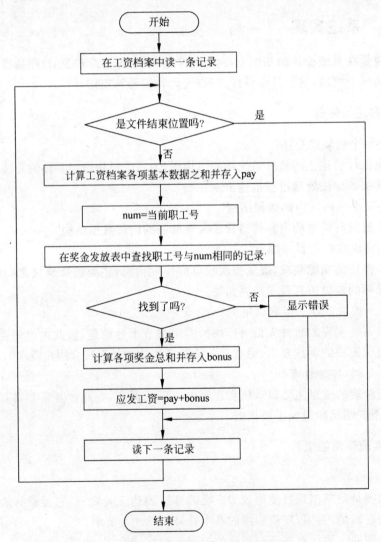

图 9.10　"计算应发工资"模块流程图

（2）N-S 图

N-S 图又称为盒图，它是为了保证结构化程序设计而由 Nassi 和 Shneiderman 共同提出的一种图形工具，也因此而得名。在 N-S 图中，所有的程序结构均使用矩形框表示，它可以清晰地表达结构中的嵌套及模块的层次关系。其基本符号如图 9.11 所示。

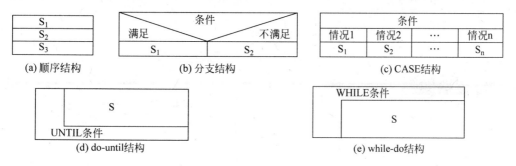

图 9.11　N-S 图基本符号

由于 N-S 图中没有流程线，不可能随意转移控制，因而表达出的程序结构符合结构化程序设计的思想，有利于培养软件设计人员良好的设计风格。但是 N-S 图也有缺欠，即当所描述模块的程序嵌套层数较多时，N-S 图的内层方框会变得越来越小，不仅影响它的可读性，而且也不容易修改。

（3）PAD 图

问题分析图（Problem Analysis Diagram，PAD）是继程序流程图和 N-S 图后，由日立公司在 20 世纪 70 年代提出的又一种用于详细设计的图形表达工具。它只能用于结构化程序的描述。PAD 图采用了易于使用的树型结构图形符号，既利于清晰地表达程序结构，又利于修改，其基本符号如图 9.12 所示。

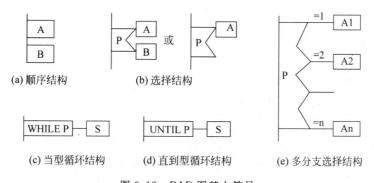

图 9.12　PAD 图基本符号

PAD 图的优点主要有以下几个方面。

（1）使用 PAD 图描述的程序结构层次清晰，逻辑结构关系直观，可读性好。

（2）PAD 图支持自顶向下、逐步求精的设计过程。

（3）PAD 图既能描述程序的逻辑结构，又能够描述系统中的数据结构。

如图 9.13 所示为"工资计算系统"软件中"计算应发工资"模块的 PAD 图。

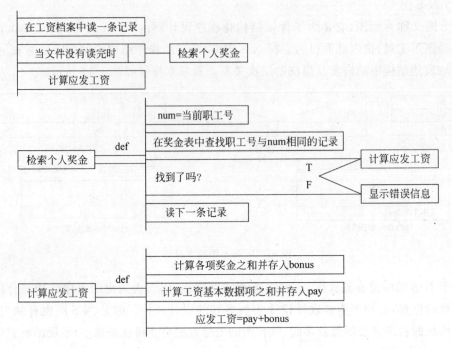

图 9.13 "计算应发工资"模块 PAD 图

3. 编写系统实现报告

系统实现报告是系统实现阶段最重要的技术文档。与系统设计报告相比,前者侧重于软件结构的技术,后者则侧重于对每个模块功能实现的具体细节的描述。通常,系统实现报告应包括以下几方面的内容。

(1) 引言。用于说明编写的目的、背景,定义报告中所用到的术语和缩略语,以及列出文档中所引用的参考资料等。

(2) 模块描述。依次对每个功能模块进行详细的描述,主要包括模块的功能和性能,实现模块功能的算法,模块的输入、输出以及模块接口的详细信息等。

9.1.4　软件测试

软件测试指根据应用系统开发各阶段的规格说明和程序内部结构而精心设计一批测试用例(测试用例指输入数据及其预期的输出结果),并利用这些测试用例去运行程序,以便发现程序错误的过程。简单地说,软件测试是为了发现错误而执行程序的过程,其目的在于检验软件是否满足系统需求。

1. 软件测试的基本原则

为了提高测试的效率,应遵循以下原则。

(1) 尽早进行软件测试。由于软件本身的抽象性以及开发人员工作的配合等各种因素,通常使得软件开发各个阶段都可能存在错误及缺陷。所以,在应用系统开发的各阶段都应当进行测试。错误发现得越早,后续阶段耗费的人力、财力就越小。

（2）严格执行测试计划，排除测试的随意性。测试计划应包括被测软件的功能、输入数据、输出结果、测试内容、测试的进度安排、测试用例的选择、系统组装方式以及评价标准等内容。

（3）程序员应避免测试自己设计的程序。测试是为了找错，而程序员大多对自己所编的程序存有偏见，通常认为自己编写的程序没有错误，因此很难查出错误，最好由与编程无关的程序员或机构进行测试。

（4）测试用例中不仅要有输入数据，还要有预期的输出结果。在测试前应设计出合理的测试用例——既要包括输入数据，又要包括预期的输出结果，如果在程序执行前无法确定预期的输出结果，则可能将错误结果当作正确结果。

（5）测试用例的设计不仅要有合法的输入数据，还要有非法的输入数据。在测试程序时，人们常常忽视非法的和预想不到的输入条件，倾向于考虑合法的输入条件。而在软件的实际使用过程中，由于各种因素的存在，用户可能会使用一些非法的输入，比如常会按错键或使用了非法的命令。对于一个功能较完善的软件来说，不仅在输入合法数据时能正确运行，而且当有非法数据输入时，应能对非法输入数据拒绝接受，同时给出相应的提示信息，提高其安全性。

（6）在对程序修改之后要进行回归测试。通常，在修改程序的同时又会引起新的错误，因而在对程序修改完之后，还应该用以前的测试用例进行回归测试，有助于发现因修改程序而引起的错误。

（7）对每一个测试结果做全面检查。

（8）妥善保留测试计划、测试用例、出错统计和最终分析报告等资料，并把它们作为软件系统的组成部分之一，为后期的系统维护提供依据。

2．软件测试的方法

软件测试方法有多种，依据在测试过程中软件是否需要被执行，可以分为静态测试和动态测试两种方法。

（1）静态测试

静态测试不执行被测试软件，通过对软件需求说明书、系统设计报告和源程序等做结构检查或流图分析等操作来找出软件错误。

结构检查是手工分析技术，由一组人员对程序设计、需求分析和编码测试工作进行评议，虚拟执行程序，并在评议中作错误检验。此方法能找出典型程序 $30\%\sim70\%$ 有关逻辑设计与编码方面的错误。

流图分析是通过分析程序流程图的代码结构，来检查程序的语法错误信息、语句中标识符的引用状况、子程序和函数调用状况及无法执行到的代码段。

（2）动态测试

动态测试指执行被测试程序，然后根据执行的结果分析程序可能出现的错误。动态测试的关键是测试用例的设计，包括白盒测试和黑盒测试两种方法。

3．白盒测试

（1）白盒测试的含义

如果已知产品的内部活动方式，就可以测试它的内部活动是否都符合设计要求，这种方法称为白盒测试（white-box testing）。

白盒测试又称为结构测试或逻辑驱动测试，此方法是将测试对象比作一个打开的盒子，它允许测试人员利用程序内部的逻辑结构和相关信息来设计或选择测试用例，对软件的逻辑路径进行测试。

（2）白盒测试的方法

白盒测试的主要方法有逻辑覆盖和基本路径测试等，下面介绍逻辑覆盖技术。

逻辑覆盖泛指一系列以程序内部的逻辑结构为基础的测试用例设计技术，它侧重考虑测试用例对程序内部逻辑的覆盖程度。当然，最彻底的覆盖是覆盖程序中的每一条路径，但是由于程序中可能含有循环结构，路径的数目也可能较大，要执行每一条路径是不可能的，所以只希望覆盖的程度尽可能地高。目前常用的覆盖技术有以下几种。

① 语句覆盖。指选择足够多的测试用例，使被测程序中每个语句至少执行一次。

② 判定覆盖。判定覆盖又称为分支覆盖，其含义是不仅每个语句必须至少执行一次，而且每个判定的各种可能的结果都应该至少执行一次。

③ 条件覆盖。不仅每个语句至少执行一次，而且使判定表达式中的每个条件都取到各种可能的结果。

④ 判断条件覆盖。设计足够的测试用例，使每个判定的各种可能的结果和每个判定表达式中的每个条件的各种可能的结果都至少执行一次。

⑤ 路径覆盖。指选取足够多的测试数据，从而使程序的每条可能路径都至少执行一次。

4．黑盒测试

（1）黑盒测试的含义

黑盒测试指在已知软件功能的情况下，通过测试来检验是否每个功能都能正常使用。黑盒测试法把程序看成一个黑盒子，完全不考虑程序的内部结构和处理过程。黑盒测试是在程序接口进行的测试，它只检查程序功能是否能按照说明书的规定正常使用，程序是否能适当地接收输入数据产生正确的输出信息，并且保持外部信息（如数据库或文件）的完整性。

黑盒测试又称做功能测试。与白盒法相似，黑盒测试同样不能做到穷尽测试，只能选取少量最有代表性的输入数据，期待用较少的代价暴露出较多的程序错误，主要用于软件确认测试。

（2）黑盒测试的方法

黑盒测试方法主要有等价类划分、边界值分析和错误推测等。

① 等价类划分。指将程序所有可能的输入数据划分成若干个部分，每个部分看作一个等价类，然后从每个等价类中选取数据作为测试用例。对每个等价类来说，每个输入数据对发现程序中错误的几率都是等效的，因此只要从每个等价类中选取一些有代表性的测试用例进行测试即可。

② 边界值分析。是对各种输入、输出范围的边界情况设计测试用例进行测试的方法。

③ 错误推测法。指列举出程序中所有可能存在的错误和容易发生错误的特殊情况,根据它们选择测试用例进行测试。

在实际工作中,采用黑盒与白盒相结合的测试方法是较为合理的做法,可以选取并测试数量有限的重要逻辑路径,对一些重要数据结构的正确性进行完全的检查。这样不仅能保证软件接口的正确性,同时在某种程度上保证软件内部结构的正确性。

5．软件测试的实施

通常,大型软件系统的测试包括四个步骤,即单元测试、集成测试、确认测试和系统测试。通过这些步骤的实施来验证软件是否合格,能否交付用户使用。

（1）单元测试

单元测试是对源程序中每个程序单元进行测试。它依据系统实现报告和源程序,检查各个模块是否能够正确实现规定的功能,从而发现各模块内部可能存在的错误。

（2）集成测试

集成测试是在单元测试的基础上,依据系统设计报告,将所有模块按照设计要求组装成一个完整的系统而进行的测试。集成测试的主要目的是发现与接口有关的错误,其测试内容包括软件单元的接口测试、全局数据结构测试、边界条件和非法输入的测试等。

进行集成测试时,将模块组装成程序通常采用两种方式,即非增量方式组装与增量方式组装。

非增量方式也称为一次性组装方式,是将测试好的每个软件单元一次组装在一起再进行整体测试。

增量方式是将待测试的模块同已测试好的模块连接起来进行测试,即边连接边测试,以便及时发现连接过程中产生的问题。

在增量方式中有两个术语:驱动模块和桩模块。其中,驱动模块相当于所测模块的主程序,主要用来接收测试数据、启动被测模块等。桩模块也称存根模块,主要用来接受被测试模块的调用和输出数据,是被测试模块调用的模块。增量方式包括自顶向下增量、自底向上增量和混合增量三种方法。

① 自顶向下增量。按照系统程序结构,从主控模块开始,将模块沿控制层次自顶向下地逐个连接起来。

② 自底向上增量。自底向上集成测试方法是从软件结构的最底层、最基本的软件单元开始进行集成和测试。在模块的测试过程中,由于在逐步向上组装过程中下层模块总是存在的,因此不再需要桩模块,但是需要调用这些模块的驱动模块。

③ 混合增量。将自顶向下和自底向上两种增量方式结合起来进行测试。

（3）确认测试

确认测试又称为有效性测试或验收测试。其任务是验证软件的功能、性能及其他特性是否满足软件需求说明中的要求,以及软件配置是否完全、正确。

（4）系统测试

系统测试指确认测试完成后,将软件系统整体作为一个元素,与计算机硬件、相关外部设备、支持软件、数据和人员等其他系统元素组合在一起,在实际运行环境下对整个软件系统进行一系列的集成测试和确认测试。其目的是在真实的系统工作环境下检验软件是否能与系统正确连接，以便发现软件与系统需求的不同之处。

系统测试的内容主要包括恢复测试、安全性测试、强度测试和性能测试等。

① 恢复测试。恢复测试主要检查系统的容错能力。即当系统出错时，能否在指定的时间内修正错误并重新启动系统。实际测试时，恢复测试首先要采用不同的方式强迫系统出现故障，然后验证系统是否能尽快恢复。

② 安全性测试。指检验系统的安全性措施、保密性措施是否发挥作用和有无漏洞。在安全性测试过程中，测试人员应扮演非法入侵者，采用各种办法试图突破防线。

③ 强度测试。指检查在系统运行环境不正常到发生故障的时间内，系统可以运行到何种程度。

④ 性能测试。指测试软件在被组装进系统的环境中运行时的性能是否符合系统需求。

9.1.5　系统维护

当应用系统投入使用以后，还有一个非常重要的工作，就是定期地进行系统维护。因为系统运行一段时间后，系统的安全性和数据的完整性等都可能会受到影响，而且可能出现潜在的错误，这些因素都会使系统的运行效率有所降低。而通过定期的系统维护，可以保证系统自始至终都处于正常的运行状态。此外，维护工作还可以对整个系统进行评价，根据评价结果和其他相关因素对系统进行必要的调整。

系统维护过程中最主要的是软件维护，软件维护主要有以下几种。

1．改正性维护

通常，软件测试不可能发现软件系统中所有潜在的错误。所以在软件使用期间，用户必然会发现这些潜在的错误，对这类错误进行诊断和改正的过程称为改正性维护。

2．适应性维护

由于计算机技术的飞速发展，无论硬件还是软件，其更新换代的速度是其他任何技术所无法比拟的。因此，软件系统在运行一段时间后，往往与现有的软件和硬件环境不太适宜。为了使软件系统能更好地适应现有的软件和硬件环境，而对软件进行修改和维护的过程称为适应性维护。

3．完善性维护

软件系统经过一段时间的使用后，用户往往根据需要又提出新的功能需求或者相关的改进性建议，为满足用户的这种需求而进行的维护活动称为完善性维护。

4．预防性维护

为了使软件系统的使用时间更长，或者为了增强软件的可靠性和可维护性而对软件进行修改和维护的过程称为预防性维护。此种维护是所有维护活动中比例最少的。

9.2 "银行账户管理系统"开发实例

"银行账户管理系统"是一个小型数据库应用系统,主要用来模拟银行的储蓄业务和账户管理等流程。本例将利用开发工具 Visual FoxPro,采用面向对象程序设计方法,实现活期储蓄和定期储蓄业务中存款、取款、用户查询和利用 ATM 取款机自动取款等功能。

9.2.1 应用系统需求分析

关于银行业务和账户功能管理的软件系统在国外已经有了非常广泛的应用,并且相应的技术已经成熟。目前,在国内的银行系统中,大多数也已经采用现代化的管理软件来实现对其业务和流程进行管理,用以提高其工作的效率。但还有少数银行存在管理软件落后甚至手工操作的情况,致使工作效率大大降低。其存在的问题大致有以下几个方面。

(1) 现有软件的功能不能满足工作需求。

(2) 现有软件系统的可扩充性和兼容性差。

(3) 现有软件系统的可靠性不高且不易维护。

(4) 现有软件对操作人员的要求较高,使用不方便。

为解决这样的问题,经过调查研究,走访用户了解其需求,建议目标系统既要实现银行储蓄业务中存款、取款和查询等相关功能,还应使银行账目管理清晰、透明、便于操作并且易于管理,提高银行账户管理的系统化、规范化及自动化程度,从而提高账户管理的效率。

9.2.2 应用系统功能设计

为实现银行储蓄业务中存款、取款和查询等相关功能,并且使银行账目管理清晰、操作简便、易于管理,应按照下面步骤进行设计。

1. 系统设计思想

(1) 目标系统应符合银行账户管理的相关规定,使用安全,操作方便。

(2) 采用模块化程序设计方法,既便于目标系统各模块功能的实现和组合,又便于对目标系统的管理和维护。

(3) 目标系统应当具备数据库维护功能,应当根据用户的需要及时完成对数据的添加、删除和修改等编辑功能。

2. 系统功能分析

根据需求分析的结果和目标系统的设计思想,为充分满足用户需求,提高软件系统的效率,设计该软件系统主要具备以下几个方面的功能。

(1) 管理员及用户信息管理。

(2) 用户的存款、取款、开户、销户、办卡和挂失功能。

（3）用户查询存取款记录的功能。

（4）利用 ATM 取款机实现自动取款的功能。

3．系统功能设计

在系统功能分析的基础上，根据目标系统需求和开发工具 Visual FoxPro 在数据管理和程序设计等方面的特点，设计目标系统的软件功能结构如图 9.14 所示。

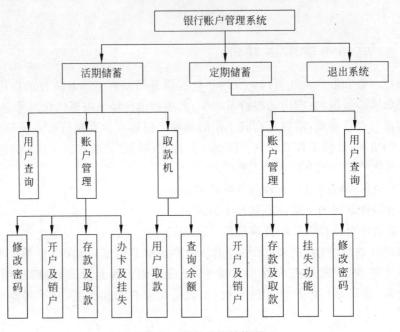

图 9.14　软件功能结构图

9.2.3　应用系统数据库设计

在 Visual FoxPro 6.0 中，数据库是一个容器，用来管理存放在其中的对象。这些对象通常包括数据库表、查询、视图、表之间的关系和存储过程等。

1．概念设计

根据应用系统的软件结构图，进行数据库需求分析，得出待开发应用系统应包括的实体有管理员实体、账户实体、账户普通信息实体、账户卡信息实体和取款机实体等，其 E-R 模型如图 9.15 所示。

2．逻辑设计

在概念设计的基础上，根据应用系统的 E-R 模型，将其转化为 Visual FoxPro 数据库系统所支持的逻辑数据模型——关系模型。在 Visual FoxPro 数据库系统中，每个关系就是一个二维表格。综合分析系统的 E-R 模型，根据应用系统功能和关系数据库系统的逻辑设计规则，设计该系统逻辑模型包括以下数据表。

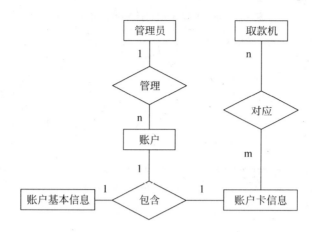

图9.15 实体之间关系 E-R 图

(1) 活期储蓄用户基本信息表。包含的数据项有用户账号、用户姓名、用户密码、身份证号码、总金额、状态、用户住址、开户时间、利息,如表9.5所示。

表9.5 user(活期储蓄用户基本信息表)

字段名	数据类型		可否为空	说明信息
user_id	字符型	13	不可为空	用户账号(索引)
user_name	字符型	8	可以为空	用户姓名
user_pswd	字符型	6	可以为空	用户密码
user_ identity	字符型	18	可以为空	用户身份证
user_all	数值型	10,2	可以为空	总金额
user_ status	字符型	4	可以为空	表示"正常使用"或"停用"
user_address	字符型	20	可以为空	用户住址
user_new	日期型		可以为空	开户时间
profit	数值型	10,2	可以为空	利息

(2) 活期储蓄用户卡信息表。包含的数据项有用户账号、卡号、卡密码、金额、状态、利息,如表9.6所示。

表9.6 card(活期储蓄用户卡信息表)

字段名	数据类型		可否为空	说明信息
user_id	字符型	13	不可为空	用户账号(索引)
card_id	字符型	16	可以为空	卡号(索引)
card_pswd	字符型	6	可以为空	卡密码
card_all	数值型	10,2	可以为空	总金额
card_status	字符型	4	可以为空	表示"正常使用"或"停用"
profit	数值型	10,2	可以为空	利息

(3) 定期储蓄用户基本信息表。包含的数据项有用户账号、用户姓名、用户密码、身份证号码、总金额、状态、用户住址、开户时间,如表9.7所示。

表 9.7　user2(定期储蓄用户基本信息表)

字段名	数据类型		可否为空	说明信息
user_id	字符型	13	不可为空	用户账号(索引)
user_name	字符型	8	可以为空	用户姓名
user_pswd	字符型	6	可以为空	用户密码
user_ identity	字符型	18	可以为空	用户身份证
user_all	数值型	10,2	可以为空	总金额
user_ status	字符型	4	可以为空	表示"正常使用"或"停用"
user_address	字符型	20	可以为空	用户住址
user_new	日期型		可以为空	开户时间

（4）活期储蓄银行系统用户信息表。包含的数据项有最后账号、最后卡号,表示所有活期储蓄账户中最后一个账号和最后一个卡号,如表 9.8 所示。

表 9.8　bank(活期储蓄银行系统用户信息表)

字段名	数据类型		可否为空	说明信息
last_user	字符型	13	不可为空	最后一个账号
last_card	字符型	16	不可为空	最后一个卡号

（5）定期储蓄银行系统用户信息表。包含的数据项有最后账号,表示所有定期储蓄账户中最后一个账号,如表 9.9 所示。

表 9.9　bank2(定期储蓄银行系统用户信息表)

字段名	数据类型		可否为空	说明信息
last_user	字符型	13	不可为空	最后一个账号

（6）管理员信息表。包含的数据项有用户名、密码,如表 9.10 所示。

表 9.10　tms(管理员信息表)

字段名	数据类型		可否为空	说明信息
tms_user	字符型	6	不可为空	用户名(主键)
tms_pswd	字符型	6	不可为空	口令

（7）活期储蓄取款机存取款信息表。包含的数据项有取款机号、用户账号、用户卡号、存取款时间、存取款金额、存取款摘要、总金额,如表 9.11 所示。

表 9.11　atmoutin(活期储蓄取款机存取款信息表)

字段名	数据类型		可否为空	说明信息
tms_id	字符型	4	不可为空	取款机号(索引)
user_id	字符型	13	可以为空	用户账号(索引)
card_id	字符型	16	可以为空	用户卡号(索引)
atm_time	日期型		可以为空	存取款时间
atm_outin	字符型	4	可以为空	表示"存款"或"取款"
atm_out	数值型	4	可以为空	取款金额
atm_in	数值型	4	可以为空	存款金额
user_all	数值型	10,2	可以为空	总金额

（8）活期储蓄用户存取款信息总表。包含的数据项有用户账号、用户卡号、存取款时间、存取款金额、存取款摘要、总金额、利息，如表 9.12 所示。

表 9.12 userall（活期储蓄用户存取款信息总表）

字段名	数据类型		可否为空	说明信息
user_id	字符型	13	可以为空	用户账号（索引）
card_id	字符型	16	可以为空	用户卡号（索引）
outin_time	日期型		可以为空	存取款时间
outin	字符型	4	可以为空	表示"存款"或"取款"
uscr_out	数值型	4	可以为空	取款金额
user_in	数值型	4	可以为空	存款金额
user_all	数值型	10,2	可以为空	总金额
profit	数值型	10,2	可以为空	利息

（9）定期储蓄用户存取款信息总表。包含的数据项有用户账号、存取款时间、存取款金额、存取款摘要、总金额、利息，如表 9.13 所示。

表 9.13 userall2（定期储蓄用户存取款信息总表）

字段名	数据类型		可否为空	说明信息
user_id	字符型	13	可以为空	用户账号（索引）
outin_time	日期型		可以为空	存取款时间
outin	字符型	8	可以为空	表示"存款"或"取款"
user_out	数值型	10,2	可以为空	取款金额
user_in	数值型	10,2	可以为空	存款金额
user_all	数值型	10,2	可以为空	总金额
profit	数值型	10,2	可以为空	利息

说明：表中"账号"字段用 13 位数字表示，"卡号"字段用 16 位数字表示。

3. 物理设计

指在 Visual FoxPro 中，利用数据库设计器、表设计器和表单或报表等的数据环境设计器创建数据库，并添加相关数据库表，建立各个表之间的永久关系。创建步骤如下。

（1）在硬盘上创建一个目录，如 d:\account。

（2）启动 Visual FoxPro 系统，利用项目管理器建立一个项目，项目名称为 account，保存到"d:\account"目录中，如图 9.16 所示。

（3）打开项目 account，展开"数据"文件夹，选中"数据库"选项，单击右侧的"新建"按钮，弹出如图 9.17 所示对话框。单击"新建数据库"按钮，保存位置为"d:\account\dataabase"文件夹，数据库名为 account。

（4）在数据库 account 中，选择"表"，单击"新建"按钮，在弹出的"新建表"对话框中单击"新建表"按钮，输入表名为 user，则弹出表设计器，在其中输入相关的字段，完成表结构的创建工作，如图 9.18 所示。

（5）表结构创建完成后，单击"确定"按钮，为表输入记录。

说明：其他表的建立方式与此表类似，这里不再赘述。

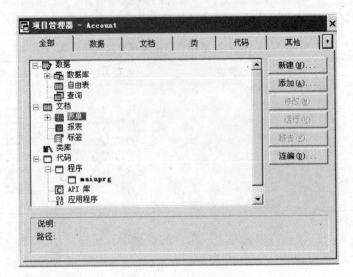

图 9.16　项目管理器

图 9.17　新建数据库对话框

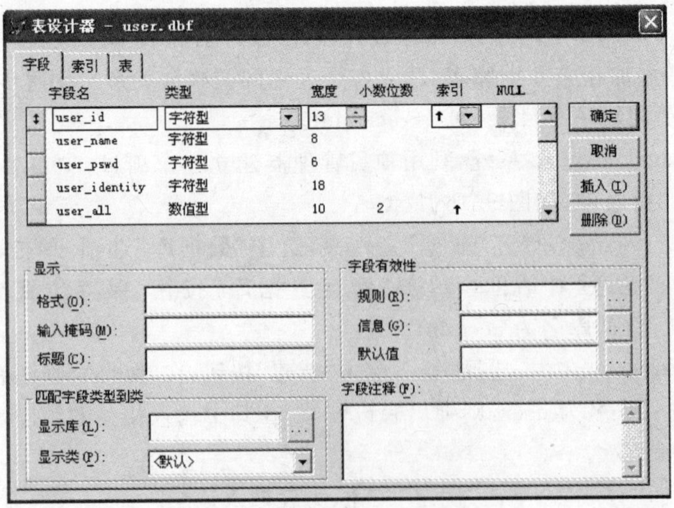

图 9.18　"表设计器"对话框

9.2.4 应用系统主界面设计

系统主界面的功能是用来引导用户进入不同的功能模块。为使系统主界面美观、操作简便,设计界面如图9.19所示。在界面中包含三个按钮,分别是"活期储蓄"、"定期储蓄"、"退出系统",由这些按钮引导可以进入不同的功能模块。

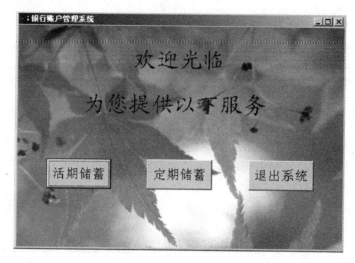

图9.19 系统主界面

系统主界面实现的步骤如下。

(1)打开项目account,展开"文档"文件夹,选中"表单"选项,单击右侧的"新建"按钮,在弹出的"新建表单"对话框中单击"新建表单"按钮,保存位置为"d:\account\form"文件夹,表单名为main.scx。

(2)按需要向表单中添加控件。为表单添加三个CommandButton(命令按钮)控件,并设置其属性,具体设置内容如表9.14所示。

表9.14 控件属性更改值表

控 件	Caption	Picture
Form1	银行账户管理系统	
Command1	账户管理	
Command2	用户查询	
Command3	取款机	
Command4	退出	
picture		d:\account\009.jpg

(3)为控件添加代码

① 命令按钮Command1的Click事件代码

```
do form account\form\huoqi    && 打开下级表单 huoqi
```

② 命令按钮 Command2 的 Click 事件代码

```
do form account\form\dingqi    && 打开下级表单 dingqi
```

③ 命令按钮 Command3 的 Click 事件代码

```
do form account\form\end
```

9.2.5　管理员身份验证界面设计

　　该系统需要绝对的安全性才能保证系统的正常使用，因此对于不同的使用者，要设计其使用权限。设置管理员可以进行账户管理的全部操作，其身份验证界面如图 9.20 所示。

　　管理员身份验证界面的设计步骤如下。

　　（1）打开项目 account，展开"文档"文件夹，选中"表单"选项，单击右侧的"新建"按钮，在弹出的"新建表单"对话框中单击"新建表单"按钮，保存位置为"d:\account\form"文件夹，表单名为 checker.scx。

　　（2）因为该表单与数据表 tms 相关联，因此，将表 tms 添加到表单的数据环境中。

图 9.20　管理员身份验证界面

　　（3）向表单中添加控件。为表单添加两个标签、两个文本框和两个命令按钮控件，并设置其属性如表 9.15 所示。

表 9.15　控件属性表

控　　件	Caption	Picture
Form1	管理员身份验证	d:\account\009.jpg
Label1		
Label2		
Text1		
Text2		
Command1	确定	
Command2	取消	

　　（4）为控件添加代码。

　　① 添加表单的 Init 事件代码

```
public inpswd1
inpswd1 = 0
```

　　② 添加"取消"按钮的 Click 事件代码

```
thisform.release
```

　　③ 添加"确定"按钮的 Click 事件代码

```
if empty(thisform.text1.value) or empty(thisform.text2.value)
```

```
    messagebox("对不起!您输入的信息不完整",48,"信息不全")
    thisform.text1.value = ''
    thisform.text2.value = ''
    thisform.text1.setfocus
 else
    sele tms
    locate for tms.tms_user = alltrim(thisform.text1.value)
    if tms.tms_pswd = alltrim(thisform.text2.value)
      messagebox("密码正确",48,"管理员身份验证")
        thisform.release
        do form d:\account\form\main
    else
      messagebox("对不起!您输入的信息有误,请重试",64,"错误")
      inpswd1 = inpswd1 + 1
      if inpswd1 > = 3
          thisform.release
      else
          thisform.text1.value = ''
          thisform.text2.value = ''
          thisform.text1.setfocus
      endif
  endif
endif
```

9.2.6　活期储蓄账户管理界面设计

该界面主要模拟活期储蓄的业务,通过分析银行账户管理的流程,该模块主要包括存款、取款、开户、销户、修改信息、办卡和挂失卡等功能。具体实现步骤如下。

（1）依照前面步骤创建新表单 supervise1.scx,向表单中添加一个 PageFrame(页框)控件,界面如图 9.21 所示。

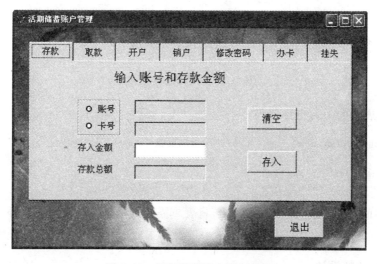

图 9.21　活期储蓄账户管理界面

（2）设置控件属性如表 9.16 所示。

表 9.16   控件属性表

控 件	Caption	Pagecount	Picture
Form1	活期储蓄账户管理		d：\account\009.jpg
Pageframe1		7	
Page1	存款		
Page2	取款		
Page3	开户		
Page4	销户		
Page5	修改密码		
Page6	办卡		
Page7	挂失		

（3）设置表单的数据环境。将光标放至表单中右击，在弹出的快捷菜单中选择"数据环境"命令，则弹出"数据环境"窗口，右击，在弹出的快捷菜单中选择"添加"命令，将数据表 Bank、User、Card、Userall 添加到该表单的数据环境中，并以字段"user_id"为关键字，在它们之间建立关联，如图 9.22 所示。

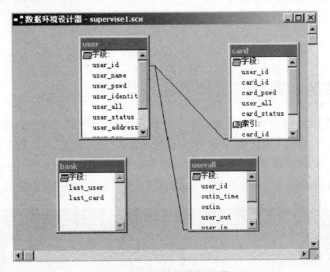

图 9.22   表单的数据环境

（4）编写表单的 Init 事件代码：

```
Public lastuser,lastcard          && 声明全局变量 lastuser,lastcard
sele bank
lasuser = alltrim(bank.las_user)
lastcard = alltrim(bank.las_card)  && 将表 bank 中的值赋给相应的变量
```

需要说明的是，为表单设置数据环境，将表单需要的数据表添加到数据环境中是非常重要的；否则在运行时就会因为找不到所需的数据表而出现"找不到变量（表名）"的错误。

1. 存款模块的设计

依据到银行实际存款时的业务流程，设计由管理员输入用户的账号或卡号、存款金额等数据,完成存款过程。其界面如图9.23所示。

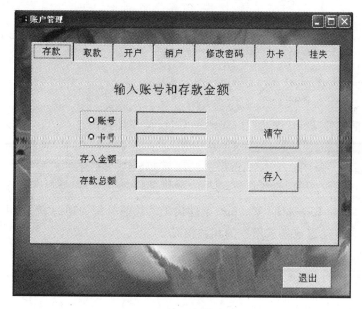

图9.23　存款界面

该界面的实现步骤如下。

(1) 将光标放在页框控件 PageFrame1 上右击,在弹出的快捷菜单中选择"编辑"命令,然后切换到"存款"选项卡,在其中添加一个选项按钮组控件 OptionGroup1、三个标签控件、四个文本框控件和两个命令按钮控件,并为其设置外观,如表9.17所示。

表9.17　控件属性值表

控　件	Buttoncount	Caption	Enabled	InputMask	Format
OptionGroup1	2				
Option1		账号			
Option2		卡号			
Text1			.F.	9999999999999	9999999999999
Text2			.F.	9999999999999999	9999999999999999
Text3			.T.		
Text4			.F.		

(2) 添加相关事件代码。

① 为文本框控件 Text1 添加 InteractiveChange 事件代码

```
select user                        && 选择表 user
locate for user.user_id = this.value
this.parent.text4.value = user.user_all
```

② 为选项组按钮控件 OptionGroup1 添加 InteractiveChange 事件代码

```
if this.option1.value = 1                && 如果账户栏被选中
  thisform.pageframe1.page1.text1.enabled = .T.
  thisform.pageframe1.page1.text2.enabled = .F.
```

```
    thisform. pageframe1. page1. text1. setfocus
else
    thisform. pageframe1. page1. text2. enabled = .T.
    thisform. pageframe1. page1. text1. enabled = .F.
    thisform. pageframe1. page1. text2. setfocus
endif
thisform. pageframe1. page1. text1. value = ''
thisform. pageframe1. page1. text2. value = ''
```

③ 为文本框控件 Text2 添加 InteractiveChange 事件代码

```
select card                              && 选择表 card
locate for card. card_id = this. value   && 在表中查找匹配的记录
this. parent. text4. value = card. user_all   && 将相应记录的存款字段写入 text4 中
```

这两个文本框的 InteractiveChange 事件代码的功能分别为通过获得"用户账号"和"用户卡号"的方式直接动态地显示用户的相关信息。

④ "存入"按钮的 Click 事件代码略。

⑤ "清空"按钮的 Click 事件代码

```
this. parent. text1. value = ''
this. parent. text2. value = ''
this. parent. text3. value = ''
this. parent. text4. value = ''
this. parent. text1. setfocus
```

2. 取款模块的设计

取款与存款功能的设计方法类似,不同之处在于当用户将存款全部取出时,为其计算并付给利息。其界面如图 9.24 所示。

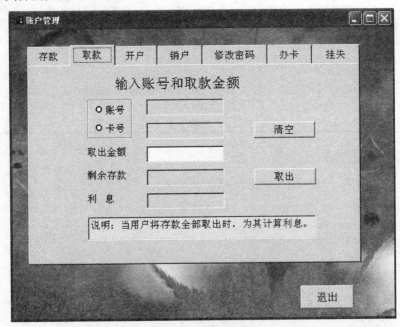

图 9.24　取款界面

相关代码如下。

（1）选项组按钮控件 OptionGroup1 的 InteractiveChange 事件代码。

```
if this.option1.value = 1                    && 如果账户栏被选中
    thisform.pageframe1.page1.text1.enabled = .T.
    thisform.pageframe1.page1.text2.enabled = .F.
    thisform.pageframe1.page1.text1.setfocus
else
    thisform.pageframe1.page1.text2.enabled = .T.
    thisform.pageframe1.page1.text1.enabled = .F.
    thisform.pageframe1.page1.text2.setfocus
endif
    thisform.pageframe1.page1.text1.value = ''
    thisform.pageframe1.page1.text2.value = ''
```

（2）为文本框 Text1 添加 InteractiveChange 事件代码。

```
select user
locate for user.user_id = this.value
this.parent.text4.value = user.user_all
```

（3）为文本框 Text2 添加 InteractiveChange 事件代码。

```
select card/ * 选择表 card
locate for card.user_id = this.value
this.parent.text4.value = card.user_all
```

这两个文本框的 InteractiveChange 事件代码的功能分别为通过获得"用户账号"和"用户卡号"的方式直接动态地显示用户的相关信息。

（4）"清空"按钮的 Click 事件代码。

```
this.parent.text1.value = ''
this.parent.text2.value = ''
this.parent.text3.value = ''
this.parent.text4.value = ''
this.parent.text1.setfocus
```

（5）"取出"按钮的 Click 事件代码略。

3. 开户模块的设计

开户功能与存款功能的设计方法类似。在数据库表 bank.dbf 中,保存了银行的最后一个账号和卡号,其作用是用于账号及卡号的生成——方法是在此基础上再加 1 即可得到新的账号或卡号。其界面如图 9.25 所示。

（1）"确定"按钮的 Click 事件代码略。

（2）"放弃"按钮的 Click 事件代码

```
this.parent.text6.value = ''
this.parent.text7.value = ''
```

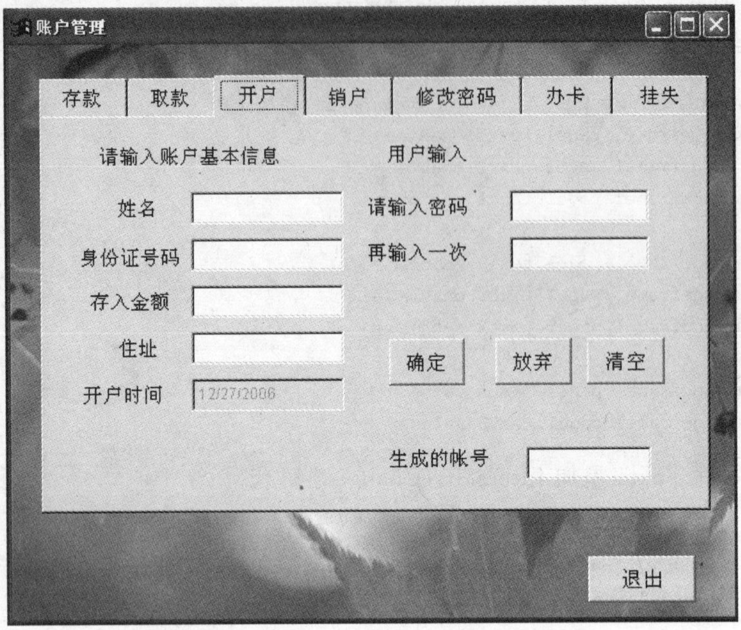

图 9.25 开户界面

(3)"清空"按钮的 Click 代码

```
this.parent.text1.value = ''
this.parent.text2.value = ''
this.parent.text3.value = ''
this.parent.text4.value = ''
this.parent.text6.value = ''
this.parent.text7.value = ''
this.parent.text1.setfocus
```

4. 销户模块的设计

销户功能与存款功能的设计方法类似,其界面如图 9.26 所示。

销户功能用来取消用户的账号。设计在该界面中输入要取消的账号,系统即显示该账号的姓名及存款余额,单击"注销"按钮即可消除。

(1)"注销"按钮的 Click 事件代码略。

(2)"清空"按钮的 Click 事件代码

```
this.parent.text1.value = ''
this.parent.text2.value = ''
this.parent.text3.value = ''
this.parent.text1.setfocus
```

5. 修改密码模块的设计

修改密码功能与存款功能的设计方法类似,其界面如图 9.27 所示。

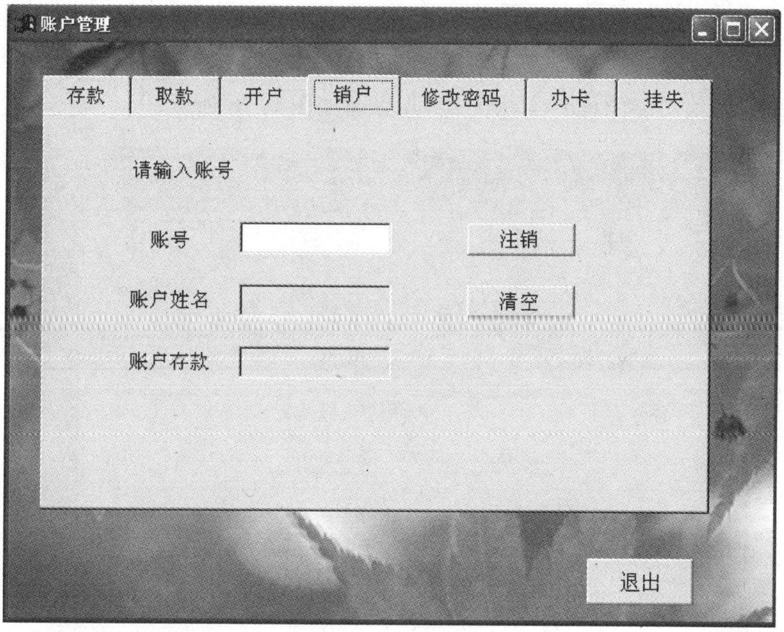

图 9.26　销户界面

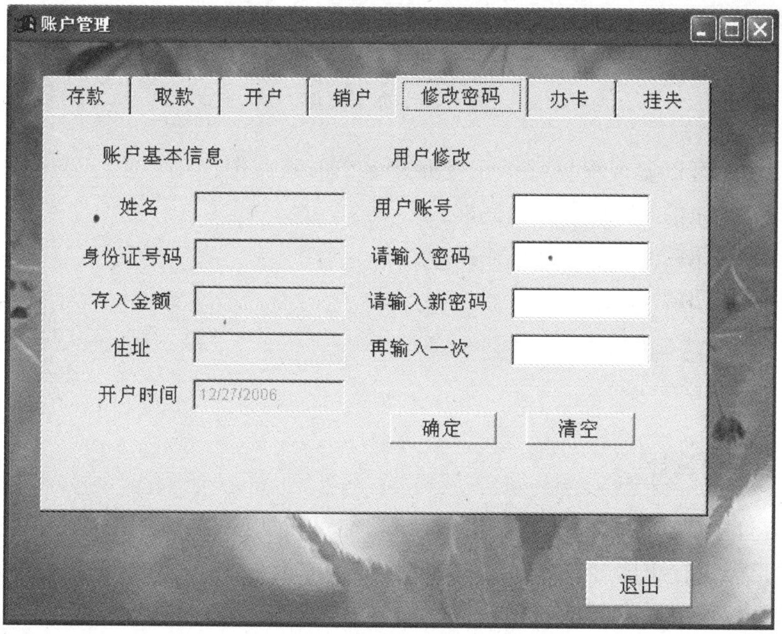

图 9.27　修改密码界面

（1）"确定"按钮的 Click 事件代码略。

（2）"清空"按钮的 Click 事件代码

```
this.parent.text6.value = ''
this.parent.text7.value = ''
this.parent.text8.value = ''
this.parent.text9.value = ''
```

6. 办卡模块的设计

办卡功能与存款功能的设计方法类似，其界面如图9.28所示。

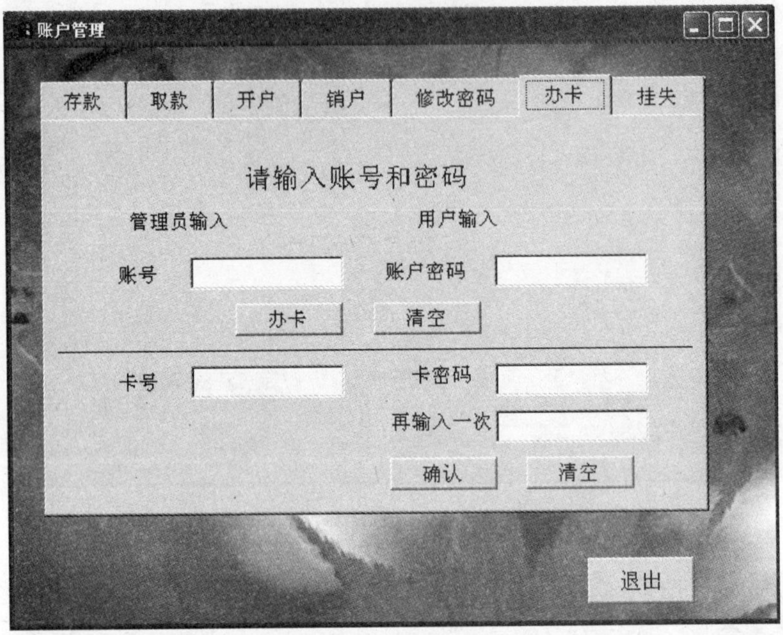

图9.28　办卡界面

说明：该功能可以实现根据一个账号办理多个卡的操作。

（1）"办卡"按钮的 Click 事件代码略。

（2）"确认"按钮的 Click 事件代码略。

（3）"清空"按钮的 Click 事件代码

```
this.parent.text1.value = ''
this.parent.text2.value = ''
```

7. 挂失模块的设计

挂失功能与存款功能的设计方法类似，该功能可以实现用户存单及银行卡的挂失：挂失时，要求用户提供存单账号或卡号，并携带身份证才能挂失。另外，如果用户找到了已经挂失的存单或卡，还可以将其恢复正常使用。其界面如图9.29所示。

一般情况下，表 card.dbf 中字段 card_status 的值为"正常"，当卡被挂失后，需要将该字段的值改为"停用"，这样，该卡就不能使用了。

（1）"挂失" 按钮的 Click 事件代码略。

（2）"恢复使用" 按钮的 Click 事件代码略。

（3）"清空"按钮的 Click 事件代码

```
this.parent.text1.value = ''
this.parent.text2.value = ''
```

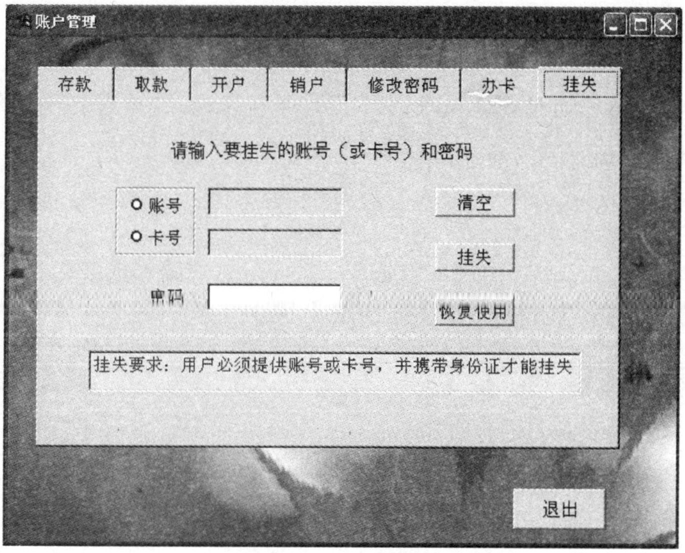

图 9.29 挂失卡界面

（4）"退出"按钮的 Click 事件代码

`thisform.release`

至此，整个活期储蓄账户管理模块设计完毕。

9.2.7 定期储蓄账户管理模块的设计

该模块的功能及设计方法与活期储蓄账户管理模块类似，在此不详细说明，其界面如图 9.30 所示。

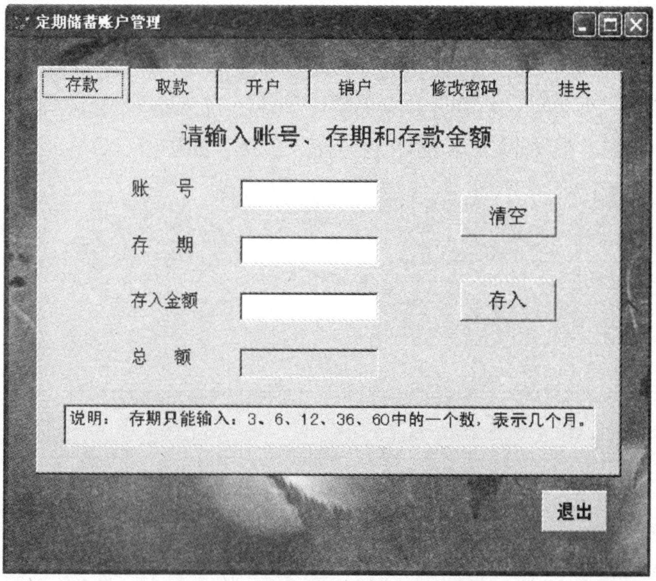

图 9.30 定期储蓄账户管理模块

9.2.8　活期储蓄用户查询模块的设计

活期储蓄的用户可以通过该模块查询自己的存取款记录,查看各次操作后的存款余额是否正确,就像实际生活中的存折一样,实现方法如下。

1. 建立视图

(1)在项目管理器 account 中选中数据库→account,选择本地视图选项,单击"新建"按钮,单击"新建视图"按钮,弹出视图设计器如图 9.31 所示。

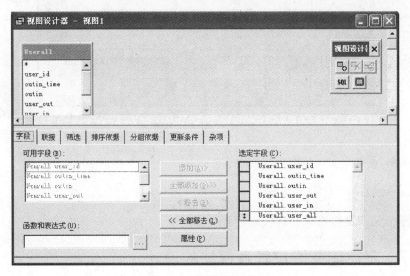

图 9.31　视图设计器 1

(2)将数据库表"userall"添加到视图设计器中,在视图设计器下方切换到"字段"选项卡,为视图设置可以显示的字段,此处将表中字段全部选中,单击"全部添加"按钮。

(3)为视图设置参数。此处设置当得到某个账号参数时,显示该账号的存取款记录。方法如下:切换到"筛选"选项卡,在"字段名"下方的下拉列表框中选择"userall. user_id"字段,在"实例"下面的文本框中输入本视图的参数"?par",如图 9.32 所示。

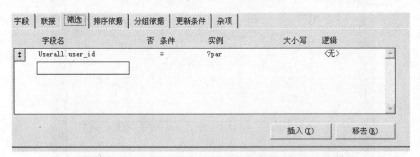

图 9.32　设置筛选条件

(4)为视图声明参数。在 Visual FoxPro 的菜单栏中选择"查询"→"视图参数"命令,这时弹出声明视图参数的对话框如图 9.33 所示。在参数名下面的文本框中输入"par",在

"类型"下拉列表框中选择"字符型"选项。

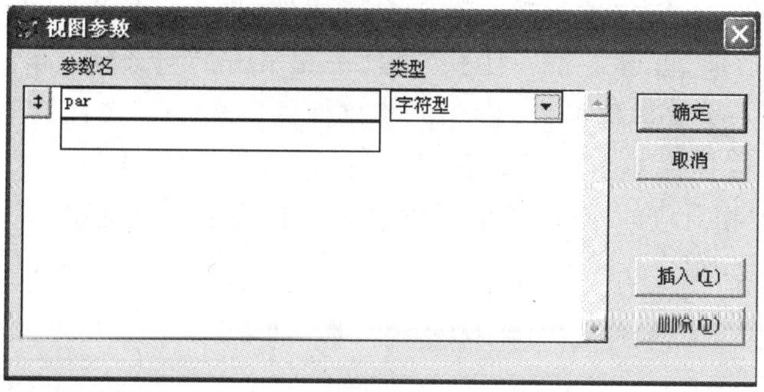

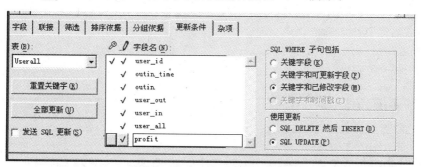

图 9.33　为视图声明参数

（5）返回视图设计器的界面,切换到"更新条件"选项卡,在"字段名"列表框的每个字段名前面铅笔图标 ⬚ 位置单击,表示将字段全部更新,如图 9.34 所示。

图 9.34　设置更新条件 1

到此,视图设计完成,将视图存储为 grcx 。需要说明的是,视图是包含在数据库中的,不能独立存在。

2. 活期储蓄查询模块的设计

（1）依照前面方法在项目管理器 account 中新建表单 chaxun.scx,设置表单的数据环境,为表单添加表 user 和视图 grcx,设置其连接关系如图 9.35 所示。

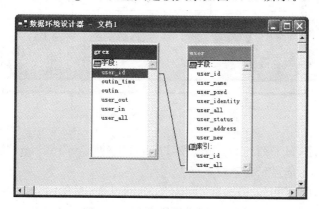

图 9.35　查询表单的数据环境

（2）为表单添加控件。打开表单的数据环境，将表 user 中的字段"user_id"拖动到表单左上角位置，则形成一个标签控件和一个文本框控件，将此标签控件的"caption"属性的值设置为"账号"；类似地，再将表 user 中的字段"user_name"拖动到表单的右上角位置，则形成一个标签控件和一个文本框控件，将此标签控件的"caption"属性的值设置为"用户名"。然后再添加一个表格控件 Grid1，再设置每一列的 Column 及 Text 的"ControlSourc"属性的值为视图 grcx 中相对应的字段（该值可以通过下拉列表框来选择）。其他相关属性设置如表 9.18 所示，界面如图 9.36 所示。

表 9.18　控件属性值表

控件	Caption	ColumnCount	RecordSource	RecordSourceType	Readonly
Label1	账号				
Label2	用户名				
Text1					.T.
Text2					.T.
Grid1		6	grcx	−1	
(column1)header1	存取时间		.T.		
(column2)header1	摘要				
(column3)header1	取出				
(column4)header1	存入				
(column5)header1	存款总额				
(column6)header1	利息		.F.		

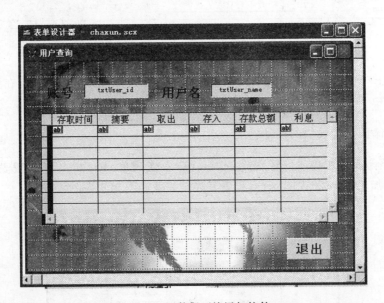

图 9.36　用数据环境添加控件

特别要说明的是，每一列的 Column 及 Text 对象的"ControlSourc"属性应设置为视图中同一个字段，否则不能显示正确结果。

（3）运行表单，则弹出"视图参数"对话框，如图 9.37 所示，在其中输入一个活期账户值，如 2222222222230，然后单击"确定"按钮，则显示查询结果如图 9.38 所示。

图 9.37 视图参数对话框

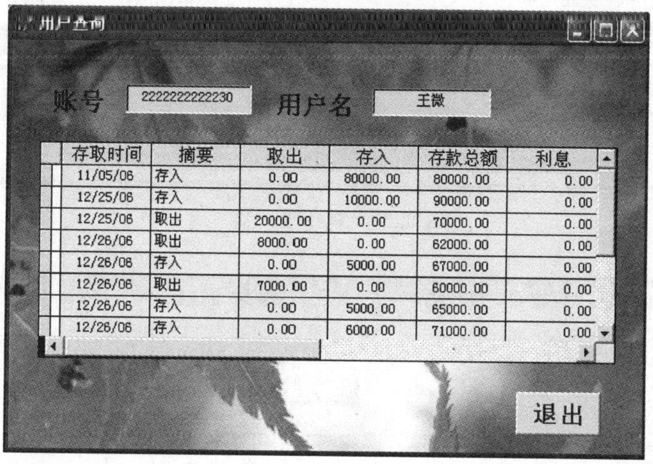

图 9.38 查询结果

9.2.9 定期储蓄用户查询模块的设计

定期储蓄用户可以通过查询模块查询自己的存取款记录,查看各次操作后的存款余额是否正确,就像实际生活中的存折一样,实现方法如下。

1. 建立视图

(1) 在项目管理器 account 中选择"数据库"→account→本地视图→"新建"→"新建视图",弹出视图设计器如图 9.39 所示。

(2) 选择要添加的表:userall2。在视图设计器下方切换到"字段"选项卡,为视图设置可以显示的字段,此处将表中字段全部选中,单击"全部添加"按钮。

(3) 为视图设置参数。此处设置当得到某个账号参数时,显示该账号的存取款记录。方法如下:切换到"筛选"选项卡,在"字段名"下方的下拉列表框中选择字段"userall2. user_id",在"实例"下面的文本框中输入该视图的参数"?par",如图 9.40 所示。

(4) 为视图声明参数:在 Visual FoxPro 的菜单栏中选择"查询"→"视图参数"命令,这时弹出声明视图参数的对话框如图 9.33 所示,在参数名下面的文本框中输入"par",在"类型"下拉列表框中选择"字符型"选项。

(5) 返回视图设计器的界面,切换到"更新条件"选项卡,在"字段名"列表框的每个字段名前面铅笔图标位置单击,表示将字段全部更新,如图 9.41 所示。

到此,视图设计完成,将视图存储为 grcx2 。

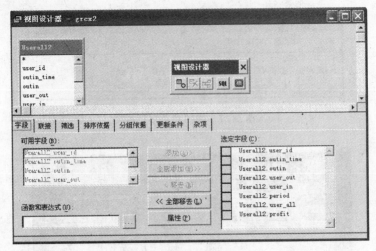

图 9.39　视图设计器 2

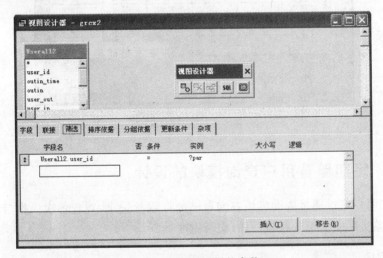

图 9.40　设置视图的参数

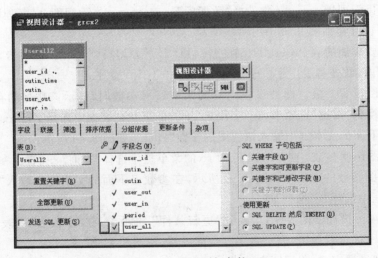

图 9.41　设置更新条件 2

2．定期查询模块的设计

仿照前面的方法，在项目 account 中新建表单 chaxun2.scx，首先设置表单的数据环境，为表单添加表 user2 和视图 grcx2，设置其连接关系。设置方法与表单 chaxun.scx 的设置完全相同，在此不详细说明。

9.2.10 活期储蓄取款机模块的设计

几乎绝大部分的银行都在相关地点设置了取款机，以方便用户使用。该模块的功能是模拟 ATM 自动取款机的取款功能而设计的。其操作过程为：用户选择取款机号，然后输入卡号和密码，通过用户卡信息表 card 中的相关数据进行验证——要求卡号和密码正确，并且该卡没有被挂失，这样才能进入交易。用户可以通过该模块查看余额、取出现金，并且在取出现金后系统能自动更新存款余额。其界面如图 9.42 所示。

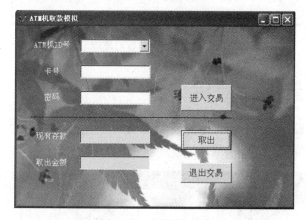

图 9.42 取款机界面

该界面的实现方法如下。

（1）依照前面方法，在项目 account 中新建表单 atm.scx，向表单中添加控件并设置其相关的属性，如图 9.42 所示。

（2）设置表单的数据环境：添加表 atm、card、user、atmoutin 及 userall 至该表单的数据环境中，并设置相关字段的连接关系，如图 9.43 所示。

（3）为组合框控件 Combo1 设置数据源，如表 9.19 所示。

表 9.19 Combo1 控件属性更改值表

控件	RowSource	RowSourceType
Combo1	Atm.atm_id	6—字段

（4）添加相关事件代码。

① "进入交易" 按钮的 Click 事件代码略。

② "取出" 按钮的 Click 事件代码略。

③ "退出交易" 按钮的 Click 事件代码

```
thisform.release
```

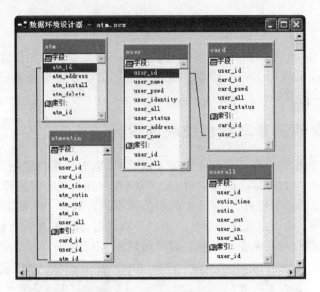

图 9.43　表单的数据环境

9.2.11　结束界面的设计

为使界面美观,设计当用户单击主界面中的"退出"按钮后,弹出结束界面,待 2 秒钟后自动退出系统。其界面如图 9.44 所示。

图 9.44　结束界面

实现方法如下。

(1) 依照前面的方法,在项目 account 中新建表单 end.scx,表单的 picture 属性为表单设置背景图片。

(2) 为表单添加一个计时器控件 Timer1,用来控制表单的显示时间,其相关属性设置方法:更改 Timer1 的 Interval 属性,它表示的是计时器每隔多长时间执行一次 Timer 事件,单位为 ms。在此例中,设置 2 秒钟后自动消失,因此设其值为 2000ms。

（3）编写 Timer1 控件的 Timer 事件代码

```
thisform.release
clear events
```

9.2.12　系统主文件的设计

若系统中只有表单文件，当连编成可执行程序时系统不能正常运行，需要设计系统主文件。系统主文件能够初始化运行环境，并且把项目包含的其他文件连接起来从而形成一个应用系统。

1. 建立主程序

在项目管理器 account 中选择"代码"→"程序"→"新建"命令，为系统建立一个主程序 main.prg，其代码如下。

```
clear events
clear all
open database \account
do form \main
_screen.left = - 10000          && 使表单在屏幕中央显示
read events                     && 用来激活事件处理功能
close database
```

2. 设置主文件

系统主程序设计完成后，还要将该主程序设置为主文件，软件系统才能进行编译。设置主文件的方法如下。

（1）打开项目 account.pjx，切换到"全部"选项卡，单击"代码"及"程序"前端的加号"＋"将其展开。

（2）在要设置为主文件的文件名"main.prg"上右击，根据弹出的快捷菜单将其设置为主文件，则文件名 main.prg 变成粗体形式。

9.2.13　系统的编译

开发应用系统的目的是使用者即使不安装 Visual FoxPro，也能运行该系统。要想使系统能脱离 Visual FoxPro 环境，需要对软件系统进行编译，以便形成在 Windows 下可以直接运行的可执行程序。

1. 编译方法

（1）首先将所有表单的 desktop 属性的值设置为". T."，再检查软件系统包括的文件是否都包含在所建项目中。本系统的项目名称为 account，它存放在文件夹 d:\account 中，它所包含的表单文件存放在文件夹 d:\account\form 中，数据库文件及所有的表文件存放在文件夹 d:\account\database 中。

（2）打开要编译的项目。

（3）将系统主程序设置成为主文件（主文件名为粗体字）。

（4）单击项目管理器中的"连编"按钮，在弹出的对话框中选择"重新连编项目"选项，它的功能是将检查项目管理器中的所有文件是否有错误。若有错误，将会有相应提示；若没有错误，则进行下一步。

（5）再次单击项目管理器中的"连编"按钮，在弹出的对话框中选择"连编可执行文件"选项，它的功能是将软件系统编译成可执行文件，在弹出的"保存文件"对话框中输入可执行文件的名字"account"，并选择它的保存目录为该软件系统所在的路径 d:\account，单击"确定"按钮即完成编译。

需要说明的是，应将该软件系统存放在 d:\account 文件夹中，否则需要修改相关表单文件中涉及存储位置的代码部分。

2．软件使用说明

（1）将软件所在文件夹 account 复制到 d:\中，直接双击其中的可执行文件 account 就可以运行该系统。

（2）管理员及其密码如下。

管理员 id：000001

密码：147258

（3）活期储蓄账户 1 的账号、卡号及密码如下。

账号：2222222222230

密码：123456

卡号：2122222222222230

密码：123456

（4）活期储蓄账户 3 的账号、卡号及密码如下。

账号：2222222222222

密码：123456

卡号：2122222222222222

密码：123456

习题九

一、单项选择题

1．程序图在描述程序逻辑时可以随意使用流程线，容易造成程序控制结构的混乱。因此提出了用方框图来代替流程图，通常也把这种图称为（　　）。

A．PAD 图
B．N-S 图

C．结构图
D．数据流图

2．结构化程序设计主要强调的是（　　）。

A．程序的规模
B．程序的效率

C．程序设计语言的灵活性
D．程序的易读性

3. 需求分析阶段的任务是确定(　　　)。

A. 软件开发方法
B. 软件开发工具
C. 软件开发的费用
D. 软件系统的功能

4. 在软件生命周期中所花费用最多的阶段是(　　　)。

A. 详细设计
B. 软件编码
C. 软件测试
D. 软件维护

5. 以下不是面向对象程序设计思想中的主要特征的是(　　　)。

A. 多态性
B. 继承
C. 封装
D. 垃圾回收

6. 软件测试通常不可能发现软件系统中所有潜在的错误。所以在软件使用期间,用户必然会发现这些潜在的错误,对这类错误进行诊断和改正的过程称为(　　　)。

A. 改正性维护
B. 完善性维护
C. 设计维护
D. 需求维护

7. 在软件测试过程中,若不执行被测试软件,而是通过对软件需求说明书、系统设计报告和源程序等做结构检查或流图分析等操作来找出软件错误,这种测试称为(　　　)。

A. 静态测试
B. 动态测试
C. 自然测试
D. 回归测试

8. 数据字典是关于数据流图中各种成分详细定义的信息集合,可将其按照说明对象的类型划分为四种条目,分别为数据流条目、数据项条目、数据文件条目和(　　　)。

A. 程序条目
B. 数据加工条目
C. 字段条目
D. 关系条目

9. 在软件工程技术中,用于控制问题复杂性的基本手段是分解和(　　　)。

A. 程序
B. 具体分析
C. 抽象
D. 结构化方法

10. 系统设计是在需求分析的基础上,设计待开发的数据库应用系统各个组成部分在计算机系统上的结构。它主要包括两大部分:应用系统功能设计和(　　　)。

A. 数据库设计
B. 程序设计
C. 算法设计
D. 关系设计

二、填空题

1. 结构化程序设计的原则包括_____、逐步求精、_____和限制使用 GOTO 语句等。

2. 利用已存在的类定义作为基础建立新的类定义,这样的技术称为_____。

3. 软件的可行性分析主要涉及经济、_____和_____三个方面。

4. 软件工程方法的产生源于_____,其内在原因是软件的复杂性。

5. 软件工程学中,除了重视软件开发技术的研究外,另一重要部分是软件的_____。

6. 软件设计包括概要设计和_____两个阶段。

7. 在软件工程技术中,用于控制问题复杂性的基本手段是_____和_____。

8. 软件测试方法有多种,依据在测试过程中软件是否需要被执行,可以分为_____和_____两种方法。

9. 对软件系统中所有潜在错误进行诊断和改正的过程称为_____。

10. 数据流图是描述软件系统中数据处理过程的一种图形工具,它从_____和加工的角度出发,刻画_____从输入到输出的移动和变换过程,以_____的方式描绘数据在系统中流动和处理的过程。

三、数据库应用系统开发

设计一个小型数据库应用系统——学生成绩管理系统,要求采用面向对象程序设计方法,使软件系统界面美观、操作简便,同时实现学生成绩的添加、删除、查询、统计和报表等功能。

第10章 数据安全与共享

　　数据库的最大特点是数据可以共享,但数据共享必然带来数据库的安全性问题,因为数据库中的数据共享是有条件的。数据库中数据的共享是在 DBMS 统一的严格控制之下的共享,即只允许有合法使用权限的用户访问允许存取的数据。数据库系统的安全保护措施是否有效是数据库系统主要的性能指标之一。

　　本章主要介绍计算机系统的安全性、数据库的安全性、数据库安全技术和数据库的恢复等内容。

10.1　计算机安全性

10.1.1　计算机系统的安全性

1. 计算机系统安全性

　　计算机系统的安全性指为计算机系统建立和采取的各种安全保护措施,以保护计算机系统中的硬件、软件及数据,防止其因偶然或恶意的原因使系统遭到破坏,数据遭到更改或泄露等。

2. 计算机系统安全涉及的主要问题

　　(1)技术安全类:指计算机系统中采用具有一定安全性的硬件、软件来实现对计算机系统及其所存数据的安全保护,当计算机系统受到无意或恶意的攻击时仍能保证系统正常运行,保证系统内的数据不增加、不丢失、不泄露。

　　(2)管理安全类:软硬件意外故障、场地的意外事故、管理不善导致的计算机设备和数据介质的物理破坏、丢失等安全问题。

　　(3)政策法律类:政府部门建立的有关计算机犯罪、数据安全保密的法律道德准则和政策法规、法令。

10.1.2　计算机系统评测标准

　　为减少对计算机系统安全的攻击,各国引用或制定了一系列安全标准,主要有以下几个方面。

1. TCSEC(橘皮书)

1985 年美国国防部(DoD)正式颁布《DoD 可信计算机系统评估标准》(简称 TCSEC 或 DoD85),又称橘皮书,它的主要目的如下。

(1) 提供一种标准,使用户可以对其计算机系统内敏感信息安全操作的可信程度做评估。

(2) 给计算机行业的制造商提供一种可循的指导规则,使其产品能够更好地满足敏感应用的安全需求。

2. TDI(紫皮书)

1991 年 4 月美国 NCSC(国家计算机安全中心)颁布了《可信计算机系统评估标准关于可信数据库系统的解释》(*Trusted Database Interpretation*, TDI),TDI 又称紫皮书,它将 TCSEC 扩展到数据库管理系统。TDI 中定义了数据库管理系统的设计与实现中需满足和用以进行安全性级别评估的标准。

10.2 数据库安全性控制

10.2.1 数据库安全性概述

1. 数据库安全的概述

数据库安全包含两层含义。第一层是指系统运行安全。系统运行安全通常受到的威胁如下,一些网络不法分子通过网络如局域网等途径通过入侵电脑使系统无法正常启动,或超负荷让机子运行大量算法,并关闭 CPU 风扇,使 CPU 过热烧坏等破坏性活动。第二层是指系统信息安全。系统信息安全通常受到的威胁如下:黑客入侵数据库,并盗取想要的资料。

数据库安全是指保护数据库以防止非法用户的越权使用、窃取、更改或破坏数据。数据库安全涉及很多层面,必须在以下几个层面做好安全措施。

(1) 物理层:重要的计算机系统必须在物理上受到保护,以防止入侵者强行进入或暗中潜入。

(2) 人员层:数据库系统的建立、应用和维护等工作,一定要由政治思想上过硬的合法用户来管理。

(3) 操作系统层:要进入数据库系统,首先要经过操作系统,如果操作系统的安全性差,数据库将面临重大的威胁。

(4) 网络层:由于几乎所有网络上的数据库系统都允许通过终端或网络进行远程访问,所以网络的安全和操作系统的安全一样重要,网络安全了,无疑对数据的安全提供了保障。

(5) 数据库系统层:数据库系统应该有完善的访问控制机制,以防止非法用户的非法操作。为了保证数据库的安全,必须在以上所有层次上进行安全性控制。

2．数据库安全的目标

（1）提供数据共享，集中统一管理数据；

（2）简化应用程序对数据的访问，应用程序得以在更为逻辑的层次上访问数据；

（3）解决数据有效性问题，保证数据的逻辑一致性；

（4）保证数据独立性问题，降低程序对数据及数据结构的依赖；

（5）保证数据的安全性，在共享环境下保证数据所有者的利益。

以上仅是数据库的几个最重要的动机，发展变化的应用对数据库提出了更多的要求。为达到上述目的，数据的集中存放和管理永远是必要的。其中的主要问题，除功能和性能方面的技术问题，最重要的问题就是数据的安全问题。如何既提供充分的服务同时又保证关键信息不被泄露而损害信息属主的利益，是 DBMS 的主要任务之一。

3．数据库系统的主要风险

数据库系统在实际应用中存在来自各方面的安全风险，由安全风险最终引起安全问题。下面从四个方面讲述数据库系统的安全风险。

（1）来自操作系统的风险。来自操作系统的风险主要集中在病毒、后门、数据库系统和操作系统的关联性方面。首先在病毒方面，操作系统中可能存在的特洛伊木马程序对数据库系统构成极大的威胁，数据库管理员尤其需要注意木马程序带给系统入驻程序所带来的威胁。一个特洛伊木马程序修改了入驻程序的密码，并且当更新密码时，入侵者能得到新的密码。其次在操作系统的后门方面，许多数据库系统的特征参数尽管方便了数据库管理员，但也为数据库服务器主机操作系统留下了后门，这使得黑客可以通过后门访问数据库。最后数据库系统和操作系统之间带有很强的关联性。操作系统具有文件管理功能，能够利用存取控制矩阵，实现对各类文件包括数据库文件的授权进行读写和执行等，而且操作系统的监控程序能进行用户登录和口令鉴别的控制，因此数据库系统的安全性最终要靠操作系统和硬件设备所提供的环境。如果操作系统允许用户直接存取数据库文件，则在数据库系统中采取最可靠的安全措施也不起作用。

（2）来自管理的风险。用户安全意识薄弱，对信息网络安全重视不够，安全管理措施不落实，导致安全事件的发生，这些都是当前安全管理工作存在的主要问题。从已发生安全事件的原因中分析，占前两位的分别是"未修补软件安全漏洞"和"登录密码过于简单或未修改"，这也表明了用户缺乏相关的安全防范意识和基本的安全防范常识。比如数据库系统可用的但并未正确使用的安全选项、危险的默认设置、给用户更多的不适当的权限、对系统配置的未经授权的改动等。

（3）来自用户的风险。用户的风险主要表现在用户账号、作用和对特定数据库目标的操作许可。例如对表单和存储步骤的访问。因此必须对数据库系统做范围更广的彻底安全分析，找出所有可能领域内的潜在漏洞，包括与销售商提供的软件相关的风险软件的 BUG、缺少操作系统补丁、脆弱的服务和选择不安全的默认配置等。另外对于密码长度不够、对重要数据的非法访问以及窃取数据库内容等恶意行动也潜在地存在，以上这些都表现为来自用户的风险。

（4）来自数据库系统内部的风险。虽然绝大多数常用的关系数据库系统已经存在了十多年之久,并且具有强大的特性,产品非常成熟,但许多应该具有的特征,在操作系统和现在普遍使用的数据库系统中,并没有提供,特别是那些重要的安全特征,绝大多数关系数据库系统并不够成熟。

10.2.2　数据库安全技术

1. 数据库加密

对于一些重要的机密的数据,例如一些金融数据、商业秘密、游戏网站玩家的虚拟财产,都必须存储在数据库中,需要防止对它们未授权的访问,哪怕是整个系统都被破坏坏了,加密还可以保护数据的安全。对数据库安全性的威胁有时来自网络内部,一些内部用户可能非法获取用户名和密码,或利用其他方法越权使用数据库,甚至可以直接打开数据库文件来窃取或篡改信息;数据库加密是防止数据库中数据在存储和传输中失密的有效手段,如果数据在网络上传输,目前主要通过光纤传输,纵使光纤有着众多的优点,但在光纤上传输的数据是可以较容易被窃取的。因此,有必要对数据库中存储的重要数据进行加密处理,以实现数据存储的安全保护。

数据加密就是将称为明文的敏感信息,通过算法和密钥,转换为一种难以直接辨认的密文。解密是加密的逆向过程,即将密文转换成可识别的明文。数据库密码系统要求把明文数据加密成密文,数据库存储密文,查询时将密文取出解密后得到明文。数据库加密系统能够有效地保证数据的安全,即使黑客窃取了关键数据,他仍然难以得到所需的信息。另外,数据库加密以后,不需要了解数据内容的系统管理员不能见到明文,大大提高了关键数据的安全性。

加密方法主要有以下几种。

(1) 替换方法

使用密钥(encryption key)将明文中的每一个字符转换为密文中的一个字符。

(2) 置换方法

将明文的字符按不同的顺序重新排列。

(3) 混合方法

美国于 1977 年制定了官方加密标准: 数据加密标准(Data Encryption Standard, DES)。

(1) DBMS 中的数据加密。

① 有些数据库产品提供了数据加密例行程序;

② 有些数据库产品本身未提供加密程序,但提供了接口。

(2) 数据加密功能通常也作为可选特征,允许用户自由选择。

① 数据加密与解密是比较费时的操作;

② 数据加密与解密程序会占用大量系统资源;

③ 应该只对高度机密的数据加密。

数据加密目前已经发展为计算机科学的一个重要分支,这里我们只做简单的介绍,如果读者想了解更多的知识,可以查阅数据加密的相关文献。

2. 存取管理技术

存取管理技术主要包括用户认证技术和访问控制技术两方面。用户认证技术包括用户身份验证和用户身份识别技术。访问控制包括数据的浏览控制和修改控制。浏览控制是为了保护数据的保密性,而修改控制是为了保护数据的正确性和提高数据的可信性。在一个数据资源共享的环境中,访问控制就显得非常重要。

(1) 用户认证技术

用户认证技术是系统提供的最外层安全保护措施。通过用户身份验证,可以阻止未授权用户的访问,而通过用户身份识别,可以防止用户的越权访问。

① 用户身份验证

该方法由系统提供一定的方式让用户标识自己的身份。每次用户请求进入系统时,系统必须对用户身份的合法性进行鉴别认证。用户要登录系统时,必须向系统提供用户标识和鉴别信息,以供安全系统识别认证。目前,身份验证采用的最常用、最方便的方法是设置口令法。

② 用户身份识别

用户身份识别以数据库授权为基础,只有经过数据库授权和验证的用户才是合法的用户。数据库授权技术包括授权用户表、用户授权表、系统的读出/写入规则和自动查询修改技术。基本方法如下。

- 系统提供一定的方式让用户标识自己的名字或身份。
- 系统内部记录着所有合法用户的标识。
- 每次用户要求进入系统时,由系统核对用户提供的身份标识。
- 通过鉴定后才提供机器使用权。
- 用户标识和鉴定可以重复多次。

具体方法:预先设置用户名/口令。这种方法简单易行,容易被人窃取。也可以每个用户预先约定好一个计算过程或者函数,基本方法如下。

- 系统提供一个随机数。
- 用户根据自己预先约定的计算过程或者函数进行计算。
- 系统根据用户计算结果是否正确鉴定用户身份。

但近年来,一些更加有效的身份验证技术迅速发展起来,如智能卡技术、物理特征(指纹、虹膜等)认证技术等具有高强度的身份验证技术日益成熟,并取得了不少应用成果,为将来达到更高的安全强度要求打下了坚实的理论基础。

(2) 访问控制

访问控制是从计算机系统的处理功能方面对数据提供保护,是数据库系统内部对已经进入系统的用户的访问控制,是安全数据保护的前沿屏障。它是数据库安全系统中的核心技术,也是最有效的安全手段,限制了访问者和执行程序可以进行的操作,这样通过访问控制就可防止安全漏洞隐患。DBMS中对数据库的访问控制是建立在操作系统和网络的安全机制基础之上的。只有被识别被授权的用户才有对数据库中的数据进行输入、删除、修改和查询等权限。通常采用下面两种方法进行访问控制。

① 按功能模块对用户授权

每个功能模块对不同用户设置不同权限,如无权进入本模块、仅可查询、可更新可查询、全部功能可使用等,而且功能模块名、用户名与权限编码可保存在同一数据库。在数据库应用程序设计过程中也可以采取视图机制。

视图机制把要保密的数据对无权存取这些数据的用户隐藏起来,视图机制更主要的功能在于提供数据独立性,其安全保护功能太不精细,往往远不能达到应用系统的要求。视图机制与授权机制配合使用。首先用视图机制屏蔽掉一部分保密数据,视图上面再进一步定义存取权限,间接实现了支持存取谓词的用户权限定义。

例 10.1 王平只能检索计算机系学生的信息。

先建立计算机系学生的视图 CS_Student:

```
CREATE VIEW CS_Student AS   SELECT FROM    Student WHERE Sdept = 'CS';
```

在视图上进一步定义存取权限

```
GRANT   SELECT
ON   CS_Student
TO 王平 ;
```

② 将数据库系统权限赋予用户

通常为了提高数据库的信息安全访问,用户在进行正常的访问前服务器往往都需要认证用户的身份、确认用户是否被授权。为了加强身份认证和访问控制,适应对大规模用户和海量数据资源的管理,通常 DBMS 主要使用的是基于角色的访问控制(role based access control,RBAC)。基于角色的访问控制是实施面向企业安全策略的一种有效的访问控制方式。其基本思想是,对系统操作的各种权限不是直接授予具体的用户,而是在用户集合与权限集合之间建立一个角色集合。每一种角色对应一组相应的权限。一旦用户被分配了适当的角色后,该用户就拥有此角色的所有操作权限。这样做的好处是,不必在每次创建用户时都进行分配权限的操作,只要分配用户相应的角色即可,而且角色的权限变更比用户的权限变更要少得多,这样将简化用户的权限管理,减少系统的开销。

3. 备份与恢复

数据备份与恢复是实现数据库系统安全运行的重要技术。数据库系统总免不了发生系统故障,一旦系统发生故障,重要数据总免不了遭到损坏。为防止重要数据的丢失或损坏,数据库管理员应及早做好数据库备份,这样当系统发生故障时,管理员就能利用已有的数据备份,把数据库恢复到原来的状态,以便保持数据的完整性和一致性。一般来说,数据库备份常用的备份方法有:静态备份(关闭数据库时将其备份)、动态备份(数据库运行时将其备份)和逻辑备份(利用软件技术实现原始数据库内容的镜像)等;而数据库恢复则可以通过磁盘镜像、数据库备份文件和数据库在线日志三种方式来完成。

4. 建立安全的审计机制

审计就是对指定用户在数据库中的操作进行监控和记录的一种数据库功能。审计机制启用一个专用的审计日志(Audit Log),将用户对数据库的所有操作记录在上面。数据库管理员(DBA)可以利用审计日志中的追踪信息找出非法存取数据的人；C2 以上安全级别的 DBMS 必须具有审计功能。审计功能具有可选性，由于审计很费时间和空间，DBA 可以根据应用对安全性的要求，灵活地打开或关闭审计功能。

10.3 并发控制

10.3.1 并发控制概述

1. 事务的概念

所谓事务是用户定义的一个操作序列，这些操作要么全做要么全不做，是一个不可分割的工作单位。事务的开始与结束可以由用户显式控制。如果用户没有显式地定义事务，则由 DBMS 按默认规定自动划分事务。在 SQL 语言中，定义事务的语句有三条：

```
BEGIN TRANSACTION
COMMIT
ROLLBACK
```

事务通常是以 BEGIN TRANSACTION 开始，以 COMMIT 或 ROLLBACK 结束。COMMIT 表示提交，即提交事务的所有操作。具体地说就是将事务中所有对数据库的更新写回到磁盘上的物理数据库中去，事务正常结束。ROLLBACK 表示回滚，即在事务运行的过程中发生了某种故障，事务不能继续执行，系统将事务中对数据库的所有已完成的操作全部撤销，滚回到事务开始时的状态。这里的操作指对数据库的更新操作。

例如：在关系数据库中，一个事务可以是一条 SQL 语句、一组 SQL 语句或整个程序。事务是恢复和并发控制的基本单位。事务应该具有 4 个属性：原子性、一致性、隔离性、持续性。这四个属性通常称为 ACID 特性。

原子性(atomicity)。一个事务是一个不可分割的工作单位，事务中包括的诸操作要么都做，要么都不做。

一致性(consistency)。事务必须使数据库从一个一致性状态变到另一个一致性状态。一致性与原子性是密切相关的。

隔离性(isolation)。一个事务的执行不能被其他事务干扰。即一个事务内部的操作及使用的数据对并发的其他事务是隔离的，并发执行的各个事务之间不能互相干扰。

持久性(durability)。持续性也称永久性(permanence)，指一个事务一旦提交，它对数据库中数据的改变就应该是永久性的。接下来的其他操作或故障不应该对其有任何影响。

2. 多事务执行方式

(1) 事务串行执行。即每个时刻只有一个事务运行，其他事务必须等到这个事务结束以后方能运行。它具有不能充分利用系统资源、发挥数据库共享资源优势的特点。

(2) 交叉并发方式(interleaved concurrency)。即事务的并行执行是这些并行事务的并行操作轮流交叉运行，是单处理机系统中的并发方式，能够减少处理机的空闲时间，提高系统的效率。

（3）同时并发方式（simultaneous concurrency）。多处理机系统中，每个处理机可以运行一个事务，多个处理机可以同时运行多个事务，实现多个事务真正的并行运行；这是最理想的并发方式，但受制于硬件环境，需要更复杂的并发方式机制。

如果没有严谨有效的运行机制，事务并发执行会带来一些严重的问题。可能会存取和存储不正确的数据，破坏事务的隔离性和数据库的一致性，因此 DBMS 必须提供并发控制机制。并发控制机制是衡量一个 DBMS 性能的重要标志之一。并发控制机制的任务主要包括：对并发操作进行正确调度、保证事务的隔离性和数据库的一致性。

例如：数据不一致实例，如飞机订票系统。T1 和 T2 表示两个并发的售票事务，A 表示机票的剩余数量。

时间 1：事务 T1 读取 A＝16。
时间 2：事务 T2 读取 A＝16。
时间 3：事务 T1 售出一张票，并修改剩余 A＝15。
时间 4：事务 T2 售出三张票，并修改剩余 A＝13。

这就造成了 16 张票售出 4 张，剩余 13 张票的错误，如表 10.1 所示。

表 10.1　飞机订票系统并发事务导致数据不一致

事务 T1	事务 T2
① 读 A＝16	…
…	…
②	读 A＝16
…	…
③ A←A－1 写回 A＝15	…
④	A←A－3 写回 A＝13

3. 并发操作带来的数据不一致性

（1）丢失修改（lost update）。丢失修改是指事务 1 与事务 2 从数据库中读入同一数据并修改事务 2 的提交结果破坏了事务 1 提交的结果，导致事务 1 的修改被丢失。

（2）不可重复读（non-repeatable read）。不可重复读是指事务 1 读取数据后，事务 2 执行更新操作，使事务 1 无法再现前一次读取结果。

（3）读"脏"数据（dirty read）。事务 1 修改某一数据，并将其写回磁盘事务 2 读取同一数据后事务 1 由于某种原因被撤销，这时事务 1 已修改过的数据恢复原值，事务 2 读到的数据就与数据库中的数据不一致，是不正确的数据，又称为"脏"数据。

10.3.2　封锁

为了解决并发控制可能产生数据不一致的问题，通常采用封锁机制。

1. 封锁的概念

封锁就是事务 T 在对某个数据对象（例如表、记录等）进行操作之前，先向系统发出请求,对其加锁。加锁后事务 T 就对该数据对象有了一定的控制,在事务 T 释放它的锁之前,其他的事务不能更新此数据对象。封锁是实现并发控制的一个非常重要的技术。DBMS通常提供有多种类型的封锁。一个事务对某个数据对象加锁后究竟拥有什么样的控制是由封锁的类型决定的。

2. 基本封锁类型

(1) 排它锁(exclusive lock,简记为 X 锁)。排它锁又称为写锁,若事务 T 对数据对象 A加上 X 锁,则只允许 T 读取和修改 A,其他任何事务都不能再对 A 加任何类型的锁,直到 T释放 A 上的锁。

(2) 共享锁(share lock,简记为 S 锁)。共享锁又称为读锁,若事务 T 对数据对象 A 加上 S 锁,则其他事务只能再对 A 加 S 锁,而不能加 X 锁,直到 T 释放 A 上的 S 锁。

10.3.3　封锁协议

在运用 X 锁和 S 锁对数据对象加锁时,需要约定一些规则:封锁协议(locking protocol),协议约定何时申请 X 锁或 S 锁、持锁时间、何时释放。不同的封锁协议,在不同的程度上为并发操作的正确调度提供一定的保证。常用的封锁协议有三级,具体介绍如下。

1. 一级封锁协议

① 事务 T 在修改数据 R 之前必须先对其加 X 锁,直到事务结束才释放。若正常结束则提交事务(COMMIT);若非正常结束则回滚(ROLLBACK)。

② 一级封锁协议可防止丢失修改,具体操作如表 10.2 所示。

表 10.2　一级封锁协议防止丢失修改过程

T1	T2
① Xlock A 获得	
② 读 A=16	
	Xlock A
③ A=A−1	等待
写回 A=15	等待
Commit	等待
Unlock A	等待
④	获得 Xlock A
	读 A=15
	A=A−1
⑤	写回 A=14
	Commit
	Unlock A

在一级封锁协议中,如果是在读数据,则不需要加锁,所以它不能保证可重复读和不读"脏"数据。

2．二级封锁协议

在遵守一级封锁协议的基础上，要求事务 T 在读取数据 R 前必须先加 S 锁，读完后即可释放 S 锁。

二级封锁协议可以防止丢失修改和读"脏"数据。在二级封锁协议中，由于读完数据后即可释放 S 锁，所以它不能保证可重复读。

3．三级封锁协议

在遵守二级封锁协议的基础上，要求事务 T 在读取数据 R 之前必须先对其加 S 锁，直到事务结束才释放。

三级封锁协议可防止丢失修改、读脏数据和不可重复读。

10.3.4　活锁和死锁

封锁技术可以有效地解决并行操作的一致性问题，但也带来一些新的问题：死锁和活锁。

1．活锁

如果事务 T1 封锁了数据 R，事务 T2 又请求封锁 R，于是 T2 等待。T3 也申请了封锁 R，释放了 R 上的封锁之后系统首先将 R 分配给 T3，T2 仍然等待。然后 T4 又请求封锁 R，T3 释放了 R 上的封锁之后系统首先将 R 分配给 T4，T2 仍然等待。理论上事务 T2 有着无限等待的风险，导致系统无法正常执行，这种情况称为活锁，如图 10.1 所示。

T1	T2	T3	T4
LockR	·	·	·
·	luck R	·	·
·	等待	Lock R	·
Unlock	等待	·	Lock R
	等待	Lock R	等待
	等待	·	等待
	等待	Unlock	等待
	等待	·	Lock R
	等待	·	·

图 10.1　活锁示意图

为了避免活锁情况的出现，可以采用先来先服务的资源分配策略：当多个事务请求封锁同一数据对象时，按请求封锁的先后次序对这些事务排队，该数据对象上的锁一旦释放，首先批准申请队列中第一个事务获得锁。

2．死锁

如果事务 T1 和 T2 都需要申请对数据 R_1 和 R_2 加锁，系统将 R_1 分配给 T1，将 R_2 分配给 T2。于是会造成 T1 无限等待 T2 释放 R_2，而 T2 同时无限等待 T1 释放 R_1，造成死锁，如图 10.2 所示。

T1	T2
Xlock R₁	Xlock R₂
·	·
·	·
Xlock R₂	Xlock R₁
等待	等待
等待	等待

图 10.2　死锁示意图

3. 死锁的原因及预防

（1）死锁产生的原因

死锁的产生，主要是因为系统资源相对不足而引起的，包括四个必要条件。

① 互斥条件。出现死锁的系统中，必须存在互斥资源。

② 占有和等待条件。事务不放弃已竞争到的资源。

③ 非剥夺条件。任一事务不能从另一事务那里抢夺资源。

④ 循环等待条件。每一个事务分别等待它前一个事务所持有的资源。

（2）预防死锁的方法

预防死锁的发生就是要破坏产生死锁的条件，可以采用一次封锁法和顺序封锁法。

① 一次封锁法。要求每个事务必须一次将所有要使用的数据全部加锁，否则就不能继续执行。

一次封锁法存在的问题：将以后要用到的全部数据加锁，势必扩大了封锁的范围，从而降低了系统的并发度，而且难于事先精确确定封锁对象。数据库中数据是不断变化的，原来不要求封锁的数据，在执行过程中可能会变成封锁对象，所以很难事先精确地确定每个事务所要封锁的数据对象。

② 顺序封锁法。顺序封锁法是预先对数据对象规定一个封锁顺序，所有事务都按这个顺序实行封锁。

顺序封锁法存在的问题：数据库系统中可封锁的数据对象极其众多，并且随数据的插入、删除等操作而不断地变化，要维护这样极多而且变化的资源的封锁顺序非常困难，成本很高；事务的封锁请求可以随着事务的执行而动态地决定，很难事先确定每一个事务要封锁哪些对象，因此也就很难按规定的顺序去施加封锁。

例如：规定数据对象的封锁顺序为 A、B、C、D、E。事务 T3 起初要求封锁数据对象 B、C、E，但当它封锁了 B、C 后，才发现还需要封锁 A，这样就破坏了封锁顺序。

在操作系统中广为采用的预防死锁的策略并不很适合数据库的特点。DBMS 在解决死锁的问题上更普遍采用的是诊断并解除死锁的方法。

4. 死锁的诊断与解除

（1）允许死锁发生。由 DBMS 的并发控制子系统定期检测系统中是否存在死锁，一旦检测到死锁，就要设法解除。

检测死锁的方法：超时法。即如果一个事务的等待时间超过了规定的时限，就认为发生了死锁。

（2）解除死锁。选择一个处理死锁代价最小的事务,将其撤销,释放此事务持有的所有的锁,使其他事务能继续运行下去。

10.4   数据库恢复技术

10.4.1   数据库恢复概述

尽管数据库系统中采取了各种保护措施来防止数据库的安全性和完整性被破坏,保证并发事务的正确执行,但是计算机系统中硬件的故障、软件的错误、操作员的失误以及恶意的破坏仍是不可避免的。这些故障轻则造成运行事务非正常中断,影响数据库中数据的正确性,重则破坏数据库,使数据库中全部或部分数据丢失,因此数据库管理系统(恢复子系统)必须具有把数据库从错误状态恢复到某一已知的正确状态(亦称为一致状态或完整状态)的功能,这就是数据库的恢复。造成数据破坏的主要故障有以下几类。

1. 事务内部的故障

事务内部的故障有的是可以通过事务程序本身发现的,有的是非预期的,不能由事务程序处理的。

事务内部更多的故障是非预期的,是不能由应用程序处理的。如运算溢出、并发事务发生死锁而被选中撤销该事务、违反了某些完整性限制等。后文中,事务故障仅指这类非预期的故障。

事务故障意味着事务没有达到预期的终点(COMMIT 或者显式的 ROLLBACK),因此,数据库可能处于不正确状态。恢复程序要在不影响其他事务运行的情况下,强行回滚(ROLLBACK)该事务,即撤销该事务已经作出的任何对数据库的修改,使得该事务好像根本没有启动一样。这类恢复操作称为事务撤销(UNDO)。

2. 系统故障

系统故障是指造成系统停止运转的任何事件,使得系统要重新启动。例如,特定类型的硬件错误(CPU 故障)、操作系统故障、DBMS 代码错误、突然停电等。这类故障影响正在运行的所有事务,但不破坏数据库。这时主存内容,尤其是数据库缓冲区(在内存)中的内容都被丢失,所有运行事务都非正常终止。发生系统故障时,一些尚未完成的事务的结果可能已送入物理数据库,有些已完成的事务可能有一部分甚至全部留在缓冲区,尚未写回到磁盘上的物理数据库中,从而造成数据库可能处于不正确的状态。为保证数据一致性,恢复子系统必须在系统重新启动时让所有非正常终止的事务回滚,强行撤销(UNDO)所有未完成事务。重做(redo)所有已提交的事务,以将数据库真正恢复到一致状态。

3. 介质故障

系统故障常称为软故障(soft crash),介质故障称为硬故障(hard crash)。硬故障指外存故障,如磁盘损坏、磁头碰撞、瞬时强磁场干扰等。这类故障将破坏数据库或部分数据库,并影响正在存取这部分数据的所有事务。这类故障比前两类故障发生的可能性小得多,但破坏性最大。

4．计算机病毒

计算机病毒是具有破坏性、可以自我复制的计算机程序。计算机病毒已成为计算机系统的主要威胁，自然也是数据库系统的主要威胁。因此数据库一旦被破坏仍要用恢复技术把数据库加以恢复。

总结各类故障，对数据库的影响有两种可能性：一是数据库本身被破坏；二是数据库没有破坏，但数据可能不正确，这是因为事务的运行被非正常终止造成的。

10.4.2　恢复操作的基本原理

恢复机制涉及的两个关键问题是：第一，如何建立冗余数据；第二，如何利用这些冗余数据实施数据库恢复。建立冗余数据最常用的技术是数据转储和登录日志文件。通常在一个数据库系统中，这两种方法是一起使用的。

1．数据存储

所谓转储即 DBA 定期地将整个数据库复制到磁带或另一个磁盘上保存起来的过程。这些备用的数据文本称为后备副本或后援副本。

当数据库遭到破坏后可以将后备副本重新装入，但重装后备副本只能将数据库恢复到转储时的状态，要想恢复到故障发生时的状态，必须重新运行自转储以后的所有更新事务。例如，系统在 T_a 时刻停止运行事务进行数据库转储，在 T_b 时刻转储完毕，得到 T_b 时刻的数据库一致性副本。系统运行到 T_f 时刻发生故障。为恢复数据库，首先由 DBA 重装数据库后备副本，将数据库恢复至 T_b 时刻的状态，然后重新运行自 T_b 时刻至 T_f 时刻的所有更新事务，这样就把数据库恢复到故障发生前的一致状态，如图 10.3 所示。

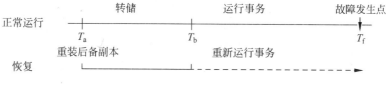

图 10.3　数据转储和恢复

转储是十分耗费时间和资源的，不能频繁进行。DBA 应该根据数据库使用情况确定一个适当的转储周期。转储可分为静态转储和动态转储。

静态转储是在系统中无运行事务时进行的转储操作。即转储操作开始的时刻，数据库处于一致性状态，而转储期间不允许（或不存在）对数据库的任何存取、修改活动。显然，静态转储得到的一定是一个数据一致性的副本。

静态转储简单，但转储必须等待正在运行的用户事务结束才能进行，同样，新的事务必须等待转储结束才能执行。显然，这会降低数据库的可用性。

动态转储是指转储期间允许对数据库进行存取或修改。即转储和用户事务可以并发执行。

动态转储可克服静态转储的缺点，它不用等待正在运行的用户事务结束，也不会影响新事务的运行。但是,转储结束时后援副本上的数据并不能保证正确有效。例如,在转储期间的某个时刻 T_c,系统把数据 A＝100 转储到磁盘上,而在下一时刻 T_d,某一事务将 A 改为200。转储结束后,后备副本上的 A 已是过时的数据了。为此,必须把转储期间各事务对数据库的修改活动登记下来,建立日志文件(Log File)。这样,后援副本加上日志文件就能把数据库恢复到某一时刻的正确状态。

转储还可以分为海量转储和增量转储两种方式。海量转储是指每次转储全部数据库。增量转储则指每次只转储上一次转储后更新过的数据。从恢复角度看,使用海量转储得到的后备副本进行恢复一般说来会更方便些。但如果数据库很大,事务处理又十分频繁,则增量转储方式更实用、更有效。

数据转储有两种方式,分别可以在两种状态下进行,因此数据转储方法可以分为四类:动态海量转储、动态增量转储、静态海量转储和静态增量转储。

2. 日志文件

日志文件是用来记录事务对数据库的更新操作的文件。不同数据库系统采用的日志文件格式并不完全一样。概括起来,日志文件主要有两种格式:以记录为单位的日志文件和以数据块为单位的日志文件。

日志文件在数据库恢复中起着非常重要的作用,可以用来进行事务故障恢复和系统故障恢复,并协助后备副本进行介质故障恢复。具体地讲:事务故障恢复和系统故障必须用日志文件。在动态转储方式中必须建立日志文件,后援副本和日志文件综合起来才能有效地恢复数据库。在静态转储方式中,也可以建立日志文件。当数据库毁坏后可重新装入后援副本把数据库恢复到转储结束时刻的正确状态,然后利用日志文件,把已完成的事务进行重做处理,对故障发生时尚未完成的事务进行撤销处理。这样不必重新运行那些已完成的事务程序就可把数据库恢复到故障前某一时刻的正确状态,如图 10.4 所示。

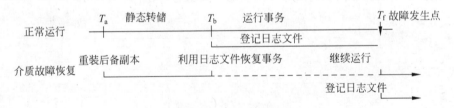

图 10.4　利用日志文件恢复数据库

为保证数据库是可恢复的,登记日志文件时必须遵循两条原则。

(1) 登记的次序严格按并发事务执行的时间次序。

(2) 必须先写日志文件,后写数据库。

把对数据的修改写到数据库中和把表示这个修改的日志记录写到日志文件中是两个不同的操作。有可能在这两个操作之间发生故障,即这两个写操作只完成了一个。如果先写了数据库修改,而在运行记录中没有登记下这个修改,则以后就无法恢复这个修改了。如果先写日志,但没有修改数据库,按日志文件恢复时只不过是多执行一次不必要的 UNDO 操作,并不会影响数据库的正确性。所以为了安全,一定要先写日志文件,即首先把日志记录写到日志文件中,然后写数据库的修改。这就是“先写日志文件”的原则。

10.4.3 具体故障的恢复策略

1. 事务故障的恢复

事务故障是指事务在运行至正常终止点前被中止,这时恢复子系统应利用日志文件撤销(UNDO)此事务已对数据库进行的修改。事务故障的恢复是由系统自动完成的,对用户是透明的。事务故障的恢复步骤如下。

(1) 反向扫描文件日志(即从最后向前扫描日志文件),查找该事务的更新操作。

(2) 对该事务的更新操作执行逆操作。即将日志记录中"更新前的值"写入数据库。这样,如果记录中是插入操作,则相当于做删除操作(因此时"更新前的值"为空)。若记录中是删除操作,则做插入操作,若是修改操作,则相当于用修改前值代替修改后值。

(3) 继续反向扫描日志文件,查找该事务的其他更新操作,并作同样处理。

(4) 如此处理下去,直至读到此事务的开始标记,事务故障恢复就完成了。

2. 系统故障的恢复

前面已讲过,系统故障造成数据库不一致状态的原因有两个:一是未完成事务对数据库的更新可能已写入数据库,二是已提交事务对数据库的更新可能还留在缓冲区没来得及写入数据库。因此恢复操作就是要撤销故障发生时未完成的事务,重做已完成的事务。系统故障的恢复是由系统在重新启动时自动完成的,不需要用户干预。系统的恢复步骤如下。

(1) 正向扫描日志文件(即从头扫描日志文件),找出在故障发生前已经提交的事务(这些事务既有 BEGIN TRANSACTION 记录,也有 COMMIT 记录),将其事务标识记入重做(REDO)队列。同时找出故障发生时尚未完成的事务(这些事务只有 BEGIN TRANSACTION 记录,无相应的 COMMIT 记录),将其事务标识记入撤销队列。

(2) 对撤销队列中的各个事务进行撤销(UNDO)处理。

进行 UNDO 处理的方法是,反向扫描日志文件,对每个 UNDO 事务的更新操作执行逆操作,即将日志记录中"更新前的值"写入数据库。

(3) 对重做队列中的各个事务进行重做(REDO)处理。

进行 REDO 处理的方法是:正向扫描日志文件,对每个 REDO 事务重新执行日志文件登记的操作。即将日志记录中"更新后的值"写入数据库。

3. 介质故障的恢复

发生介质故障后,磁盘上的物理数据和日志文件被破坏,这是最严重的一种故障,恢复方法是重装数据库,然后重做已完成的事务。具体如下。

(1) 装入最新的数据库后备副本(离故障发生时刻最近的转储副本),使数据库恢复到最近一次转储时的一致性状态。

对于动态转储的数据库副本,还须同时装入转储开始时刻的日志文件副本,利用恢复系统故障的方法(即 REDO+UNDO),才能将数据库恢复到一致性状态。

(2) 装入相应的日志文件副本(转储结束时刻的日志文件副本),重做已完成的事务。具体为:

首先扫描日志文件,找出故障发生时已提交的事务的标识,将其记入重做队列。

然后正向扫描日志文件,对重做队列中的所有事务进行重做处理。即将日志记录中"更新后的值"写入数据库。

这样就可以将数据库恢复至故障前某一时刻的一致状态了。

介质故障的恢复需要 DBA 介入。但 DBA 只需要重装最近转储的数据库副本和有关的各日志文件副本,然后执行系统提供的恢复命令即可,具体的恢复操作仍由 DBMS 完成。

10.4.4　数据库镜像

我们已经看到,介质故障是对系统影响最为严重的一种故障。系统出现介质故障后,用户应用全部中断,恢复起来也比较费时。而且 DBA 必须周期性地转储数据库,这也加重了 DBA 的负担。如果不及时而正确地转储数据库,一旦发生介质故障,会造成较大的损失。

随着磁盘容量越来越大,价格越来越便宜,为避免磁盘介质出现故障影响数据库的可用性,许多数据库管理系统提供了数据库镜像(mirror)功能用于数据库恢复。即根据 DBA 的要求,自动把整个数据库或其中的关键数据复制到另一个磁盘上。每当主数据库更新时,DBMS 自动把更新后的数据复制过去,即 DBMS 自动保证镜像数据与主数据的一致性。这样,一旦出现介质故障,可由镜像磁盘继续提供使用,同时 DBMS 自动利用镜像磁盘数据进行数据库的恢复,不需要关闭系统和重装数据库副本。在没有出现故障时,数据库镜像还可以用于并发操作,即当一个用户对数据加排它锁修改数据时,其他用户可以读镜像数据库上的数据,而不必等待该用户释放锁。

由于数据库镜像是通过复制数据实现的,频繁地复制数据自然会降低系统运行效率,因此在实际应用中用户往往只选择对关键数据和日志文件镜像,而不是对整个数据库进行镜像。

习题十

一、单项选择题

1. 按 TCSEC(TDI)系统安全标准,系统可信程度逐渐增高的次序是(　　)。

A. D、C、B、A

B. A、B、C、D

C. D、B2、B1、C

D. C、B1、B2、D

2. SQL 中的视图提高了数据库系统的(　　)。

A. 完整性　　　　B. 并发控制　　　　C. 隔离性　　　　D. 安全性

3. 事务有多个性质,其中不包括(　　)。

A. 一致性　　　　B. 唯一性　　　　C. 原子性　　　　D. 隔离性

4. SQL 语言中,实现数据存取控制功能的语句是(　　)。

A. CREATE 和 DROP

B. INSERT 和 DELETE

C. GRANT 和 REVOKE

D. COMMIT 和 ROLLBACK

5. 按照 PX 协议规定,一个事务要更新数据对象 Q,必须先执行的操作是(　　)。

A. READ(Q)

B. WRITE(Q)

C. LOCK S（Q）　　　　　　　　　　D. LOCK X（Q）

6. 若事务 T 对数据对象 A 加上 X 锁，则（　　）。

A. 只允许 T 修改 A，其他任何事务都不能再对 A 加任何类型的锁

B. 只允许 T 读取 A，其他任何事务都不能再对 A 加任何类型的锁

C. 只允许 T 读取和修改 A，其他任何事务都不能再对 A 加任何类型的锁

D. 只允许 T 修改 A，其他任何事务都不能再对 A 加 X 锁关系

7. 若事务 T 对数据对象 A 加上 S 锁，则（　　）。

A. 事务 T 可以读 A 和修改 A，其他事务只能再对 A 加 S 锁，而不能加 X 锁

B. 事务 T 可以读 A 但不能修改 A，其他事务能对 A 加 S 锁和 X 锁

C. 事务 T 可以读 A 但不能修改 A，其他事务只能再对 A 加 S 锁，而不能加 X 锁

D. 事务 T 可以读 A 和修改 A，其他事务能对 A 加 S 锁和 X 锁

8. 下面选项（　　）可以防止丢失修改和读"脏"数据。

A. 一级封锁协议　　　　　　　　　B. 二级封锁协议

C. 三级封锁协议　　　　　　　　　D. 两段锁协议

9. 在数据库系统中死锁属于（　　）。

A. 系统故障　　　　　　　　　　　B. 程序故障

C. 事务故障　　　　　　　　　　　D. 介质故障

10. 数据库的故障恢复一般是由（　　）完成的。

A. 数据流图　　　B. 数据字典　　　C. dba　　　D. pad 图

二、填空题

1. 数据库保护包括：安全性保护、完整性保护、_____和_____。

2. 事务的 4 个特性是_____、_____、_____和_____。

3. 数据库系统中可能发生各种各样的故障，大致可以分为：_____、_____、_____和_____。

4. 数据库恢复的基本技术是_____和_____。

5. 防止未经授权的用户恶意地存取数据库中的数据，这是数据库的_____控制要解决的问题。

6. 数据库恢复时，系统对已提交的事务要进行_____处理。

7. 数据库的并发调度问题，可以用_____机制来解决。

8. 当数据库被破坏后，如果事先保存了日志文件和_____，就有可能恢复数据库。

9. 封锁是实现并发控制的一个重要技术。基本的封锁类型有_____和排它锁。

10. 一个事务中对数据库的所有操作是一个不可分割的操作序列，这个性质称为事务的_____。

参 考 文 献

[1]　陈娟,等.Visual FoxPro 程序设计教程[M].北京:人民邮电出版社,2009.

[2]　郑阿奇.Visual FoxPro 教程[M].北京:清华大学出版社,2005.

[3]　全国计算机等级考试笔试模拟考场[M].北京:电子工业大学出版社,2008.

[4]　史济民.Visual FoxPro 及其应用系统开发[M].北京:清华大学出版社,2007.

[5]　刘瑞新,汪远征,等.Visual FoxPro 程序设计教程[M].北京:机械工业出版社,2007.

[6]　孙志锋,徐镜春,等.数据结构与数据库技术[M].杭州:浙江大学出版社,2004.

[7]　王珊,等.数据库技术与应用[M].北京:清华大学出版社,2005.

[8]　谢膺白,高升宇.Visual FoxPro 6.0 程序设计教程[M].北京:人民邮电出版社,2002.

[9]　王平水.浅淡 VFP 报表打印问题.[EB/LO].http://www.ahcit.com/lanmuyd.asp?id=859.

[10]　打印文档控制三则.[EB/LO].http://www.bianceng.cn/vfpwz/report/report43.htm.